中国博士后科学基金（2015M581518）
教育部人文社会科学重点研究基地重大项目（11JJDZH006）
上海高校特聘教授（东方学者）岗位计划（JZ2014006）

City Network:
The Spatial Organization of Value Production

城市网络：
价值生产的空间组织

王宝平　徐　伟◎著

科学出版社

北　京

图书在版编目(CIP)数据

城市网络：价值生产的空间组织/王宝平，徐伟著.—北京：科学出版社，2017.7

（中国城市研究丛书）

ISBN 978-7-03-053758-4

Ⅰ.①城… Ⅱ.①王…②徐… Ⅲ.①城市空间–研究–中国 Ⅳ.①TU984.2

中国版本图书馆 CIP 数据核字（2017）第138885号

责任编辑：杨婵娟 程 凤／责任校对：何艳萍
责任印制：徐晓晨／封面设计：有道文化
编辑部电话：010-64035853
E-mail：houjunlin@mail.sciencep.com

科学出版社 出版
北京东黄城根北街16号
邮政编码：100717
http://www.sciencep.com

北京建宏印刷有限公司 印刷
科学出版社发行 各地新华书店经销

*

2017年7月第 一 版 开本：720×1000 B5
2021年1月第三次印刷 印张：18 3/4
字数：335 000

定价：95.00元
（如有印装质量问题，我社负责调换）

丛 书 序

　　城市是人类创造的一种具有高度文明的聚居形式，她很早就在人类活动的历史长河中占有一定的地位。但因生产力发展长期处于落后的水平，农村一直是人类的主要聚居形式。直至进入工业化时代，城市化进程始开始加速。20 世纪后半叶起，发展中国家城市化进程开始加速，促使世界城市化水平逐步提高。根据联合国经济和社会理事会（Economic and Social Council，ECOSOC）人口与发展委员会《世界城市化展望》（2005 年版）的报告，2008 年世界城市化水平首次达到 50%，这意味着城市开始成为人类的主要聚居形式，人类从此进入城市时代。

　　中国有着数千年的城市发展历史。1978 年实施改革开放政策后，融入全球化时代的中国进入城市快速发展时期。2014 年，国家统计局公布的我国城市化率已达 54.77%，城市人口超过了全国人口的半数，较 2000 年的 36.09% 城市化率提升了 18.68 个百分点，年均增加 1.33 个百分点。快速城市化推动了大量剩余农业劳动力向城市中的非农业部门转移，加快了我国经济、社会转型和空间重组。与此同时，城市居民的居住条件、城市各项服务设施和基础设施水平也有显著提升，人居环境得到改善。因此，城市化已和工业化、信息化、市场化、全球化一起成为当前我国经济社会发展的重要特征，并和其他"四化"彼此间相互作用、相互影响。但过快的城市化也使各种城市问题伴之而生。其中，既有和其他国家共同面临的城市问题，如中低收入阶层居民的居住问题、交通堵塞、环境污染、城市蔓延等，也有具有中国特色的城市问题，如大规模的农村人口流动及由户籍制度限制导致的进城农民的"半城市化"、城中村等现象，以及城市化进程中的区域差异扩大等问题。

　　面对快速发展的中国城市化进程，2003 年，华东师范大学成立了中国现代城市研究中心，主要由来自于校内地理、社会、经济、历史、城市规划等学科的研究人员组成，还聘请了数位国外教授担任中心的兼职研究员。2004 年 11

月，中心被教育部批准为普通高等学校人文社会科学重点研究基地。自中国现代城市研究中心成立以来，中心科研人员承担了大量的国家级和省部级研究项目，在城市研究领域取得了丰硕的成果，并主办多次较大规模的国际学术会议，在国内外产生了积极的影响。

为繁荣城市科学的学术研究，从 2007 年起，中国现代城市研究中心在科学出版社的大力支持下组织出版"中国城市研究丛书"。这套丛书汇集了中心研究人员在中国城市研究领域的代表性成果，迄今已有 8 部专著问世。这些专著聚焦于城市网络、城市与区域经济、全球生产网络、大都市区空间组织等城市研究前沿，从信息化、全球化、网络化等角度探讨了中国城市发展的新动态、新特点。这些著作的出版在国内外学术界产生了积极的反响，其中有些还获得了省部级奖。"中国城市研究丛书"将进一步拓展研究领域，逐步出版中心研究人员在城市化、城市群、城市社会融合等方面的最新研究成果，以促进中国城市科学研究的进步。

18 世纪的工业革命开启了人类社会现代化的进程，也带来了城市化的进程。在城市化推动经济和社会进步的同时，各种城市问题与城市化进程如影相随，甚至产生严重的病症。正如 19 世纪伟大的英国作家狄更斯在《双城记》中所言："这是最好的时代，这是最坏的时代。这是智慧的年代，这是愚昧的年代。"2010 年，上海举办了以"城市，让生活更美好"为主题的世博会，这在世博会历史上是第一次，表明应对快速城市化带来的问题已成为人类社会面临的挑战。我国未来的城市化进程仍然任重而道远，中国现代城市研究中心同仁将继续积极投身中国城市的研究，为中国城市化的持续健康发展做出自己的贡献。

宁越敏

华东师范大学中国现代城市研究中心主任

2015 年 10 月于华东师范大学丽娃河畔

序　言

在全球化进程中，城市化成为21世纪世界发展的主题与区域发展的主旋律，也逐渐成为重塑世界经济地理格局的关键力量。在此背景下，城市化呈现出城市的快速拓展与城市群的网络化发展的新型特征。因此，优化城市网络布局和形态、加强城镇化管理、不断提升城镇化质量和水平，已成为社会稳定、经济和环境可持续发展的支撑点，也是当前新型城镇化的必然要求。

国家"十一五"规划与"十二五"规划，相继把城镇化问题列为专题进行阐述，并从主体功能区划的国家战略层面，对此进行了空间设计。党的十八大报告及随后召开的中央经济工作会议，都浓墨重彩地提出了"城镇化"战略和目标，并把城镇化纳入"四化同步"，作为其战略支撑。"积极稳妥推进城镇化，着力提高城镇化质量"成为未来一段时期中国经济社会发展的重要突破口。2012年，中国城市化率达52.6%，表明中国城市化进程进入了快车道。在快速城市化进程中，城市集群的空间组织形态是新型城镇化背景下区域发展的重要内涵。因此，城市群网络的空间组织与形态，已成为中国城市化的基本特征与区域发展的主线，也是培育中国区域发展综合实力与软实力的重要空间载体。

城市作为区域发展的核心，是生产系统的价值生产及空间实现的基本单元，承载了生产要素的集聚、高效的生产、创新的引领等产出性功能。城市集群系统的网络化，是当代城市群发展与演化的重要表现形式。城市网络的空间结构与组织形态，是网络系统功效与职能演化的重要基础与平台。如何实现城市群系统的网络结构优化与生产系统网络的共生协同，将成为全球城市化与中国新型城镇化转型期的重要突破口与支撑点，也将成为影响中国城市化空间格局、城市网络体系健康与持续发展的重要因素。

在全球生产网络中，价值的生产及空间实现是与城市群网络不可分割的。这是因为城市群网络空间是价值生产及空间实现的重要平台。本书基于网络理论与全球价值链理论，研究中国的价值生产及空间实现与城市网络发展的相互关系，以求理解中国城市网络中的价值生产、治理模式及结构演变，并基于全球价值链理论与网络理论，研究城市网络发展及其与价值生产和空间实现的融合，探讨提升城市网络系统的效率、协同性与竞争力的路径。

本书以全球（地方）价值链为研究当代中国城市空间网络的基点。首先，从理论上描述和解释价值在空间上的生产、获取与转移的过程；通过对劳动力、公司、政府的相互关系分析，试图寻找、解释价值在空间上的实现途径与机制；从全球与地方价值链的辩证角度出发，进一步理解不同的城市空间单元在价值实现过程中的地位与表征。其次，选择汽车产业和 ICT 产业作为传统与新兴产业代表，从实证的角度对这些产业链中价值的生产、获取与转移进行描述与解释；通过对产品的生产与消费的全球与地方价值链的刻画，对生产性服务产业在其价值实现过程中的作用机制进行分析。最后，以全球价值链为分析框架，从全球城市体系的空间布局角度描述与解释全球城市体系的等级、功能及控制关系；从实证的角度解释不同等级城市是如何参与全球价值链的实现过程的，从而指导专业职能城市与世界经济的接轨，促进其经济发展并融入世界城市网络系统。基于以上研究，选择房地产、土地开发等作为切入点分析政府参与价值链管理的政策路径，并提出中国城市的包容性发展战略，以期推动中国新型城市化的持续健康发展。

本书的总体思路是基于全球（地方）价值链对中国城市网络的空间结构及演变进行论证。文献研究与总结表明，国内外学者对城市网络的探讨将基于国家（区域）尺度的传统城市体系（网络）与基于全球尺度的现代世界城市网络两种理论割裂开来；多采用传统的物理联系或生产性服务业联系方法分析世界（区域）城市网络，使得研究止于城市网络的识别性分析，深度不够，限制了城市网络理论的发展；研究内容局限于世界（区域）城市等级体系、世界（区域）城市网络的空间联系等，对城市网络联系的内部机理、网络治理模式等问题缺乏进一步的分析和探讨。而全球（地方）价值链作为研究全球（地方）性的分散化生产系统的理论工具，主要从地域性或空间布局、驱动模式、治理结构、价值链升级等方面研究产业的组织形式；城市作为生产的主要空间单元，成为全球（地方）价值链各环节的载体，因此，可以将全球（地方）价值链与世界（区域）城市网络相结合，通过对典型产业全球（地方）价值链研究来分析城市网络中的价值生产、治理模式、结构演变及产业升级等。

从全球（地方）价值链的空间视角来研究多尺度世界城市网络，把城市网络和全球（地方）价值链研究这两个全球化过程的空间模型进行综合，这正是本研究的理论意义之所在。①在方法上，利用全球（地方）价值链研究多尺度世界城市网络，将生产性服务业融入价值链的研究框架，并将全球（地方）价值链与城市网络空间结合在一起，完善了全球价值链这一研究工具。②在实践上，利用全球价值链分析多尺度城市网络，可将更多具有国际性的专业职能城市及区域融入世界城市网络的组织结构，指导专业职能城市及区域与世界经济接轨，促进其经济发展。本书针对国家尺度的封闭模式城市体系研究与全球尺度的单一中心模式全球城市网络研究的割裂，突破传统城市网络研究中运用物理联系及生产性服务业联系的识别性研究方法，通过全球（地方）价值链分析框架研究多元城市网络，刻画价值生产在城市网络中的空间特性，并进一步研究城市网络的内在运行机制。不仅扩展了城市体系与城市网络的研究范畴，也丰富了城市体系与城市网络的研究方法，具有一定的学术价值和意义。

本书应用全球（地方）价值链研究框架，把生产性服务业作为研究价值链与城市网络整合的载体，以汽车产业和ICT产业为例对中国主要城市网络（城市群）进行实证研究，从而实现在理论、方法上的突破。总体研究结构包括以下几部分。

第一部分：建立全球（地方）价值链理论体系下的城市网络研究理论框架。

该部分是本研究的理论基础研究部分，为后续研究提供理论分析框架和实证研究方法：主要通过梳理国内外已发表的论文和出版的著作，从理论层面探讨价值链与城市网络两套研究体系相结合的可行性，并建立从价值链视角分析城市网络的理论框架。本部分包括第一章、第二章，基本内容如下。

首先，梳理世界城市网络研究的文献，总结城市网络研究的理论与方法缺陷。从国内外研究成果来看，学界对于世界城市网络和区域城市网络（城市群）已经有了一定的研究，但对世界城市网络的研究过于强调对中心城市的分析，对次级城市及其腹地城市常常忽略，也缺乏对不同尺度城市间的相互关联的研究，还缺乏将全球城市与低等级城市进行整合分析的工具，即缺乏对不同尺度的城市间的相互关系与空间整合的研究；区域城市网络（城市群）研究则侧重于城市功能分工与网络联系，缺乏对城市网络（城市群）内部的产业联系的分析。因此，本部分通过对城市网络研究的理论与方法的回顾分析，从整体上构建了本研究的方向。

其次，梳理全球价值链的文献，针对全球价值链方法的理论缺陷，将生产性服务业融入全球价值链的分析框架。全球（地方）价值链作为研究全球（地方）分散化生产系统的理论工具，研究跨国网络控制及其过程中的价值创造与分配。价值链理论虽然形成了较为完整的分析框架，但在实证研究过程中仍未将生产性服务业作为价值创造主体纳入自身的分析范畴；同时，这一理论工具主要对国家尺度下分散化生产进行分析，对全球（地方）分散化生产过程中不同城市空间单元参与经济活动的论述较少。在研究中，通过对价值链理论的回顾与剖析，确立本研究的价值链视角与方法。

最后，根据有关城市网络与全球价值链研究的理论背景与脉络，总结两种理论的共性，建立全球（地方）价值链理论体系下城市网络研究的理论模型。世界（区域）城市网络与全球（地方）价值链作为分析全球化背景下空间结构与产生结构的两套理论体系，具有共同的理论背景（世界体系）与现实背景（全球化）。根据上述两项研究内容，从理论上将两种研究体系相融合，建立本研究的总体理论体系，即从全球价值链视角，以生产性服务业与价值链的融合为出发点，将生产性服务业作为价值链的一个环节来建立完整的价值链体系，进而建立生产性服务业－价值链体系下的完整城市网络图景。

第二部分：产业价值链价值生产空间与演化实证研究。

本部分主要以全球价值链、演化经济地理与生产网络为视角，通过对汽车产业和 ICT 产业两个传统与现代产业价值链的价值创造活动进行分析，解释价值在空间上的生产、固定与转移过程，通过对劳动、公司、政府的相互关系分析，寻找、解释价值在空间上的实现途径与机制，从全球与地方的辩证角度出发，进一步理解不同的城市空间单元在价值实现过程中的地位与表征，论证中国城市网络的价值生产的固化、流动及其对城市网络的构造作用。本部分主要包括第三章至第六章，主要研究内容如下。

第一，总结全球价值链的分析框架，分析全球价值链的空间布局。主要通过对 ICT 产业中的具有全球化分散布局的智能手机产业价值链及典型 ICT 跨国公司价值链的空间组织进行案例研究，揭示全球价值链在世界城市网络中的布局规律。

第二，分析价值链价值生产活动在城市网络中的空间分异规律。通过对长江三角洲（简称长三角）城市群 ICT 制造业价值链的实证分析，定量研究价值链价值生产在城市网络内部的固化、流动的基本模式，揭示城市网络内部价值生产空间分异的影响因素。

第三，研究中国汽车产业及长三角城市网络汽车产业空间格局与演变过程。

通过对中国汽车产业的历史性分析，研究中国企业的产业发展历程及空间演化过程；继而对长三角城市群汽车产业价值链不同价值区段的空间布局及网络联系进行分析，揭示长三角城市群汽车产业生产网络的嵌入关系与网络格局。

第三部分：价值链视角下的城市网络空间结构实证研究。

本部分是在全球（地方）价值分析框架下研究中国城市网络空间结构特征。在研究中，主要是根据汽车产业和ICT产业两个产业价值链的价值环节及生产性服务业空间组织结构，利用国内发布的统计数据和调研数据，以时间、空间、产业三个轴线为基点，论证多元世界城市网络、中国城市网络的空间结构与演变过程。本部分包括第七章至第九章，主要研究内容如下。

第一，刻画我国城市网络的网络结构。本部分主要是通过ICT企业价值链的价值环节（公司组织）的空间结构特征刻画出中国城市网络的总体格局，并基于企业网络重塑中国城市网络结构及城市群内部网络结构与关系。

第二，分析生产性服务业对城市网络（城市群）构建的作用。通过分析生产性服务业（如金融、会计、法律等）在城市网络（城市群）中的空间布局形态，刻画城市网络（城市群）的空间网络结构；同时通过对生产性服务业产业属性、生产性服务业与城市网络（城市群）内部职能分工、生产性服务业与制造业的互动融合，探讨生产性服务业在城市网络（城市群）构建过程中所起到的黏合剂作用。

第三，构建多元化的世界城市网络新格局。通过分析ICT产业跨国公司价值链的空间网络刻画包括具有全球性的专业化城市在内的多元化的世界城市网络，分析多元化世界城市网络的组成要素、功能分工及网络联系。

第四部分：中国城市网络（城市群）的空间治理模式研究。

本部分体现在第十章中，主要从价值链治理及政府治理角度分析城市网络的权利分配与治理模式，为城市网络中各城市单元协调发展提供制度保障。在研究中，选取与城市网络结构和空间治理密切相关的城市土地开发管治、城市化包容性发展等角度探讨了城市网络空间治理的问题与优化路径、制度设计建议。

本书得到了教育部人文社会科学重点研究基地重大项目"产业升级与中国城市网络的发展研究"（11JJDZH006）、中国博士后科学基金"基于价值链的长三角城市网络研究"（2015M581518）和上海高校特聘教授（东方学者）岗位计划（JZ2014006）的资助。华东师范大学中国现代城市研究中心为本书的顺利完成提供了一切必要的支持，在此要特别感谢中心主任宁越敏教授自始至终对这一研究的重视、关怀和不遗余力的支持；也要感谢中心的杜德斌教授、汪明峰教授的精心帮助，同时感谢复旦大学王新军教授、苏海龙老师对本书出版的支持。

　　本书由王宝平和徐伟确定编写框架，负责组织编写并最终统稿，特别感谢张永凯对本书的贡献。

　　本书部分章节采用了我们在《城市问题》（2012 年第 6 期）、《世界地理研究》（2014 年第 4 期）、《甘肃社会科学》（2013 年第 5 期）及《中国城市研究》集刊（2013 年第六辑、2015 年第八辑）上已经发表的文章。我们对上述刊物允许本书使用有关文献表示感谢，同时也感谢这些论文的匿名审稿人及编辑当时提出的宝贵参考意见。此外，也要特别感谢科学出版社科学人文分社对"中国城市研究丛书"的大力支持，以及本书编辑细致高效的工作。

　　最后，感谢全球化时代赋予城市地理研究者无限的研究素材和灵感。

王宝平

2016 年 12 月 12 日

目 录

图 目 录

表 目 录

第一章
全球价值链——城市网络研究的新视角

　　城市远非孤立的空间单元。城市之间通过单向、双向的复杂关联，而形成相互影响、相互作用、相互联系的动态演化综合体。因此，城市内部关系、城市之间的关系，是城市研究的重要内容。本章主要通过对全球价值链理论、城市网络、城市体系理论等相关研究成果与进展的分析，确定城市网络研究的全球价值链这一崭新的研究视角。

　　城市不能孤立地存在，城市之间的联系是"城市的第二本质"（Taylor，2004）。中心地理论是最早解释城市体系内部关系的研究范式，它解释了城市规模－位序的布局规律。然而，该理论把城市体系当作静态的、相对孤立的系统，没有充分考虑到城市体系中城市之间的动态关联。1980年以来，全球化的浪潮加速了跨国公司的全球重组，推动了产业空间的国际转移，也促使全球城市体系之间的联系日益频繁。相应地，城市间的空间组织日益趋于网络化连接。与此同时，信息技术的发展和应用，使得城市网络成为全球城市体系组织的新范式（汪明峰和高丰，2007）。在全球化与信息化发展的大背景之下，西方学者将网络概念引入世界城市体系研究之中，开创了世界城市网络的研究领域（Taylor，2000）。近些年来，在区域主义思潮的影响下，从城市区域视角分析区域城市网络成为城市地理学的研究热点之一，形成了诸如大都市区、都市圈、巨型城市区、全球城市区域、城市群等相关研究领域。

　　尽管世界城市网络与区域城市网络研究取得了丰富的研究成果，但仍存在明显的理论缺陷。譬如，世界城市网络分析框架仅包含世界主要中心城市的单一中心城市模式，不能合理解释当代世界城市网络发展格局（周振华，2007），而区域城市网络的内向性趋向，则限制了区域城市与世界城市网络的衔接。本章通过梳理全球尺度下的世界城市网络、国家或地方尺度下的区域城市网络的研究脉络与主要研究成果，总结两种尺度城市网络研究的缺陷，试图提出融合世界城市网络与区域城市网络的多元世界城市网络研究的新视角与新方法。

第一节　世界城市网络

　　网络是由点图层和交织成网的线图层两个层面的要素所组成的组织结构（杨永春等，2011），将世界城市网络作为研究对象，发现世界城市间的网络联系、结构、权力等成为地理学研究的重点。世界城市网络的研究，起源于 Hall（1966）提出的世界城市（world city）①这一概念。Friedmann（1986）深化了这一概念，在其早年提出的核心 - 边缘理论基础上，进一步提出了世界城市假说。随着全球化过程在 20 世纪 80 年代的迅速深化和科学技术的日新月异，世界城市的发展机制开始改变，催生了关于世界城市的新的认识与理论。譬如，Sassen（1991）以讨论纽约、伦敦、东京等城市为基础而提出的全球城市（global gity）假设；Castells（1996）提出了信息城市的"流空间"（space of flow）概念；而 Taylor（2001）则开创了世界城市网络（world city network）研究的新阶段。对于世界城市网络的认识与理解，学者们大多借鉴了 Castells（1996）关于信息城市时代的"流空间"的理念，赋予了世界城市相互联系的思想。Taylor 等（2002a）提出了世界城市网络的概念，认为世界城市网络是由三个层次构成的一个多重网络系统，包括世界经济网络层次、网络中多重中心城市节点层次、创造网络的服务公司次节点层次。关于世界城市网络的起源，由于研究视角及方法的不同，观点并不一致。有学者将跨国公司等看作世界城市网络的塑造者（Alderson and Beckfield，2004；Carroll，2007；Wall，2009）。

　　纵观世界城市网络理论的发展脉络，有关世界城市理论研究的理论框架可概况为以下几个部分：世界城市研究、世界城市等级体系研究、世界城市网络研究。世界城市网络研究丰富了当代城市研究的内涵，推动了对知识经济条件下当代城市发展演变规律的认识。

一、世界（全球）城市

　　早期世界城市个案研究主要从城市功能出发，着重提出世界城市的概念、属性与内涵（Hall，1966；Hymer，1972；Cohen，1981；Friedmann，1986）。Hall

---

① 世界城市（world city）与全球城市（global city）的概念与内涵虽有细微差别，但众多文献中学者将两者视为同一概念，在本书将统一使用世界城市这一表述。

（1966）提出了世界城市的概念，选择伦敦、巴黎、莫斯科、纽约、东京等处于世界顶尖位置的城市，对其政治、贸易、通信设施、金融、文化、技术及高等教育进行了全面研究。认为世界城市就是那些已对全世界或大多数国家产生经济、政治、文化影响的第一流大城市。他认为世界城市具体包括以下几方面的内涵：主要的政治权力中心、国家贸易中心、主要银行所在地和国家金融中心、各类专业人才聚集中心、信息汇集和传播中心、大的人口中心等。Hymer（1972）在世界经济体系研究中，提出世界"经济转向"及总部控制成为世界的主宰，认为跨国公司总部趋向集中于世界主要的城市，如纽约、伦敦、巴黎、波恩、东京等。在这之后的许多研究，都把跨国公司总部集中度作为判别城市在全球城市体系中的位序的重要指标。Cohen（1981）认为世界城市是新的国际劳动分工的协调和控制中心，并运用"跨国指数"和"跨国银行指数"两个指标分析了若干城市在经济全球化中的作用。

著名的世界城市假说是由 Friedmann 在 1986 年提出的。假说认为，世界城市是全球经济体系的中枢或组织节点。世界城市集中了组织和控制世界经济的战略性功能，其形成过程是"全球控制力"的生产过程。这种控制力主要体现在企业总部、国际金融、全球交通和通信、高级商务服务等方面。根据 Friedmann 对世界城市主要特征的总结，我们可以认为世界城市的"全球控制力"的生产过程是世界城市本身所具有的特质和新国际劳动分工的产物。受世界城市假说的启发，Sassen（1991）提出了全球城市的概念，并从世界经济体系的视角切入，对纽约、伦敦、东京进行了实证研究，探讨了生产性服务业的国际化程度、集中度和强度，通过对全球领先的生产性服务公司的分析来诠释全球城市。首先，经济全球化使中心功能向少数城市聚集，这是全球城市形成的基本动力。Sassen 认为经济全球化时代生产的分散化，带来了强化中心控制和管理的必要性，促使跨国公司通过外包向专业化服务公司采购中心功能，而金融和其他专业服务的全球市场发展、国际投资增长引发的跨国服务网络需求、政府管制国际经济活动的弱化、制度性场所的相应优势，特别是全球市场和公司总部需求，形成了一系列跨国服务网络节点——全球城市。其次，全球城市是专业化服务、金融创新产品、市场要素的生产基地。全球城市的不断发展，影响了全球城市与其所在国家之间的关系，造成国家城市体系的间断性。最后，全球城市的出现造成这些城市内部空间结构、经济秩序和社会秩序的极化。这种极化的产生，一方面，是因为全球城市职能的空间垄断催生了一些高利润产业及高薪阶层；另一方面，服务于这些超额利润产业的低技术、低技能行业就业人员，取代了制造业时代的中产阶级蓝领工人，在全球城市中形成了广泛的低收入群体，其中不乏非法移民。总之，Sassen 的全球城市理论，其核心思想为全球城市是"一种特定的社会空间的历史阶段"，是全球性生产的控制中心。她的主要学术贡献，就是将生产性服务业引入全球城市研究之中。与 Sassen 注重全球城市的个体特征与功能不同，Castells（1996）注重城市间关系的分析，并提出了"流空间"概念。Castells 认为在信息时代，全球支配性功能和过程是以网络联系实现的。在全球信息网络中，世界城市充当着主要的节点。世界城市是那些在全球网络中，将高等级服务业的生产和消费中心与它们的辅助性社会联系起来的地方。Castells 关于世界城市的研究给予世界城市动态和联系的内涵。

20世纪90年代初期，伴随着我国经济的快速发展，部分重要的经济中心城市，特别是沿海经济发达城市，提出了建设国际性城市的目标。国内有关世界城市的研究也随之开始出现。这一时期，国内学者主要对世界城市的概念、内涵、特征进行界定和梳理。早期，国内学者对世界城市的理解主要受到 Friedmann（1986）世界城市假说的影响，提出对世界城市的认识，形成一系列对世界城市的概念和内涵的解读。对世界城市最基本的认识主要是从其外部性或所承担的外部功能开始的，认为世界城市是在国际劳动分工、国际贸易全球化、世界经济一体化和经济区域集团化过程中形成的全球经济、政治和文化交流中心，或者是某一国际区域、某一特定功能的国际性城市；具有协调和控制全球经济活动的中枢功能；当然，对世界城市认识的主要落脚点是重视其所承担的经济功能，认为世界城市是新的国际分工和跨国公司发展的产物，是世界经济的权力中心、金融中心、贸易中心、产业中心，具有金融资本集中、服务业专业化程度高、贸易发达等五方面特征（汤正刚，1993；宁越敏，1994；徐巨洲，1995；褚劲风，1996）。在对世界城市内涵认识的基础上，国内学者也比较关注世界城市的特征研究。认为世界城市是指一个城市所辐射的空间不仅仅局限于自身的区域或本国，而是在世界或某一区域内产生较大影响、发挥较大作用、具有多种国际功能或某种国际功能的城市。世界城市的主要特征在于其所具有的"世界城市地位"，这是其最重要的共性特征；而不同世界城市也具有其自身的个性差异。正是基于世界城市的共性特征和个性差异，学者们提出判别世界城市的指标体系，具体包括经济、社会、人口、交通等细化指标（陈先枢，1996；沈金箴和周一星，2003）。近年来，受 Sassen 全球城市假说的影响，国内学者将生产性服务业纳入对世界城市的研究，加深了对世界城市的理解。从以上学者们的观点可知，世界城市是全球化过程中国际性城市发展的最新阶段。第一，它们是跨国公司全球化网络尤其是跨国公司总部（或地区总部）的聚集地，具有在较大经济区域协调和连通国际资本及国际贸易的能力。第二，后工业社会的生产场所及全球性生产控制基地，即是金融及高水平专业服务的供给基地、高新技术产业的生产和研发基地。第三，具有完善的支撑体系。它们是国际重要的交通和信息枢纽，拥有能满足国际文化和社会环境需求的高质量生活环境和包容力，具有与世界主流经济体系相适应的政治经济体制（陈露，2006）。

在讨论世界城市概念的基础上，国内学者进一步从劳动分工、经济全球化等方面，分析解释世界城市的成因。通过将国际劳动分工理论引入世界城市研究，分析世界城市形成的内在机理，同时引入经济长波理论分析世界城市形成的宏观经济背景，认为科技革命和世界经济增长重心转移、经济全球化、世界经济空间重组及区域基础对世界城市格局形成及发展具有深刻影响，由此加深了学界对世界城市本质和形成过程的认识（宁越敏，1991；李国平，2000）。也有学者将世界城市的成因归结为经济全球化对城市发展的推动作用，那些具有国际性功能的城市在全球经济中的地位和作用日益重要，并最终成长为世界城市。而全球化通过全球金融整合、全球服务性经济、跨国公司与国际生产网络、国际贸易的增长与转变、全球通信网络等几个途径促进世界城市的发展（谢守红，2003）。而通过案例研究，可以更加清晰地了解世界城市的发展过程和影响因素，如对东京的实证分析就发现其成长为世界城市有四个方面的条件：一是以创新为源泉的雄厚综合经济实力是东京成为世界城市的基础；二是国家信息中心的角色是东京形成世界城市核心功能的关键；三是以国家战略要求为发展主旨是东京得以发展成为世界城市的重要保证；四是再塑全球竞争力是东京保持其世界城市地位的主要手段。此外，国内学者通过对上海、北京等城市的研究，提出建设中国的世界城市的措施与路径（沈金箴，2003；吕拉昌，2000；李国平，2000；顾朝林和陈璐，2007）。

世界城市理论对国内大城市发展实践的指导是国内学者讨论的热点问题。吕拉昌（2000）认为中国的世界城市建设要从全球城市体系的等级、位序规律出发，根据社会经济发展的实际，要有步骤、有目标、分阶段，稳步推进，逐步提升城市发展的层次，促进城市国际化的步伐，建设中国的国际城市。李国平（2000）结合北京特色，指出北京建设世界城市的基本定位。沈金箴（2003）分析了北京在四个方面所存在的优劣势，提出北京应从产业创新、信息中心建设、体现国家发展战略、加快融入全球化、提高城市竞争力等方面建设全球城市。顾朝林和陈璐（2007）认为上海是长三角乃至中国正在崛起的全球城市，从国际资本流、国际贸易、跨国公司总部、金融业及高级生产性服务业、国际交通通信信息平台等方面看，上海已具备全球城市雏形，但与世界主要全球城市相比差距仍然较大。从长三角城市群发展看，上海全球城市建设必须面临相应的城市转型，主要包括产业结构的重构和转移、社会结构转型、城市空间扩展和城市功能的重塑。

国外学者有关世界城市的研究比较丰富，总体来看更为关注世界城市本质的讨论；国内学者则更倾向于对世界城市成因的分析，并立足于建设中国的世界城市提出一系列建设世界城市的措施与路径。

二、世界城市等级体系

在对个案世界城市的研究过程中，西方学界注意到众多城市具有世界城市的特征，于是众多学者和研究机构开展了世界城市等级体系研究（Friedmann，1986；Taylor and Walker，2001；London Planning Committee，1991）。其中 Friedmann、Taylor 与 Walker 对全球城市等级的划分影响最大。Friedmann（1986）从核心－边缘结构理论出发对全球城市等级结构进行了深入的剖析，提出了衡量全球城市等级的七种指标：主要金融中心、跨国（包括区域）公司总部、国际性机构、快速成长的商业服务业部门、重要的制造业中心、主要的交通运输节点及人口规模。并依照世界银行已有的标准，将全球城市以核心与半边缘国家（地区）分为主要和次要两大类（表 1-1）。Taylor 和 Walker（2001）

表 1-1　Friedmann 的世界城市等级体系

核心国家（地区）城市		半边缘国家（地区）城市	
主要	次要	主要	次要
伦敦	布鲁塞尔		
巴黎	米兰		
鹿特丹	维也纳		
法兰克福	马德里		
苏黎世			约翰内斯堡
纽约	多伦多	圣保罗	布宜诺斯艾利斯
芝加哥	迈阿密		里约热内卢
洛杉矶	休斯敦		加拉加斯
	圣弗朗西斯科		墨西哥城
东京	悉尼	新加坡	香港
台北			
摩洛哥			
曼谷			
汉城（今首尔）			

资料来源：Friedmann，1986

将生产性服务业研究方法应用到全球城市等级的划分中，以会计、广告、金融和法律四种主要的生产性服务业总部及分支机构在世界各大城市的分布情形进行分析，若上述的行业总部与分支机构在世界各大城市的分布越多则得分越高，最高为12分，得分在3分以下者代表尚未形成全球城市之气候。通过对55个城市与46个生产服务公司的分析，得出了世界城市等级体系的三种划分方案（表1-2）。这种等级分类通过各种指标将世界城市体系划分为不同的类别，为识别世界城市提供了一种可靠的方法，并为后续的世界城市网络研究提供了一组可经检验的具有世界城市性质的研究对象。世界城市等级体系研究采用的仍然是多城市比较的方法，重属性而轻关系数据，不能解释世界城市等级体系中各城市之间的关系，有很大的局限性。

表 1-2　Taylor 与 Walker 的世界城市等级体系

级别	城市
α 世界城市	
a	伦敦、巴黎、纽约、东京
b	芝加哥、法兰克福、香港、洛杉矶、迈阿密、新加坡
β 世界城市	
a	圣弗朗西斯科、悉尼、多伦多、苏黎世
b	布鲁塞尔、马德里、墨西哥城、圣保罗
c	莫斯科、汉城（今首尔）
γ 世界城市	
a	阿姆斯特丹、波士顿、加拉加斯、达拉斯、杜塞尔多夫、日内瓦、休斯敦、雅加达、墨尔本、大阪、布拉格、圣地亚哥、台北、华盛顿
b	曼谷、北京、斯德哥尔摩、华沙
c	亚特兰大、巴塞罗那、柏林、布宜诺斯艾利斯、布达佩斯、哥本哈根、汉堡、伊斯坦布尔、迈阿密、吉隆坡、马尼拉、明尼阿波利斯、蒙特利尔、慕尼黑、上海

资料来源：Taylor and Walker，2001

三、世界城市网络

传统的世界（全球）城市研究偏重于对这些城市的特点的刻画与描述，缺乏对其发展演变规律的探究，本质上是一种静态的研究方法。随着对世界城市研究的不断深入，学者发现世界城市层级体系已不能揭示世界城市之间的相互关系。在全球化与信息化时代，工业经济主导时代的全球等级体系在慢慢消亡，代之以"全球－地方"垂直联系为原则的世界城市网络体系，为此世界城市研究视角转向世界城市网络。Castells（1989）首次提出了信息城市的概念，并从信息流动的角度分析了全球城市形成的力量基础，认为世界经济将由"地方的空间"转向"流的空间"，由此开始了世界城市网络的研究。早期关于世界城市网络的研究主要是通过电信容量、航空客流、互联网等进行分析（Short and Chen，1996；Lee and Chen，1994；Keeling，1995；Rimme，1998；Smith and Timberlake，2001；Townsend，2001）。国内学者采用类似方法也对中国城市网络进行了实证研究，采用中国航空航班数据、互联网骨干网数据分析中国城市网络的空间组织结构（周一星和胡智勇，2002；于涛方等，2002；汪明峰，2004；汪明峰和宁越敏，2006）。

在 Sassen 从高级生产性服务业的角度对全球城市进行研究并取得了一系列成果之后，众多学者将高级生产性服务业作为研究世界城市网络的重要视角。Taylor（2000）等人把世界城市看作是彼此连接的网络体系中的"全球服务中心"，认为世界城市网络的构建内容是全球服务公司办公点内及办公点之间的那种很少面对面的接触，通过办公点间的各种信息、观念、知识和教育等物质流彼此连接在一起。Beaverstoc 等（2000）采用会计、金融、广告和法律四种高级生产性服务在主要世界城市的分布和联系，从组织角度探索了世界城市间的关系，尤其是伦敦与其他全球城市的联系程度。同时 Taylor 等（2002b）认为世界城市网络不是一个一般的网络，它具有三个层次上的含义：作为构成世界经济的网络层次，作为网络多重中心的城市节点层次，作为创造网络的服务公司次节点层次，并认为后者是最重要的层次，而且从容纳力、支配指挥力和通道三大方面，以世界城市连接、国际金融连接、支配中心、全球指挥中心、地区指挥中心、高连接通道、新兴市场通道七个指标，对城市网络作用力进行了测定，在公司层面上对城市网络复杂关系进行了深入的剖析。当然，世界城市网络作为一个动态的网络，城市间网络连接处于动态变化过程之中；Taylor 等（2008）通过对 2000 年与 2004 年相同服务业企业的信息运用相同的研究方法进行纵向对比研究，揭示世界城市网络结构的变化，指出世界城市网络的总体格局变化不大。但是，其他学者对世界城市网络 2000 年与 2008 年的对比研究发现，发展中国家的世界城市在世界城市网络中的地位不断上升，网络连接度明显增强；其中以上海、北京、莫斯科等世界城市变化最为明显（Hanssens et al.，2010；Derudder et al.，2010）。而以 Alderson 为代表的众多学者则从跨国公司网络视角研究世界城市网络的空间联系（Alderson and Beckfield，2004；Carroll，2007；Wall，2009）。

从电信容量、航空客流、互联网、生产性服务业、跨国公司网络等方面对世界城市网络进行研究虽然取得了丰富的研究成果，但这些研究仅关注少数顶级世界城市而忽视众多具有世界影响力的专业化城市，并未突破传统世界城市的研究框架，且分析往往侧重世界城市之间的联系而忽视内部网络的形成机制和治理结构的分析，其对方法论的贡献大于理论贡献。

第二节　区域城市网络

世界城市网络研究侧重于对世界城市体系顶端城市的网络分析，随着世界城市网络研究的不断深化，西方学术界开始反思这种单一中心城市网络的地理空间模式是否能够反映当代世界经济地理格局的真实面貌。单一世界城市能够代表一个国家或区域参与国际竞争吗？显然，世界城市不能承担一个国家或区域所有的经济功能，而城市–区域作为产业集群的空间载体，可以承担大部分经济功能参与国际经济竞争（Porter，2001）。由此西方学者开始关注世界城市与腹地低等级城市的联系，研究视角转向区域城市网络。区域城市网络研究最主要的成果包括巨型城市区（mega-city region，MCR）、全球巨型城市区（GMCR）、城市群等。

一、巨型城市区与全球城市区域

Hall（1999）在研究东亚地区时提出了巨型城市区的概念，是由形体上分离但功能上相互联系的一组形体相当的城市（镇）组成，在一个或多个较大的中心城市周围集聚，通过新劳动功能分工显示出巨大的经济力量。这些城市（镇）既作为单独实体而存在（大多数居民在本地工作并且大多数工人是本地居民），也被高速公路、高速铁路、电信电缆等"流动空间"连接，作为更广阔的功能上的城市区域存在，具有多中心性、多功能性和网络性等特点。巨型城市区基于两个基本的理论假设：一是高级生产性服务业的信息流溢出"全球城市网络"，使区域层面的城市之间产生相互联系，从而导致全球"巨型城市区"的出现；二是在巨型城市区中，知识密集的高级生产性服务业公司及其产生的流，与多中心的城市发展模式相关联。Hall（2004）将巨型城市区的概念应用于对全球化进程中欧洲城市体系组织的分析，认为多核心的全球巨型城市区（GMCR）将是全球城市化的主要特征。Pain 和 Hall（2006）开展了对欧洲的英格兰东南部、比利时中心城市区、荷兰兰斯塔德地区、莱茵－鲁尔地区、莱茵－美因地区、瑞士北部地区、大都柏林和拉德方斯八大巨型城市区的系统研究，界定研究范围、巨型城市区现状特征，提出了巨型城市区的分析单元为功能性城市地区（functional urban region，FUR），并对这些巨型城市区内生产性服务业的联系进行定量分析。巨型城市区理论沿袭了世界城市网络的研究方法，在理论上拓展了世界城市的研究范畴，将世界城市与腹地低级别城市联系起来，但仅讨论了区域内中心城市的网络结构和功能划分，并未突破传统城市网络的理论范畴。

Scott（2001）提出了全球城市区域（global city region，GCR）的概念，Scott认为 GCR 日益成为现代生活的中心，全球化刺激了其作为所有生产活动——包括制造业、服务业、高技术产业和低技术产业在内的基础的重要性。狭义的城市已经不如城市－区域或区域网络中的城市。按照 Scott 的研究，全球目前有超过 300 个 GCR，每个 GCR 的人口都超过 100 万人，其中至少有 20 个 GCR 的人口超过了 1000 万人。这些 GCR 包括我们熟悉的一些由一个强中心主导的大都市带（如大伦敦和墨西哥城），还包括一些由多个地理中心单元组成的城市网络［如 Randstad（荷兰的阿姆斯特丹、鹿特丹、海牙和乌特列支四大城市所在的地区）和意大利的 Emilia-Romagna 地区等］。GCR 的提出是为了强调在全球经济和世界政治舞台上，其日益增长的作为必要的空间节点的作用，其意义主要在于总结目前全球化背景下区域城市网络的特征。周振华（2006，2007）则从全球城市区域的角度论述了全球城市形成的区域基础，认为世界城市区域是世界城市形成和发展的依托。国内学者引用巨型城市区和全球城市区域（GCR）对中国长三角等区域城市网络进行实证研究（张晓明，2006；顾朝林，2009），认为长三角是一个具有多中心、功能性和网络性特征的多中心网络状的城市区域。国内学者同时提出了 global-region 的概念，对 global-region 与 global city-region 进行了对比研究，认为 global-region 需要具备两个方面的条件：一是区域的规模、作用方面，这决定着区域是否在全球具有一定地位；另一方面则是区域的文化和制度，这决定着区域发展的特性与长远发展（吴志强，2002；李红卫和吴志强，2006）。

巨型城市区理论、全球城市区域理论沿袭了世界城市网络和世界城市等级体系的研究方法，虽然在一定程度上扩展了世界城市研究的城市空间范畴，其更关注城市区域内部联系及作为一个空间整体参与全球竞争，如 Porter（2001）在《全球城市－区域：趋势、理论与政策》一书中认为城市－区域已成为一种与国家、跨国组织同时存在的重要经济地理单元参与国际经济竞争。但是，现有的区域城市网络研究很少涉及区域内城市与其他全球区域城市的空间联系，如 Pain 和 Hall（2006）对欧洲八大巨型城市区的研究仅关注个别城市区域内的网络连接，缺乏区域城市网络与世界城市网络之间关系的分析，如巨型城市区之间的联系方式、联系强度，巨型城市区与更为宏观的世界城市网络的连接等。因此，区域城市网络与世界城市网络的衔接，将有助于解读当代全球城市网络这一复杂的巨系统。

二、城市群与城市体系

西方学术界对区域性城市网络的研究并非始于世界城市网络，早期有关城市群的研究，如大都市带（megalopolis）理论（Gottmann，1957）、超级都市区（megaurban region，MR）理论（McGee，1989）、大都市伸展区（extended metropolitan regions，EMRs）理论（Ginsburg，1991）等无不深刻地包含着对区域城市网络的刻画与解释。国内早期对区域城市网络的研究更侧重于城市体系研究，主要集中在对中国城市体系的等级结构、位序规模、职能分工、空间布局和联系强度等方面的分析上（周一星和杨齐，1986；顾朝林，1990；宁越敏和严重敏，1993；顾朝林和胡秀红，1998；胡序威等，2000；张京祥，2000；刘继生和陈彦光，2000；杨开忠和陈良文，2008；顾朝林和庞海峰，2008）。近些年来，我国学者对我国城市群的实证研究则十分活跃，主要体现在城市群空间结构、网络联系、产业结构及城市群稳定性等领域（姚士谋等，2001；方创琳等，2005；宋吉涛等，2006；车晓莉，2008；王伟，2009；姚士谋等，2010；顾朝林，2011）。而唐子来和赵渺希（2009）则关注到了经济全球化时代长三角城市网络与世界城市网络的连接，并认为上海是长三角城市网络与世界城市网络连接的门户城市（gateway city）。国内学者对中国城市网络的研究经历了从城市等级体系到城市群网络化的视角转变；早期由于中国经济并未融入世界经济，对城市体系、城市群的研究主要是在封闭的国家城市体系的框架下进行；同时地方政府对区域城镇体系规划的理论与思想的需求也需要学者关注城镇体系、城市群研究。近年来，随着区域经济一体化、经济全球化的发展，区域城市网络及其与世界城市网络的连接成为国内学者研究的热点。

经过国内外学者的不断探索，城市网络理论形成了全球尺度的世界城市网络和国家（区域）尺度的区域城市网络理论。但是，目前对城市网络的研究多为识别性分析，即对现象的分析和总结，如世界城市等级体系、世界城市网络、巨型（全球）城市区域、城市体系的识别及联系等，对城市网络联系的内部机理、网络治理模式等问题都需要进一步的分析和探讨；且世界城市网络和区域城市网络理论的割裂现状依然存在，对两者之间的联系很少探索；此外，世界（区域）城市网络研究的方法和工具也略显单一，仅从物理联系、生产性服务业网络、公司网络等几个角度对城市网络进行分析极大地限制了城市网络理论的发展。鉴于当代世界城市网络的新发展，具有国际影响力的高科技城市、制造业中心城市不断纳入世界城市网络的范畴，全球城市区域城市网络化发展不断深化，需要一种新的世界城市网络分析工具，可将承担不同功能的国际性城市纳入世界城市网络的地理范畴。

第三节　基于全球价值链的世界城市网络研究的新视角

一、基于全球价值链的世界城市网络

随着对城市网络研究的进一步深化，越来越多的西方学者开始认识到目前世界城市网络研究的缺陷，尤其是运用少数几种先进生产性服务业企业网络研究特定世界城市之间的联系并不能解释当前世界经济所能包括的地理范畴。许多学者提出运用全球价值链（global value chain，GVC）这一理论工具来研究世界城市网络（Parnreiter，2003；Parnreiter et al.，2005；周振华，2007；Brown et al.，2010；Coe et al.，2010）。

全球价值链研究起源于对财富如何从边缘向核心转移，以及维持和加深不平等发展这一现象的关注。由 Hopkins 和 Wallerstein（1977）提出并经 Gereffi 和 Korzeniewicz（1994）等人完善的"全球商品链"（global commodity chain，GCC）理论，主要集中于对公司及其他机构的价值创造体系的研究，即研究跨国网络控制及其过程中的价值创造与分配，以及从原材料开采、主要加工过程扩展到贸易、服务及制造过程，再到最终消费和废弃物处理等不同阶段的一系列节点。Porter（1985）在分析公司行为和竞争优势时，提出了（公司）价值链（value chain）理论，把公司的整体经营活动分解为一个个单独的、具体的活动，认为公司的价值创造过程主要由基本活动（含生产、营销、运输和售后服务等）和支持性活动（含原材料供应、技术、人力资源和财务等）两部分完成，这些活动在公司价值创造过程中是相互联系的，由此构成公司价值创造的行为链条就是价值链。在融合公司价值链理论的基础上，Gereffi（1999）等学者在全球商

品链的分析框架之上提出了全球价值链概念，即从概念设计到使用直至报废的全生命周期中所有创造价值的活动范围，包括对产品的设计、生产、营销、分销及对最终用户的支持与服务等，全球价值链这一概念基本形成。全球价值链作为研究全球性的分散化生产系统的理论工具，主要集中于对产业、公司及其他机构的价值创造体系的分析，研究跨国网络控制及其过程中的价值创造与分配（Gereffi and Korzeniewicz，1994；Gereffi，1999），这一理论工具可有效反映当代全球分散化生产过程中不同城市空间单元参与经济活动的过程、联系及权利分配关系。

　　基于城市网络与价值生产及空间实现的相互关联性，以及其对区域经济地理格局重塑与优化的重要战略意义，学界对城市网络、价值生产及空间实现等问题给予高度关注并开展了相关内容的理论与实证性研究。但是，运用全球价值链分析世界城市网络的文献较少，已有的研究成果主要关注全球价值连框架下发展中国家世界城市（区域）与世界城市网络的连接。Parnreiter（2003）、Parnreiter 等（2005）在对墨西哥城与圣地亚哥两个世界城市的研究中已将全球价值链和全球城市网络这两个研究框架概念性地联系起来，指出这两种理论之间存在"缺失的联系"（missing link）。笔者认为，在墨西哥与智利两国经济纳入全球经济的过程中，墨西哥城与圣地亚哥两座世界城市是先进生产性服务业的集聚地，为墨西哥和智利的产业价值链提供生产性服务，两个城市中的生产性服务业的主要作用是将两国的生产与全球市场联系起来，从而形成网络体。然而 Parnreiter 对全球价值链与世界城市网络的研究仅从价值链与先进生产性服务业的联系方面解释了墨西哥城与圣地亚哥两个个体城市的世界城市化过程，并未将全球价值链深入到更为广阔的多元世界城市网络研究之中。Rossi 等（2007）采用巴西主要公司的服务外包空间选择数据，对巴西"决策城市"（公司总部所在城市）与"服务城市"（先进生产性服务业所在城市）之间的联系进行了分析，根据先进生产性服务业（金融、保险、会计、广告、法律、咨询）与其他产业的联系，来分析巴西的城市网络结构。其研究结果显示，圣保罗与里约热内卢在巴西城市网络中处于顶端位置，是城市网络的决策城市和服务中心，其他低级别城市如坎皮纳斯、萨尔瓦多等，则通过其价值链中的先进生产性服务业融入世界城市网络。Vind 与 Fold（2010）研究了胡志明市的世界城市化过程，他们认为胡志明市通过全球价值链嵌入世界城市网络。通过考察电子产业全球价值链，指出胡志明市在价值链中主要承担基本电子元器件制造功能。这类研究有助于理解在构建全球城市与世界城市网络之间联系（产品流）的过程中全球价值链的重要作用。同时，他们的研究空间从全球化了的城市核心（胡志明市）扩展到了全球化城市区域（湄公河三角洲），对区域内的价值链升级及劳动力转移进行了探讨，分析了胡志明市经济全球化过程的区域影响。遗憾的是，由于缺乏数据，此研究没有讨论价值链与先进生产性服务业的联系。

将全球价值链引入世界城市网络的研究框架之中，并通过生产性服务业与全球城市网络联系起来，此研究视角克服了世界城市网络研究仅包含特定城市的不足之处，将世界城市网络与区域城市网络相互融合，形成多元世界城市网络的理论框架；但目前的研究成果大多仅关注特定城市的世界城市化过程，并没有广泛探讨多种类型世界城市网络的基本空间格局，相应地，对多元世界城市网络的形成发展机理的理论解释也就更为缺乏。

二、基于价值链分工的区域城市网络

自 20 世纪 80 年代 Scott（1988）提出工业 – 城市区位论，学者们开始关注城市区域尺度下的劳动空间分工及产业空间组织问题，Scott（2001）提出的全球城市区域理论正是建立在工业 – 城市区位论的基础之上。我国学者宁越敏（1995a，1995b）将工业 – 城市区位论引入国内并开创了基于劳动空间分工的大都市区空间组织研究。在国际劳动分工从产业分工向价值链分工演进的当代世界经济空间结构中，价值链分工成为城市 – 区域的主要经济联系方式。由此，石崧（2005）建立了全球价值链分工主导的多尺度全球城市 – 区域模型。在全球尺度下，价值链中高级管理环节主要集中在发达国家的核心大都市区，中层管理价值环节则主要集聚于发达国家的一般大都市区、新兴经济体及发展中国家的核心大都市区，研发价值环节一般集聚于发达国家并伴随跨国公司的扩张向新兴经济体扩散，而先进的高新技术产业生产环节大多布局于发达国家或新兴经济体的繁荣的腹地城市，一般性制造环节则主要布局于发达国家的边缘城市或新兴经济体及发展中国家的大都市区；在城市 – 区域尺度上，核心大都市区与区域腹地城市通过价值链分工形成次级的区域空间分工结构。而不同的城市区域以核心大都市区为媒介通过全球价值链相互连接组成了世界经济的基本空间格局（宁越敏和石崧，2011）。李健（2008）则通过价值链分工进一步分析了大都市区内部的空间组织模式，认为价值链总部管理环节主要布局于大都市区的核心 CBD，研发环节主要位于大都市区内部的科技园区，高端生产环节主要布局于高新技术开发区，而一般生产环节主要集聚于工业开发区。而武前波（2009）则运用企业价值链分析了中国城市网络的空间结构。

基于价值链分工的大都市区空间组织研究将价值链理论应用于区域城市网

络的研究之中，证明了价值链分工已成为城市区域及大都市区内部经济空间结构的主要构造力量，也为从价值链视角研究城市网络的可行性提供了佐证。

第四节　本章小结

　　传统的城市体系或城市群研究注重于形态的刻画与功能分工的阐述，这些研究为理解与认识城市化发展演变规律，特别是对国家作为一个相对封闭的内部整体的城市空间演变模式提供了重要的基础。但是，随着全球经济整合加速，这种以国家为边界的研究视角对全球化背景下的现代城市网络的发展演化的认识具有很大的局限性，而且相关研究并未体现出城市网络化联系的发展态势。

　　而在经济全球化背景下，各种以全球网络为研究对象的理论应运而生，其中世界城市网络与全球价值链最具代表性。世界城市网络和全球价值链都是建立在全球尺度上的概念性地理分析模型，世界城市网络理论主要围绕全球先进生产性服务业的公司网络建立全球分析框架，而全球价值链架构了世界经济的生产过程，两种理论的共同点在于构建了一种"流的空间"模型：信息流连接的城市节点网络和商品流连接的生产节点链。但是，在已有的研究中，世界城市网络和全球价值链理论框架各自为政，鲜有交叉点。在以价值链分工为基础的新国际劳动分工的经济背景下，传统世界城市网络研究仍未摆脱仅仅以高等级城市的单一中心城市模式的研究范式，而将具有全球化职能的低等级城市排除在研究范畴之外，已经不能完全解释世界城市网络的完整图景。全球价值链理论主要分析由跨国公司构造的价值片段化生产的内部关系，而对价值生产的空间布局机制，以及生产者服务对价值链的维系与价值创造功能少有讨论。

　　世界城市网络研究从全球化的特定背景出发来阐述其形态特征和形成与发展机制。由于沿袭着传统的世界城市单一中心城市模式，大部分研究往往把视线聚焦在全球化对世界城市本身的影响上。学者们在研究世界城市、世界城市等级体系及全球城市时，仅关注世界（全球）城市的本质内涵及对外影响，将世界（全球）城市视为全球经济的控制中心、信息中心及金融等高级生产者服务跨国联系的枢纽（Hall, 1966; Cohen, 1981; Friedmann, 1986; Sassen, 1999），而往往弱化了与其腹地及国家城市体系之间的联系。即使后来所倡导的信息城市具有"流动空间"的特征，即使是英国拉夫堡大学地理系 GaWC 小组所发起的全球城市网络研究，也是以单一中心模式的城市作为其网络体系的节点，将已经具有国际化职能的低等级城市排除在研究范畴之外。传统的世界城市研究的理论起点，是以跨国公司的生产分散化及生产全球化为基础，重点分析了生产分散化过程中的控制与管理功能，以及相应的生产者服务功能在主要城市高度集中的必然性，并使这些城市成为世界城市网络中具有全球性功能的基本节点（Taylor，2001；Taylor et al.，2002）。世界城市网络研究仅关注价值链分散化生产中的总部及生产者服务等高端价值环节对城市网络的构建作用，在世界城市网络研究中也缺乏将世界城市与低等级城市进行整合分析的工具，这也必然将价值链环节所塑造的具有全球性功能的专业化城市排除在世界城市网络之外，这也是世界城市网络研究框架的主要缺陷。但在价值链功能分工已成为城市间经济联系的主要方式的大背景下，各种具有全球性的专业化城市已经通过全球价值链与公司总部所在世界城市发生联系，成为世界城市网络的一种组成单元。全球城市区域理论（Scott，2001）虽然在一定程度上扩展了世界城市网络研究的城市空间范畴，但并未讨论城市区域内腹地城市与世界城市网络的连接。可见，世界城市网络研究的单一中心城市模式显然已经不能真实反映当代世界城市网络的完整图景。

全球（地方）价值链作为研究全球（地方）性的分散化生产系统的理论工具，主要集中于对产业、公司及其他机构的价值创造体系的分析，研究跨国网络控制及其过程中的价值创造与分配。这一理论工具可有效反映当代全球（地方）分散化生产过程中不同城市空间单元参与经济活动的过程、联系及权利关系。近几年来，中西方学者认为通过全球价值链这一理论工具研究城市网络可以克服现有城市网络的理论缺陷（Vind and Fold，2010；Brown et al.，2010；周振华，2007）。但是，在价值链功能分工已成为城市网络主要经济联系的大背景下，全球价值链作为研究全球分散化生产的主要理论仅关注国家尺度价值链内部的空间生产组织与布局。同时，作为价值链的外部延伸环节，生产性服务业一直未纳入全球价值链的研究体系。实际上，当制造业（尤其是 ICT、汽车等产业）价值链是由大型跨国公司组织及控制并在全球分散布局时，布局于世界城市的生产性服务业也必将向全球价值链其他环节提供服务支持，生产性服务业成为全球性专业化城市与世界城市连接的重要方式。

国内外相关研究主要构建了城市网络体系的理论基础与分析方法模型，并通过实证的方式研究了世界主要城市网络（城市群）体系的空间结构、组织形态、功能及其演化，也研究了以高端生产服务业为基础的城市网络体系关联协同发展的机理、路径与模式等问题。而城市作为生产的主要空间单元，成为全球（地方）价值链各环节的载体，因此可以将全球（地方）价值链与全球（区域）城市网络相结合，通过对产业全球（地方）价值链研究来分析城市网络中的价值生产、治理模式、结构演变及产业升级等。最新的研究动态与成果表明，基于全球价值链理论与全球治理理论，研究城市网络的价值生产与空间实现，通过产业价值链研究来解析全球城市网络中的价值生产及空间实现问题正成为学术界关注的热点。这主要体现在三个方面：一是城市网络（城市群）体系的理论与实证研究；二是全球价值链的价值生产及空间实现路径研究；三是价值生产及空间实现与城市网络（城市群）的整合性研究，以及价值链理论支撑下的不同尺度城市参与地区分工的价值实现研究。

全球价值链与世界城市网络的结合，为世界城市网络与区域城市网络的衔接提供了一种可靠的分析工具；它避免了运用生产性服务业研究世界城市网络所形成的单一中心城市网络的分析模式，可将具有不同功能的国际性城市纳入世界城市网络的分析框架，形成一个多元化的世界城市网络模型。笔者正是基于城市网络与价值链都是以全球化为背景的相似性，从融入生产性服务业的全球价值链视角切入城市网络研究，并建立全球价值链分工体系下的城市网络分析框架，将城市放在更为广泛的世界城市体系或区域城市体系来进行考察，重新阐释城市网络的组织模式及其空间治理。

第二章

世界城市网络价值链模型

在经济全球化不断深入的背景下，全球经济联系正在发生着巨大的变革。国际产业分工出现新的变化，传统的国家间产业分工逐渐消亡，全球价值链分工的标准化、模块化生产组织方式成为国际上经济联系的主要形式，主要通过跨国公司海外直接投资或生产外包在全球尺度呈现片段化的零散布局，构建了全球经济纷繁复杂的空间网络结构。在以全球价值链分工为基础的世界经济空间组织中，产业（产品）价值链突破了国家和区域的界限，主要表现为跨国界或区域的城市间的价值功能专业化联系，进而促进了城市产业结构从部门专业化向价值链功能专业化的转变（Duranton and Puga，2005）。城市间的功能专业化分工，主要以中间产品分工或工序分工形式出现；在规模经济的作用下，不同价值功能环节在城市空间集聚，从而形成以价值链分工为主要经济联系的城市网络体系。其中，跨国公司总部、信息中心和生产性服务业大量集聚的世界城市，成为全球经济的控制中心；大学、研究机构等研发资源和科技人才汇聚的城市，成为推动全球经济发展的"技术极"；而生产功能集聚的传统制造业中心城市在全球价值链上的权力地位则不断下降。在以功能专业化分工的城市网络中，城市间基于传统产业分工的终端产品交换功能，被城市价值功能专业化分工的各种生产要素（如资本、信息）及中间产品流动取代，成为城市间经济联系的主要内容（李燕和贺灿飞，2011）。

以价值链为基础的生产、服务功能分工和联系，日益成为当今世界城市间经济联系的主要形式，成为塑造城市网络体系的主要力量。在以全球价值链功能分工为背景的全球城市体系中，一大批传统的地区性城市通过承接不同的价值环节，形成了一批具有全球性功能的专业化城市。位于全球不同区位、承载跨国公司价值生产环节的城市，通过跨国公司价值链相互联系，组成了以生产为主要功能的生产型城市。而一些位置优越、市场潜力深厚的城市，则逐渐形成以总部管理、销售为主要功能的全球性城市。这些不同功能类型的全球性城市通过全球价值链的分工与衔接形成全球性多元城市网络。另外，区域性城市网络（如长三角、珠三角），以地方价值链为基础的地方性生产网络功能分工也日益明显，城市区域内部通过价值功能分工与合作，以整体参与国际竞争和全球价值生产。

在城市价值链功能分工日益成为城市网络经济联系的主要方式的背景下，从全球价值链视角分析世界城市网络有助于更好地理解城市网络的内在联系。本章节主要论述价值链分工体系下城市网络中价值生产的理论渊源，构建价值专业化生产及分配的城市网络组织模式及空间结构，为运用全球价值链分析世界城市网络提供理论基础。

第一节　全球价值链下的世界城市网络

一、全球价值链分工的空间透视

当前，全球经济正在经历深刻的变革，全球化的发展使得全球价值链功能分工成为当代产业分工的主要形式。产业价值链条及其辅助体系通过价值环节片断化在全球范围内进行配置，多尺度经济地理单元参与到世界经济的组织结构之中，这些经济地理单元不仅包括宏观尺度的区域、国家，也包括微观尺度的地方，即城市区域及单个城市。Dicken（1998）认为，单个产业的生产链或价值链可以被认为是一种分布于不同地理单元的垂直组织结构，与这一产业垂直分离组织结构相切的平面就是一个在空间上拓展开来的全球地理或区域地理产业空间组织。如图 2-1 所示，全球产业链条发生垂直分离，而水平角度则为不同尺度的地理单元，两者结合起来就基本展示了经济全球化时代全球产业链条配置的地理分布格局。

城市作为不同尺度地理单元组织的原结构，是全球价值链功能分工的空间载体。因此，在经济全球化背景下，一个以全球价值链为主要连接方式，包含不同价值链功能的多元化、专业化的世界城市网络体系正在形成。

二、全球价值链下的世界城市网络体系

以 Taylor 为代表的世界城市网络的主流学术研究，对世界城市网络的组成

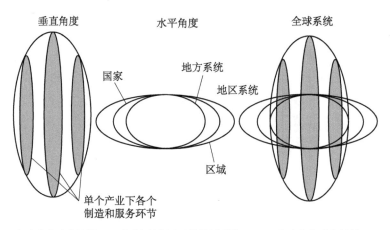

图 2-1　全球价值链在地理空间之间的相互作用

资料来源：Humbert（1994），转引自 Dicken（1998）

要素的定义过于狭窄。这些研究主要关注那些具有全球控制与管理功能的世界城市（如纽约、伦敦、东京等），而没有将全球化、信息化进程中卷入世界城市网络体系的、具有全球性功能的专业化城市，纳入其分析框架。因此，有必要根据分散化生产组织的全球价值链模型，将那些嵌入经济全球化浪潮的一般性城市，纳入世界城市网络，建立多元化的世界城市网络体系分析框架。

李健（2011）从全球生产网络的空间组织重新审视了世界城市体系，其依据不同城市参与生产的价值链环节重新建构新的世界城市体系，并将世界城市体系划分为五种不同的等级类型。第一层次是处于价值链高端的全球城市，包括纽约、伦敦和东京三个城市，它们既是跨国公司总部在全球最为集中的城市，又是跨国公司销售运营等高级服务功能的集聚节点。它们在全球价值链分工体系中主要承担总部管理、信息控制、高等级销售运营等高级功能；同时为分散化布局的全球价值链各价值环节提供高水平的金融、法律、会计、广告等生产者服务。第二层次是处于全球价值链另一高端的高科技城市，主要包括硅谷、筑波、剑桥、新竹、班加罗尔等城市，这些城市是全球高科技产业跨国公司研发中心的主要集聚地，对促进跨国公司快速发展、转型及升级具有重大作用，是技术标准制定、产品研发的"技术极"。第三层次是处于价值链第二高端的较低等级世界城市，包括巴黎、芝加哥、法兰克福、香港、新加坡等城市。这些城市在功能上以总部或区域总部管理为主，承担的价值链功能包括跨国公司区域管理、市场开拓和营销、资本流动、信息控制等。同时在诸如法律、会计等生产者服务方面也具有区域范围内较强的国际影响力。第四层次是最低级别世界城市，主要包括发展中国家的首都或经济中心城市，这些城市崛起为世界城市一般主要依托其强大的世界城市区域的全球性生产能力及庞大的国内市场需求，一般承接跨国公司在该国的运营管理、资本控制及区域性或全球性研发等功能，同时具有较强的高科技产品及核心部件制造能力，是承担全球价值链中多种价值环节的综合性多功能城市，主要包括北京、上海、新德里、曼谷、圣保罗、墨西哥城等城市。处于世界城市体系最低端的城市主要承担全球价值链中大规模制造与组装等低端价值链环节，主要为发展中国家和新兴工业化国家中制造业高度集中的城市，如我国的苏州、无锡、东莞，墨西哥的蒂华纳、华雷斯等。这些城市通过全球价值链完全融入世界城市体系，成为世界城市体系中的生产中心（图 2-2）。

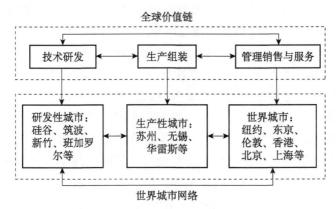

图 2-2　全球价值链下的世界城市体系

资料来源：根据李健（2011）整理

三、全球价值链下的世界城市网络联系

国际劳动分工的深化使得全球范围内不同区域的经济联系大大加强，基于产业内、产品内分工的全球价值链逐渐形成。世界城市网络体系的研究，也相应地开始关注全球价值链分工体系下的多元世界城市网络。在英国拉夫堡大学地理系 GaWC 小组创立的世界城市网络研究范式的基础上，Campagni（2004）在研究全球城市及其网络结构时，提出了"城市网络等级结构"（the hierarchy of city-networks）的城市网络模型。在这一网络等级阶层结构中，除全球（世界）城市外还融合了具有专业化特征的地方城市，并根据各个城市所承担的全球性功能的差异性对城市网络等级阶层结构进行等级划分，主要将三个层级的城市

网络整合进传统的城市网络体系（图 2-3）。第一层次是核心城市网络，即全球城市（global cities）的网络结构。此层级城市网络借助高度发达的通信、运输技术，以信息、资本及生产性服务业等各种"流的空间"相互连接，主要包括纽约、伦敦、东京等高等级的世界城市。它们是全球性的经济、金融、服务、文化及信息控制中心，也是跨国公司总部及金融机构等生产性服务业的主要集聚地。第二层次是节点城市网络，主要由专业化的国家城市（specialized national cities）组成。通过跨国公司价值链的投入－产出关系等公司间贸易相互连接，这些城市是跨国公司地区总部、研发中心甚至生产环节的主要集聚地，是世界城市网络中具有区域性国际影响力的较低层次的世界城市，主要包括世界主要国家的首都或经济中心城市，如北京、上海、莫斯科、悉尼、迪拜、里约热内卢、约翰内斯堡等。第三层次是次节点城市网络，主要由专业化的区域城市（specialized regional cities）组成，通过区域内价值链的投入－产出关系及产品内贸易相互连接。此阶层的城市一般承担跨国公司价值链中的全球性或区域性的专业化功能，如跨国公司生产基地等功能环节高度集聚的城市，如苏州、深圳、华雷斯等。在这个全球城市网络阶层等级结构中，各层级城市之间通过公司内或公司间的商品及服务流相互连接，各种要素流不仅在不同城市层级之间实现自上而下的流动，同时低层级网络中的专业城市也向全球城市提供专业化产品。总体而言，高层级网络中的世界城市是全球经济的控制中心和服务中心，专业化的国家城市是国家（区域）联系世界经济的主要通道，专业化的区域城市在全球经济中承担价值链中分解的各种生产制造功能，各层级之间通过价值链投入产出及服务相互连接成一个整体网络。

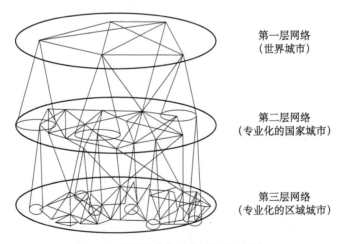

第一层网络
（世界城市）

第二层网络
（专业化的国家城市）

第三层网络
（专业化的区域城市）

图 2-3　世界城市体系的网络阶层结构

资料来源：Campagni，2004

第二节　城市网络的价值生产

一、劳动分工是城市网络价值生产的基础

概括起来，国际劳动分工经历了产业间分工、产业内分工和产品内分工等几个阶段。产业间分工是指生产专业化不断加深而形成的不同产业部门之间生产的专业化分工，产业间分工也可以根据生产要素的集聚程度进行划分。不同地理空间的产业间分工可以由地理和资源禀赋差异形成的绝对成本优势和比较成本优势加以解释。产业内分工是指同一产业或行业间产品的跨国交换活动，反映的是不同国家之间产业内贸易分工的状况和格局。产业内分工的理论基础不完全等同于产业间分工，其理论基础是新贸易分工理论，即规模经济、不完全竞争等理论。第三层次的国际劳动分工是所谓的产品内分工（intra-product specialization），也可称为价值链分工，其核心内涵是产品生产过程中不同工序或区段通过空间分散化生产，行成跨区域或跨国性的生产链条或体系，因而有越来越多的国家或区域参与产品生产过程中不同环节或区段的生产及供应活动（卢峰，2004）。

在劳动分工从部门专业化分工向价值链专业化分工演进的大背景下，城市之间的经济联系主要表现为价值链的功能分工（Duranton and Puga，2005；魏后凯，2007；李燕和贺灿飞，2011）。也就是说，每一个环节根据生产需求和城市资源禀赋选择在不同的城市进行布局，最终形成以价值链环节相联系的城市网络。

二、贸易是城市网络价值实现的途径

贸易是城市起源和发展的基础。虽然有关城市的起源产生了不同的理论流派，但它们具有一个共同点，就是城市是在物品交换即贸易的前提下产生的。简·雅各布斯（1969）的城市起源学说认为城市是围绕着商品交易的市场建立起来的，贸易是城市产生的基础和主要功能。大规模商品流通所产生的贸易网

络系统促进了贸易管理、服务等组织机构在城市集中布局，促使城市成为实现商品价值属性的主要经济空间。也就是说，基于社会分工和剩余产品交换的贸易的出现是城市产生的重要前提和推动因素。而霍伊特有关城市发展的经济基础理论主要是从城市对外贸易的角度解释城市经济增长的动力，即城市经济增长是通过城市对外输出商品和服务而促使资金流入来推动城市经济发展的。城市经济基础理论将城市经济部门划分为基本经济活动与非基本经济活动，其中基本经济活动是城市价值生产的主要经济部门，通过向城市外部输出产品和劳务为城市带来收入，推动城市经济的增长与扩张。因此基本经济活动是一个城市的经济基础和主要发展动力。非基本经济活动主要是指为实现城市基本经济活动运转而产生的辅助经济活动，其发展以城市内部的基本需要为基础。

在全球化时代，以价值链分工为背景的城市网络中，各个城市从传统的部门间贸易或商品贸易转化为产品内贸易，价值链内的中间产品流动成为价值实现的主要形式。例如，在长三角城市网络内部，价值链分工在电子信息制造业等产业中已成为主要分工形式，形成了各具特色的产业（产品）内分工结构（如上海集成电路制造、苏州的平板显示器及笔记本电脑制造、无锡的电子元器件制造、南京的通信产品制造等），从而促使中间产品贸易成为长三角城市间主要的价值实现途径。

三、价值链功能专业化是城市网络价值生产的主要形式

在城市网络体系中，城市的基本经济功能是为网络中其他城市提供专业化的商品或服务，即城市的价值生产（基本功能）建立在专业化生产基础之上。根据劳动分工理论的观点，城市专业化不仅包括产业专业化，还包括价值功能专业化，分别指城市根据各自的比较优势和竞争优势生产相应的产品或参与相应的企业功能环节。

城市产业专业化[①]是相对于城市产业多样化[②]的一个概念，是指某一城市产业要素不断向某一经济部门或产业、行业集中的过程，其基本特点是该城市在某一产业或行业的集中度或区位熵明显高于其他产业。在城市网络（体系）内，产业专业化与多样化同时共存，但大城市更趋于多样化。Duranton 和 Puga（2000）通过专业化指数和多样化指数两个指标分析美国城市制造业的产业专业化分工现象，其研究结果发现专业化和多样化在不同城市具有较大差异，专业化城市和多样化

---

① 专业化，指某一经济主体向其他经济主体集中提供特定类型的商品和服务。

② 多样化，指某一经济主体在不同类型产品或不同市场间的扩展。

城市在城市体系中同时存在。Henderson（1997）的研究发现，城市规模与城市专业之间存在内在联系，其中大城市一般具有服务业专业化特征，中小城市一般在传统产业方面具有专业化优势。Black 和 Henderson（2003）在对美国城市体系的产业专业化分析中发现专业化部门相同的城市一般具有相似城市规模。

随着劳动分工向价值链分工的深化，当代城市的专业化更多地表现为价值链环节的专业化生产，即职能专业化。Massey（1984）、Duranton 和 Puga（2005）、Defever（2006）等分别分析了英国、美国等西方国家城市的专业化现象，研究成果表明，在经济全球化及区域经济一体化的背景下，随着多区位企业成为企业特别是跨国公司的主要组织形式，西方发达国家城市网络体系中劳动空间分工从传统的产业专业化分工向职能专业化分工演进，主要表现为跨国公司管理和研发部门主要向大都市集聚，而中小城市成为多区位企业生产部门的主要集聚地，职能专业化分工越来越成为城市网络间经济联系的主要方式。对于城市职能专业化研究，国内学者主要通过对跨国公司功能区位选择探讨价值链分工在城市网络中的空间布局（徐康宁和陈健，2008；朱彦刚等，2010；贺灿飞和肖晓俊，2011），并对企业功能区位与城市体系（网络）在空间耦合互动现象的内在机理做了有益的探讨（樊杰等，2009）。

四、城市网络价值专业化的理论基础

1. 绝对优势理论

绝对优势理论是亚当·斯密在其代表作《国富论》中提出的有关国际分工和国际贸易的理论基础。绝对优势理论认为国际贸易的基础是劳动地域分工，跨国界的贸易将不同国家或区域的经济相互联系，参加国际贸易的经济主体都可从中获得经济利益。绝对优势理论的基本原理是不同经济主体（国家）利用自身的自然禀赋（如自然资源、劳动力）或其他后天获得的生产要素（如资本）等具有绝对优势的生产条件，生产具有绝对成本优势的某些特定产品，进而促进该经济主体成为国际产业分工中该种产品或产业的专业化国家。由此，各国根据自身的专业化优势实现产业专业化或产品专业化生产并通过国际贸易进行商品交换，从而提高各国的劳动生产率和财富增长。

虽然绝对优势理论主要针对国家尺度的产业间分工进行分析，但依然适用于城市尺度的价值链分工模型。根据绝对优势原理，在城市网络中，当生产要素是完全自由流动没有任何贸易壁垒时，"绝对优势"决定了城市的专业化价值生产特征。价值链环节，如研发、生产、销售与服务等根据城市的绝对优势进行空间布局；具有研发绝对优势的城市其价值生产以研发为主要方式，具有劳动力成本优势的城市其价值环节以生产组装为主要形式，具有市场营销优势的城市其价值生产以销售和服务为主要形式。

在现实的世界经济结构中，虽然绝对优势已经不是劳动分工的主要根源，但在价值链分工联系的城市网络中，绝对优势依然是具有绝对劳动力成本优势的区域性专业化生产型城市价值生产分配的基础。

2. 比较优势理论

比较优势理论是在绝对优势理论基础上产生，由大卫·李嘉图在其著作《政治经济学及赋税原理》中提出。比较优势理论认为，当资本、劳动力等生产要素受贸易壁垒的影响无法在国际上自由流动的前提下，某一经济主体（国家）即使在国际竞争中在两种产品的生产上均处于劣势地位，另一经济主体在两种产品生产中都处于优势地位，也可参与到国际劳动分工和贸易之中。在比较优势的作用下，处于劣势地位的经济主体可以主要从事相对劣势较小的产品专业化生产，而处于优势地位的经济主体主要从事相对优势较大的产品专业化生产。简而言之，在国际劳动分工与贸易中，比较优势来源于产品生产的"比较成本"差异。但一国的比较优势随着各种贸易壁垒，如关税、货币汇率、劳动力成本等因素的变化而变化。譬如，一国通过提高海关关税或货币贬值等贸易保护措施来保护国内相关产业的发展，在该产业领域具有相对优势的其他国家在国际市场上的竞争力就会降低。

根据比较优势原理，当生产要素不可以自由流动，并且存有许多贸易壁垒时，"比较优势"决定了城市的专业化价值生产特征，城市网络中各城市发展具有比较优势的产业价值环节，也就是价值环节通过比较优势在城市网络进行布局。相对于区域性城市，在跨国界的世界城市网络中，国际性城市的要素流动更易受到限制，如纽约、东京等，要素流动受成本、人才等影响，所以其专业化是建立在比较优势之上的。因此，比较优势成为国际性城市价值生产分配的基础。

3. 竞争优势理论

竞争优势理论是迈克尔·波特在继承和发展传统的比较优势理论的基础上提出的，也可称为钻石模型（Porter，1990）。该理论认为国家的比较优势不是一成不变的，强调可以通过自身的主观能动性和产业的可选择性来强化比较优势，从而塑造产业的竞争优势。竞争优势主要由生产要素条件，国内需求条件，相关及支持产业因素，企业的策略、结构和竞争对手四种内部力量，以及机遇与政府两种外部力量所决定。生产要素主要指一国的自然资源、知识、资本及基础设施等能力；国内需求条件是一国的市场规模及消费者的需求偏好等；相关及支持产业因素是指一个国家否具有强大的产业配套及供应商；企业的策略、结构和竞争对手则是指企业是否具有先进的组织结构和发展战略，以及竞争对手所产生的溢出效应。而一国的机遇机主要指重大技术发明或市场需求变化所带来的产业发展机会。政府因素主要指一国政府运用各种产业发展政策来塑造本国的竞争力。可见，竞争优势是在比较优势的基础上各种要素共同塑造的结果。

尽管竞争优势理论是在国家竞争尺度上提出的，但在全球化时代，城市间的竞争日益突出，并成为国家间竞争的主要空间体现。在全球城市网络体系中，当某些生产要素可以自由流动，某些不可以流动，并且贸易壁垒具有可塑性时，全球范围内城市网络中的城市节点在获得比较优势的基础上发展专业化生产，进而通过各种政策因素培养竞争优势并实现自我强化。可以说，"竞争优势"成为全球城市网络价值专业化生产的基础。

五、城市节点价值专业化优势的理论基础

1. 区位论

区位是指包括经济活动在内的所有人类行为活动的空间载体，是自然、人文、经济及交通等现象的有机融合并在空间地域上的地理表现，而区位论主要是关注公司或厂商生产经营活动的区位空间选择问题的学说。19世纪，德国经济学家杜能主要根据区位对运输费用的影响建立了农业区位论。杜能发现农业生产的专业化是由区位地租所决定的，即距城市市场的距离所产生的经济地租决定了农业土地利用方式和农作物布局。在地租差异的基础上，杜能建立了著名的"杜能环"农业区位模式。在继承农业区位论思想的基础上，德国经济学家韦伯于20世纪初提出了工业区位论。工业区位论主要根据运输、劳动力及集聚因素来分析工业企业的区位选择问题，并将工业企业的区位选择划分为运输成本指向、劳动力指向和集聚指向三种类型。运输成本指向主要指在其他因素不变的情况下企业布局于运输成本最低的区位，劳动力指向指的是企业布局于劳动力丰富的区域，且劳动力成本降低可以抵消运输成本的增长。集聚指向是指工业企业集中布局所产生的溢出效益可以抵消劳动力及运输成本的增长。克里斯塔勒的中心地理论和廖什的"廖什景观"则是商业区位论的理论基础。中心地理论根据市场需求构建了基于城市体系的市场等级体系，"廖什景观"则从利润最大化原则分析企业的空间区位。

古典区位论主要从生产成本和市场利润原则分析企业的地理布局。区位的特质因素是企业布局及生产的基础。在价值链专业化分工的城市体系中，不同价值环节正是根据各个城市区位要素，如自然资源、劳动力、技术及市场规模

等进行空间布局，可以说城市的区位特征在一定程度上决定了城市专业化的优势和价值生产取向。

2. 交易成本理论

交易成本理论（transaction cost theory）由英国经济学家科斯（Coase，1937）提出。交易成本理论围绕企业的本质展开，认为经济活动中专业化分工的企业之间的交易费用远远低于在市场价格机制中的交易费用，这也是企业产生的根源。从生产的空间组织看，企业的交易活动总是产生于一定的空间。于是斯科特（Scott，1985）将交易成本运用到城市区域产业分工分析之中，提出了工业-城市区位论。该理论的主要观点为企业交易成本决定了企业的空间布局，当交易成本大于运输成本时，企业趋向于集聚；当交易成本变小时，企业趋向于分散。同时，企业的区位模式也受生产规模及产品标准化生产程度的影响。一般情况下，生产规模越大，产品标准化程度越高，企业一般表现为离散布局；当生产规模较小且标准化程度较低时，企业则表现为集聚分布（宁越敏，1995a）。

交易成本理论与城市区域分析的结合，在一定程度上解释了城市专业化优势产生的背景。在经济全球化时代，随着交通和通信技术的不断进步，全球一体化及区域一体化发展不断推进，促使自然资源、劳动力、资金、技术、知识等生产要素及中间产品在全球范围内更为快速地扩散和流动，同时随着生产技术的进步和生产组织方式的变革，大规模、标准化的生产模式降低了企业间的交易成本，使得生产活动可以分解为不同的阶段，推动产业价值链环节的空间分离；另外，企业更专注于价值链某一环节或工序的专业化生产以获取竞争优势，相似的价值链生产环节企业又可通过空间集聚降低交易成本和生产成本。全球化时代的交易成本的降低造就了价值链生产环节的全球空间分离，而价值链各环节企业在全球寻找最佳的城市区位配置所产生的企业集聚，进一步降低了企业间的交易成本，促使城市功能专业化优势的形成。

3. 集聚经济理论

集聚经济是指企业在某一特定地区集中而产生的规模报酬递增效应。集聚经济是城市专业化优势产生和发展的重要原因和动力。城市作为企业的集聚地，在传统产业分工背景下主要有两种企业集聚现象：一是不同产业不同性质的企业的集中；二是同一产业性质相近的企业集中。在当前产品内分工已成为城市间分工的主要方式的背景下，同一产业内价值链相似环节企业及供应商的集中也成为集聚经济的一种形式，这种集聚也是集聚经济发展的新模式。

集聚经济的存在促进了城市专业化优势的形成。由于集聚，企业得以扩大市场规模、降低运输费用，并通过企业间共享基础设施及公共服务来降低企业经营成本，集聚使得企业更易于获取各种劳动力，获得由集聚产生的技术溢出效应等。因此企业的空间集聚促进了城市经济的发展。当然，由于城市职能专业化优势的差异，各种影响因素对不同职能专业化城市产生的影响各不相同。在以生产为主要专业化职能的城市，市场规模、运输费用、生产成本、基础设施共享及劳动力供应起主要作用；而在以研发为主要专业化功能的城市，高素质的研发人员及研发资源的集聚所产生的技术溢出效应则成为主要的影响因素；而以公司总部管理等价值高端环节为专业化职能的世界城市，金融、商业服务、信息服务等高级生产性服务业的高度集聚造就了世界城市控制、管理和协调全球价值链生产的专业化职能。

4. 新经济增长理论

新经济增长理论由罗默和卢卡斯于 20 世纪 80 年代提出，新经济增长理论重新定义了新古典增长模型中的"劳动力"的内涵，将这一生产要素扩展到"人力资本"投资。其所认为的人力资本不仅指一国劳动力的绝对数量，更为重要的是以教育水平、生产技能、协作能力等为特征的劳动力相对质量。在将人力资本的概念引入经济增长理论的分析模型之后，罗默进一步提出了技术进步内生增长模型，认为技术发展与进步是经济增长的核心动力，而且技术进步是市场激励导致的企业自主行为，技术及知识商品一旦形成即可反复使用不需要增加成本，可以增加企业的市场竞争力。在知识经济时代，新经济增长理论将专业化的人力资本和知识、技术要素引入经济增长的分析模型，人力资本和知识、技术要素成为经济增长的主要动力，人力资本和知识的积累可以促进其他生产要素的有效利用并在整体上产生规模报酬递增效益。

在实践上，企业为了获得知识及技术创新所导致的规模报酬递增效应，一般都集中布局于科技发达城市，并且形成科技创新的地理集聚现象。新经济增长理论对城市价值专业化的解释更多地体现在高科技城市发展上，是以硅谷、筑波、班加罗尔为代表的技术极的研发功能专业化城市形成的理论背景。

第三节　城市网络价值分配过程的理论解释

一、世界系统理论

弗里德曼（Friedmann，1966）在研究空间体系规划的过程中提出了核心 -

边缘理论，以解释经济空间的不平等现象。他将空间经济结构划分为核心和边缘两个区域，这种核心－边缘结构在不同空间尺度（如全球、洲际、国家、城市区域等）都可适用。核心区域通过空间极化效应集聚各种经济资源（如技术、资本、人口等），是经济空间系统的支配中心，外围地区的经济发展则依附于中心地区。而核心边缘理论正是世界城市网络研究的起点，弗里德曼在其著名的"世界城市假说"中将核心－边缘理论应用于世界城市分析之中，认为世界城市体系的空间结构也存在类似于国家之间的核心－边缘体系。在世界城市体系之中，主要发达国家的世界城市（如纽约、伦敦、东京等）处于核心地位；半边缘－边缘国家的世界城市（如北京、吉隆坡、墨西哥城、圣保罗等）处于从属地位。在继承和批判核心-边缘理论的基础上，沃勒斯坦（Wallerstein，1974）在其著作《现代世界体系（第一卷）：16世纪的资本主义农业和欧洲世界经济的起源》中提出提出了著名的世界体系理论（world system theory）。世界体系理论的核心观点是资本主义世界经济体处于"一体化"与"不平等"的两极状态。世界经济一体化主要表现为通过国际劳动分工体系与国际贸易将世界各国经济相互联系成一个整体。世界经济不平等化主要表现为在一体化的国际劳动分工体系中，由于受到资本、技术、劳动力及政治等因素的影响，各国在世界经济结构中的地位各不相同。据此，此沃勒斯坦将世界经济结构划分为核心－半边缘－边缘结构，核心主要指高收入发达国家，半边缘主要指中等收入国家，边缘主要为低收入发展中国家。在这一经济结构中，核心国家通过资本、技术等优势剥削边缘与半边缘国家，半边缘国家通过相对优势剥削边缘国家。

世界体系理论被认为是世界城市网络和全球价值链的理论基础（Brown et al.，2010），它也为分析价值链功能分工体系下世界城市网络的价值分配过程提供了有益的视角。例如，拥有总部管理等高级价值环节的世界城市或技术优势的研发型城市成为价值生产分配的主要城市单元，它们往往坐落于高收入核心发达国家，而集聚大规模制造的生产型城市仅可获取以劳动工资为主要形式的少量价值增值，这些城市趋向于分布在边缘或半边缘国家。

二、产品（产业）生命周期理论

产品生命周期理论由弗农（1966）提出，该理论认为任何产品或产业都存在形成、成长、成熟、衰退四个发展周期，描述和论证了经济发展的动态过程。在产品或产业发展的生命周期过程中，不同国家技术的差异决定了其在该产业或产品中的竞争地位，进而也决定了国际贸易的空间格局。弗农根据产品或产业的生命周期将参与到全球产业链条的国家划分为最发达国家、较发达国家和发展中国家。在产品或产业的形成和成长期，该产业或产品的生产一般位于发达国家或较发达国家，这些国家通过技术垄断可以在国际贸易中获得超额利润；在产品或产业生命周期的成熟及衰退期，技术和市场垄断被打破，发达国家的跨国投资及发展中国家通过出口替代发展战略使得落后的发展中国家在生产成本优势的基础上发展该产业。

在价值链分工联系下的城市网络中，产业价值链随着生命周期的变化而发生空间转移，进而价值的生产与分配也随着产业价值链生命周期的变化而变化。具有核心技术优势的城市，在产业发展初期可以利用技术及市场垄断优势获取较大的价值分配，但随着产业生命周期进入成熟或衰退期，市场竞争加剧，其他具有成本优势的城市也可获取一定的价值量。而且，新技术的出现使得新一轮产业或产品生命周期形成，也可打破原有价值链的空间分配体系。

三、经济长波理论

经济长波理论由苏联学者康德拉季耶夫（Kondratieff，1925）提出，该理论认为世界经济发展存在平均长度为 50～60 年的经济长周期波动，主要表现为各个周期具有不同的主导产业。继康德拉季耶夫后，熊彼特（Schumpete，1939）提出周期创新学说，赋予了经济长波理论新的内涵。周期创新学说认为创新是决定经济周期的根本动力，在每次经济长波内技术创新都会产生不同的主导产业部门。我国学者对长波理论与城市发展的关系做了比较深入的讨论（宁越敏，1995b；徐巨洲，1997；敬东，2000）。宁越敏（1995b）对经济长波与世界城市的崛起进行分析，按世界城市形成的时间顺序分析伦敦、纽约、东京等世界城市的发展过程，认为每一个长波周期都会产生相应的世界城市（表2-1）；徐巨洲（1997）则论述了经济长波对城市发展具有直接影响，指出城市规划必须顺应经济长波的发展规律；敬东（2000）分析了经济长波与城市发展的内在联系，认为城市发展的根本性推动力就是经济长波过程中的科技革命、技术革命和产业革命。这些研究的一个基本共识就是经济长波的影响及主导产业的变化促使一批城市成为具有国际产业影响力的世界城市。例如，18 世纪 80 年代至 19 世纪中期，采煤业与纺织业的发展促进了英国的经济增长，伦敦成为统治世界经济的世界城市；而 19 世纪末至 20 世纪中叶，电气机械、汽车、化学工业的发展，促使纽约崛起为新的世界城市；20 世纪中叶至 21 世纪初，以电子、航空产业为代表的新产业发展，推动世界经济增长中心向美国西部、日本转移，东京发展成为与纽约、伦敦相对应的世界城市；20世纪末以来，以信息技术产业为代表的新经济的发展，推动了美国西部及亚太地区成为世界经济新的增长中心，硅谷及上海、北京、新竹、班加罗尔等亚太城市正在崛起为新的世界城市或技术极。

　　根据经济长波理论，世界经济的发展重心随着主导产业的变化发生位移，经济发展的区位优势随着新兴产业的发展而发生变化。对于处于世界城市网络中的城市而言，其专业化优势也跟随经济长波的变化而变化，即城市经济的发展跟随经济长波的变化可以从不具备竞争优势转化为具有竞争优势，也可以从具有竞争优势转化为不具备竞争优势。

表 2-1　经济长波与世界城市的形成

长波周期	时间	主导产业	新的经济增长重心	世界城市的形成
第一次	1782～1845年	采煤、纺织	英国	伦敦
第二次	1845～1892年	钢铁、铁路	英国、美国	伦敦
第三次	1892～1948年	电气机械、汽车、化学	美国、德国	纽约、伦敦
第四次	1948～1991年	电子、航空航天	美国西部、日本	纽约、伦敦、东京等
第五次	1991年至今	信息技术	美国西部、亚太地区	纽约、伦敦、东京、硅谷等

　　资料来源：宁越敏（1995b），笔者修改

第四节　城市网络价值链分析框架

一、产品内分工：价值链空间片断化的内在动力

　　产品内分工（intra-product specialization）是当代国际劳动分工的主要形式，主要指通过产品的工序分工和产品区段分工来组织跨国生产的一种分工形式（卢锋，2004），也有学者将产品内分工称作价值链分工（曾铮和王鹏，2007）。产品内分工推动了价值链不同环节，如生产区段或工序在国际上分散布局。其中，各个价值生产环节根据生产要素投入的不同在国际上进行垂直与水平分工布局。如图2-4所示，水平分工主要为价值链生产要素在不同的价值区段上分工，垂直分工主要为价值链生产要素需求相似的工序分工（卢锋，2004）。例如，在计算机产业价值链中，通过水平分工可以将计算机生产过程划分为不同

的零部件生产及组装等多个价值生产环节，而每个价值生产环节又可根据生产工序进行垂直分工，如芯片制造等。在现实的全球经济格局中，产品内分工主要通过跨国公司的公司内和公司间分工得以实现。其中，公司内分工主要以跨国直接投资为手段，而公司间分工主要以生产外包的形式出现。

由此可见，产品分工塑造了价值链的组织模式，是价值链空间分散性生产的内在动因，而价值链是产品内分工的具体表现形式。

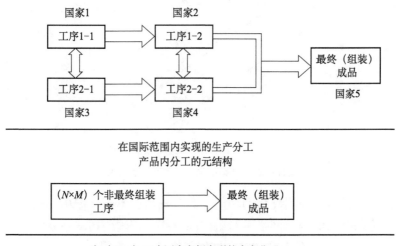

图 2-4　产品内分工的简单结构

资料来源：卢峰，2004

二、跨国公司：全球价值链生产空间的推动者和塑造者

跨国公司是一个能够对在一个以上国家的经营活动进行协调和控制的企业，即使它可以不拥有这些经营活动（Dicken，2003）。跨国公司在组织全球经济过程中具有三个方面的重要性：一是协调和控制国家内部及国家之间价值链中不同过程与交易的能力；二是利用生产要素（如自然资源、资本、劳动力）分布与国家政策（如税收、贸易壁垒等）地理差异的潜力；三是在全球层面不同区位之间对资源和经营活动进行配置和转换的能力。全球经济的地理变化大多数由跨国投资的区位决策塑造，同时也被跨国公司位于各个地方空间分散经营活动之间的流（价值链）——原材料、半成品、成品、技术等塑造。海默（1972）将跨国公司内部劳动力分工与区位论相结合建立了跨国公司组织－空间模型，

即海默模型。在跨国公司不同部门的区位中存在等级空间结构；公司总部集中布局于少数主要的大都市区；区域性机构多布局于范围稍广的城市；而生产单元则在发达国家和发展中国家的边缘城市呈现分散布局（图 2-5）。

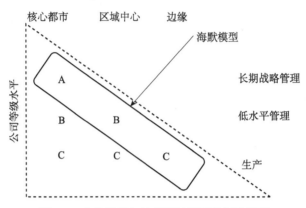

图 2-5　企业组织与地理等级关系的海默模型

资料来源：Dicken，2003；刘卫东等，2007

　　根据海默模型，跨国公司的功能空间分离后，不同功能单元通过各种组织内网络（跨国公司的内部网络）和组织间网络（跨国公司战略联盟、外包关系网络等），构建了全球价值链的复杂网络组织结构。跨国公司构建下的全球价值链，在空间上通过跨国公司不同功能单元的地方嵌入，形成全球价值链的网络节点；通过经济活动的集聚，网络节点在空间上一般表现为地方专业化产业集群。地方专业化产业集群主要由不同规模的独立企业及多工厂企业（如跨国公司的分支机构及附属工厂）混合构成。这些不同形式的企业，共同构成一个地方（城市）的"组织生境"（图 2-6）。Dicken（2003）认为，跨国公司不同环节的地方镶嵌，存在明显的全球分散而地方集中的地理模式。但由于跨国公司内部环节、功能的等级分工及优先供应商数量相对较少，且空间分布不均衡，跨国公司主导下的价值链网络节点嵌入一个不对称的多层级的权力结构之中。这种结构主要表现为企业内部关系、企业间关系、企业与地方关系及地方与地方四种关系网络。

三、价值链价值生产的分配模式

　　在全球价值链的框架之下，价值链分工（片断化）使得各价值环节企业从事专业化的价值生产过程。由于各价值环节具有不同的技术、资本、劳动力要

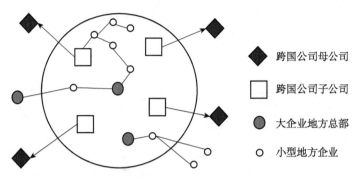

图 2-6　跨国公司组织下的地方（城市）"组织生境"

资料来源：Dicken，2003；刘卫东等，2007

求，价值增值往往具有不均衡性。自施振荣（1992）提出"微笑曲线"概念后，学者们大多采用微笑曲线来分析价值链价值生产过程。一般认为，研发与设计、品牌管理与营销是价值链增值最大的区段，而生产制造与加工区段价值增值较小。但在价值链分工不断深化的趋势下，不同产业、产品生产过程日益复杂，海外直接投资、外包、代工、合同制造等新生产组织模式的出现及产品生命周期的变化使得价值链微笑曲线出现变形，不能完全解释纷繁复杂的价值生产过程，必须根据不同产业、产品的实际组织模式进行分类讨论与解释。张辉（2007）认为全球价值链应该从价值增值过程序列的具体环节进行划分，并根据全球价值链价值生产过程，将全球价值增值环节划分为生产环节和流通环节。生产环节主要包括全球价值链中的产品研发与设计、生产加工等环节，流通环节主要包括全球价值链中品牌管理与营销、物流配送、售后服务等环节，并对生产者驱动、购买者驱动和混合性驱动的全球价值链的价值增值模式进行了分类研究。

生产者全球价值链和购买者全球价值链（图 2-7）在价值生产过程中并不是在生产环节到流通环节的过程中产生等量的价值。生产者驱动价值链的主要价值增值发生在生产环节，而在购买者驱动价值链中，价值增值发生于流通环节。混合型全球价值链的价值增值在生产环节和流通环节都较强，在生产过程向流通过程转换过程中，价值生产的边际增值率首先表现为递减变化，随后表现为递增变化（图 2-8）。

对全球价值链的价值分配的实证研究，必须以产业或产品的具体增值序列划分其价值增值环节。从目前对全球价值链的研究文献可以看出，学者们对于不同产业、产品全球价值链的价值环节划分大多采用工序划分或者模块划分方式；而对于生产模块大多为中间产品的，如 ICT 产业中的 IC 产品，这种中间产品可进一步根据生产工序进行价值环节划分。

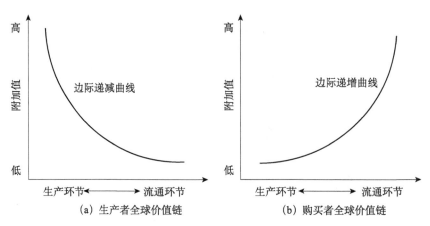

图 2-7　生产者与购买者全球价值链价值生产过程

资料来源：张辉，2007

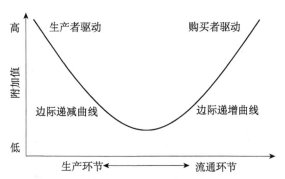

图 2-8　混合型全球价值链价值生产过程

资料来源：张辉，2007

　　晶体硅太阳能电池产业价值链是典型的生产者驱动型全球价值链，其价值生产环节以工序组织为主，包括硅材料提炼、硅片生产、电池片生产和组件封装四个主要价值增值环节。文婧和张生丛（2009）对全球晶体硅太阳能电池产业价值链研究发现，全球和中国晶体硅太阳能电池产业中各环节企业的毛利率从上到下呈"倒金字塔"结构：硅材料提炼占 50%～60%、硅片生产占 20%～30%、电池片生产占 10%～15%、组件封装占 5%～10%。其价值链的形态并不是一条两头高中间低的"微笑曲线"，而呈现出从左上到右下倾斜的形状。玩具产业是典型的购买者全球价值链；其价值链主要由代工生产、品牌营销、零售等几个价值环节组成。例如，在芭比娃娃玩具的全球价值链价值生产与分配过程中，主要价值增值发生在仓储、营销、批发与零售等流通环节，而代工生产仅占价值增值总量的很小一部分（王缉慈，2010）。计算机产业价值链是典型的混合型价值链，其价值生产环节以模块组织为主，一般划分为技术发源与标准制定、核心部件研发与制造、一般部件设计与制造、代工生产与组装、品牌销售与管理等环节（张纪，2006；李健等，2008）。李健等（2008）通过对计算机产业全球价值链的价值分配定量研究发现：计算机产业价值链上游的技术发源与标准制定和核心部件研发与制造，与下游的品牌销售与管理等环节中所涉及公司的平均利润与平均利润率均较高；而中游的一般部件设计与制造和代工生产与组装环节中所涉及公司的平均利润与平均利润率则较低。计算机全球价值链的价值增值与分配呈现出不规则的"微笑曲线"。

四、价值链价值生产的空间组织

全球价值链在形式上虽然可以看作是一个连续的过程，但在经济全球化过程中，随着海外直接投资和外包网络的发展，价值生产的分散使得这一完整连续的价值链条发生空间片断化，在全球尺度一般离散地分布于不同国家及城市区域。尽管由于驱动模式的不同，各种产业或产品全球价值链的价值环节划分与组织模式不同，在地理空间上的布局模式也不尽相同。但在经济全球化背景下，跨国公司塑造下的产业或产品全球价值链的参与者，最后都会殊途同归地依据全球价值链各价值环节领导性公司或治理者的公司价值链空间布局来组织其全球生产，最后形成以跨国公司全球价值链为主导的产业或产品全球价值链的价值生产空间（图2-9）。

跨国公司价值链一般可划分为研发与设计、生产与组装、管理与销售等几个环节。全球价值链领导性跨国公司的价值链布局一般会影响供应商或代工商价值链的布局。领导性跨国公司通过海外直接投资或外包，将跨国公司区域总部、研发机构、生产单元等分支机构内嵌于各种专业化的地方产业，在全球范围内构建基于成本、技术及市场而形成价值生产的最佳区位组合。领导性跨国公司以研发设计为基础，以开放共享为标准，将分布在不同区位的企业或企业集群，连接为一个有机的整体，以实现资源共享和优势互补（朱瑞博，2006）。供应商或代工商根据领导性跨国公司全球价值链的空间布局，在世界范围内配置自身的价值链空间体系。一般情况下，其价值链环节中的研发、生产、区域总部等环节，都跟随领导性跨国公司相应价值环节的区位选择模式。例如，Sturgeon等（2008）在对汽车产业全球价值链的分析中，发现在北美地区，汽车产业价值链空间组织基本依据整车厂商（如通用、福特、丰田、日产等）等公司的价值链环节进行布局。跨国零部件供应商跟随整车厂商价值链配置自身的价值链环节区位，形成了以底特律为总部、研发设计价值环节集聚、其他城市生产装配价值环节集聚的价值空间生产模式。Fields（2006）通过研究 DELL 电脑公司的全球空间组织发现，DELL 公司通过自身的全球价值链分布左右了供应商的空间布局。尤其是在生产环节，供应商基本选择靠近 DELL 本身的组装厂或代工商的生产基地。有学者对长三角 ICT 产业价值链的分析发现，以台资公司为主导的 ICT 产业呈现出"上海研发、苏州组装"的价值生产空间格局（Yang and Hisa，2007；Yang，2009）。

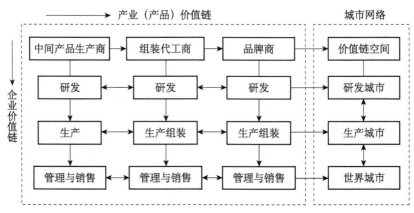

图 2-9　跨国公司主导下的全球价值链与城市网络

　　跨国公司主导下的全球价值链价值生产空间呈现出多维尺度的地理空间体系（图 2-10）。在全球尺度，领导性跨国公司通过自身价值链的空间布局影响各级供应商的价值链空间布局，在全球范围内形成以总部、区域总部（管理与销售）环节集聚的世界城市，以研发环节集聚的研发城市，以及以生产环节集聚的生产型城市，各种类型城市在全球范围内呈现分散布局特征。在国家尺度，由于全球化时代国家的重要性依然存在（Dicken，2003），全球价值链的价值生产空间在国家范围内形成次级的国家价值链价值生产空间体系，一般呈现出价值链各个环节在城市区域的地理集中布局模式。在城市区域尺度，城市区域价值链各价值环节集中于不同的城市，形成以研发、生产、管理与销售为核心功能的城市产业集群。结果，地方（城市）产业集群、（城市）区域价值链、国家价值链嵌入跨国公司塑造的全球价值链的价值生产空间，形成多尺度城市网络的价值生产空间。这种城市网络价值生产空间既具有全球性也具有区域性；全球性的城市网络价值生产空间由领导性跨国公司及跨国供应商的公司价值链构成，区域性的城市网络价值生产空间由领导性跨国公司、跨国供应商、地方性公司等区域价值链构成。在这种价值生产的空间结构中，跨国公司主导的全球、国家及地方价值链称为城市网络价值生产的联系管道，而城市网络成为价值链价值生产的空间载体。

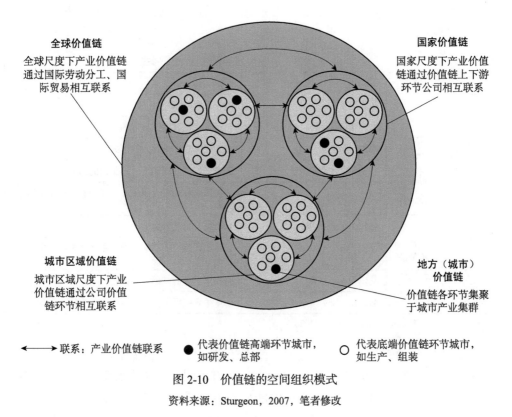

全球价值链
全球尺度下产业价值链通过国际劳动分工、国际贸易相互联系

国家价值链
国家尺度下产业价值链通过价值链上下游环节公司相互联系

城市区域价值链
城市区域尺度下产业价值链通过公司价值链环节相互联系

地方（城市）价值链
价值链各环节集聚于城市产业集群

◀——▶ 联系：产业价值链联系　　● 代表价值链高端环节城市，如研发、总部　　○ 代表底端价值链环节城市，如生产、组装

图 2-10　价值链的空间组织模式
资料来源：Sturgeon，2007，笔者修改

五、基于"租金"的价值链价值生产不均衡分析

全球价值链的价值生产是不均衡的，即价值链各环节并不是创造等量的价值。例如，在生产驱动型价值链中，价值生产主要集中在生产环节，拥有核心技术的企业创造更多价值；在购买者驱动型价值链中，价值生产主要集中于流通环节，品牌商获取更多价值；而在混合型价值链中，核心技术企业与品牌商在价值链价值创造过程中占据主要地位。Kaplinsky（2004）认为全球价值链价值生产的不均衡性是由价值链中存在的"租金"引起的。"租金"是全球价值链参加者通过控制的特定资源，从而能够利用和创造对竞争者的进入壁垒而免于竞争，是企业超额利润的来源。Kaplinsky 和 Morris（2003）认为全球价值链中租金的性质和种类是复杂多变的，企业个体租金来源于企业个体所具有的特质

资源，如技术、品牌等。企业间租金可以认为是一种关系租金，这种租金可以来源于企业战略联盟、外包关系网络等。外生于全球价值链的租金，可以认为是一种空间租金，是企业嵌入地方节点或产业集群以获取比其他区位更多竞争优势的源泉（表 2-2）。

表 2-2　全球价值链上经济租的主要表现形式

经济租类型		稀缺性生产要素或进入壁垒	含义
存在于全球价值链之内（内生经济租）	企业内	技术经济租	拥有稀有技术
		人力资源租	比竞争者拥有更好技能的人力资源
		组织 - 机构经济租	拥有较高级的内部组织形式
		营销 - 品牌经济租	拥有更好的营销能力、有价值的商标品牌
	企业间	关系经济租	同供应商和顾客（买主）之间拥有较高质量的关系
存在于全球价值链之外（外生经济租）		自然资源经济租	获得稀有自然资源
		政策经济租	在一个高效率的政府环境：创设壁垒阻止竞争者进入
		基础设施经济租	获得高质量的基础设施性投入
		金融租	比竞争者获得条件更优越的金融支持

资料来源：Kaplinsky and Morris，2003

在不同驱动模式下，价值链的价值生产之不均衡性主要来自价值生产者对稀缺资源的控制与垄断（熊英等，2010）。具有不同租金能力的全球价值链行动者由于位于不同的区位，获取租金的能力各不相同：拥有核心技术、品牌的企业所在地就有获取较强租金的能力，如技术租、品牌营销租、人力资源租等，区位的价值生产能力也就较强；而仅具有生产组装功能的企业所在地获取租金的能力则较弱，一般不具有技术租、品牌租等，区位的价值生产能力随之也较小。而且，不同区位具有差异化的空间租金，即价值链外生租金，可以增强本区域参与到全球价值链的企业创造租金的能力，增强其他区域进入价值链高端环节的壁垒，提高本区域价值生产的能力。例如，在 iPhone 手机和 iPad 平板电脑产业价值链中，美国苹果公司由于占据价值链两端的研发设计和品牌营销主要增值环节，具有绝对的技术租和品牌租，生产和俘获了价值链中的绝大部分价值；韩国由于在核心零部件生产上具有一定的技术租，也生产和俘获了价值链中较小部分的价值；中国由于主要参与 iPhone 手机和 iPad 平板电脑的生产组装环节，仅具备低成本劳动力的优势，生产和俘获的价值量较小（表 2-3）。

可见，存在于全球价值链中的各种租金，最终随价值链中行动者的区位选择在空间上落地，并与价值链外生租金（空间租金）相结合，使得全球价值链的价值生产在空间上产生不均衡性。

表 2-3 苹果公司 iPhone 与 iPad 全球价值链价值空间分配

区位 / 公司	价值活动	16GB iPhone 4（2010 年）		16 GB iPad（2010 年）	
		价值 /美元	占零售价格比重 /%	价值 /美元	占零售价格比重 /%
价值俘获	总俘获价值	401	73.0	238	47.7
美国	美国俘获价值	334	60.8	162	32.5
苹果公司总部	设计与销售	321	58.5	150	30.1
美国供应商	零部件制造	13	2.4	12	2.4
日本	零部件制造	3	0.5	7	1.4
韩国	零部件制造	26	4.7	34	6.8
中国台湾	零部件制造	3	0.5	7	1.4
欧盟	零部件制造	6	1.1	1	0.2
其他地区	零部件制造	29	5.3	27	5.4
直接劳动投入	总劳动投入	29	5.3	33	6.6
其他地区	零部件劳动投入	19	3.5	25	5.0
中国（不含港澳台）	零部件制造与装配劳动投入	10	1.8	8	1.6
全球	非劳动物质投入	120	21.9	154	30.9
全球	运输与零售	NA	0.0	75	15.0
全球	零售价格	549	100.0	499	100.0

资料来源：Kenneth et al., 2011

第五节　生产性服务业在价值链与城市网络中的作用

生产性服务业是制造业生产的中间投入环节，为制造业的生产提供服务，全球价值链不同区段之间的交易需要各种类型的生产者服务的支持得以实现。而且，全球价值链在空间上主要通过跨国公司对外直接投资与生产外包呈现出全球分散化生产格局，跨国界的生产与交易导致对生产服务业更为强烈的需求。正是全球价值链的这种复杂的企业间组织模式和空间分散化格局，使得生产性服务业成为全球价值链不同生产区段或模块相互联系的"黏合剂"（Jones and Kierzkowski，

1990），并将全球价值链价值生产环节所在城市与世界城市联系起来。

如图 2-11 所示，生产性服务业集聚的世界城市，成为全球价值链塑造的城市网络体系中的一个主要节点，为全球价值链各生产环节提供生产者服务支持。全球价值链从原材料、初级产品、终端产品的每个生产环节都需要必要的生产者服务（如金融、法律、会计等），分散布局的全球价值链通过世界城市的生产性服务将价值链的不同环节连接起来，促进了全球价值链的高效运作。全球价值链的每一个生产环节可从世界城市中获得金融、会计、法律等专业化生产者投入，因此各价值环节可根据城市的资源禀赋布局于最佳的生产地，这也必然促进了全球价值链分散布局于城市网络。而通过全球价值链与生产性服务业的连接，全球价值链塑造的专业化城市纳入世界城市网络之中。Parnreiter 等（2005）在对墨西哥城和圣地亚哥两个世界城市的研究中发现，墨西哥与智利的咖啡产业价值链相关企业主要通过墨西哥城和圣地亚哥两个世界城市中的跨国生产者服务公司来实现跨国交易。在这一过程中，价值链中企业对生产者服务的需求，强化了两座世界城市的生产性服务业集聚；通过生产性服务业，价值链中的企业所在城市也可融入世界城市网络。可见，通过全球价值链模型分析世界城市网络，可以克服当前世界城市网络研究的单一中心城市模式；而世界城市网络中的生产性服务业则是价值链全球配置的联系与控制力量之一，纳入生产者服务可以完善全球价值链理论中对生产者服务环节的缺失。

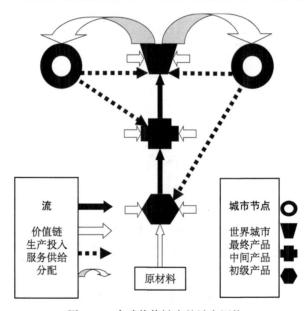

图 2-11　全球价值链中的城市网络

资料来源：Brown et al.，2010

第六节　本章小结

全球化时代的城市产业结构正在经历从产业间分工向产业内分工甚至产品内分工发展。在这种产业分工不断深化的背景下，城市价值生产从部门专业化生产转向产品价值链功能专业化生产，全球价值链、国家价值链、地方（城市区域）价值链成为世界城市网络、国家城市网络、地方城市网络经济联系的主要形式。

价值链功能专业化分工推动了多元城市网络的形成，一批具有国际影响力的专业化研发型城市、生产型城市融入世界城市网路的范畴；在多元城市网络中，价值链功能专业化是城市节点价值生产的主要形式，城市间的价值链内部贸易是城市价值实现的主要途径。城市价值链功能专业化的基础是由城市在价值链中所具有的绝对优势、相对优势、竞争优势所决定的，不同城市所具有的价值生产专业化优势是城市区位优势、交易成本变化、集聚经济、新经济增长动力等共同作用的结果。城市网络中各个城市所具有的价值链功能专业化优势并非一成不变的，而是随核心-边缘结构、世界体系、产品生命周期、经济长波的变化而变化。

在全球化时代，跨国公司成为全球价值链的主要塑造者，领导性跨国公司价值链的空间布局决定着参与到全球价值链中其他企业的价值生产布局。跨国公司价值链价值生产区段的空间布局决定了城市网络中各个城市的产业"组织生境"。全球价值链中各价值环节的价值生产具有不均衡性，拥有核心技术和品牌的企业生产和俘获价值链中的大部分价值；而零部件商和代工商仅能生产和俘获少部分价值。全球价值链中价值分配的不均衡性是由参与到价值链各环节企业所具有的"租金"所决定的，而各价值环节企业在城市尺度空间上的落地使得城市网络中各种类型的城市所具有的"租金"不尽相同，这样就产生了城市网络价值生产的空间不均衡性。

同时，本书认为生产性服务业是全球价值链的一个重要的价值生产环节，是连接价值链自身不同价值环节的"黏合剂"；而生产性服务业跨国网络也是世界城市网络的"黏合剂"，是世界城市网络联系的重要纽带。

第三章

全球价值链的价值生产与空间组织——以智能手机及跨国公司价值链为例

全球价值链是解释商品生产在全球范围如何组织、流动及治理的理论框架。本章在总结全球价值链理论框架的基础上，完善全球价值链的划分方式，根据国际劳动分工的层次将全球价值链划分为产业价值链、最终产品价值链、中间产品价值链和公司价值链等四种类型，并以智能手机价值链为例，分析国家尺度上的价值生产与空间组织模式，进而分析跨国公司价值链在城市网络尺度上的空间组织形式，为以下章节分析多元世界城市网络提供理论支持。

第一节　全球价值链理论

一、全球价值链理论的发展脉络

全球价值链理论起源于 Hopkins 与 Wallerstein（1986）的商品链与 Porter（1985）的价值链理论。Hopkins Wallerstein（1977）在其著名的《世界体系论Ⅰ》中分析 16 世纪以来资本主义经济体系演化时提出了农业商品链的概念，其后 Hopkins 与 Wallerstein（1986）提出了商品链的概念，认为商品链是由劳动分工引起的一系列生产过程所组成的生产链条。Porter（1985）在其著作《竞争优势》一书中提出了公司价值链的概念。公司价值链由公司的基本活动和辅助活动组成，基本活动可以划分为从研发到销售等不同价值增值环节，辅助活动为基本活动提供必要的服务支持。Gereffi 和 Korzeniewicz（1994）在结合商品链和价值链的基础上，发展了一个新的概念：全球商品链（global commodity chain，GCC），其含义是全球不同的企业在由产品的设计、生产和营销等行为组成的商品链中开展合作，将企业价值链扩展到了不同企业参与的产业价值链层面。Gereffi（1999）和一些学者在全球商品链的分析框架之上提出了全球价值链理论，该理论主要关注价值链内部的价值生产与不平衡分配的研究。进入 21 世纪，在全球商品链理论体系的基础上，Humphrey 和 Schmitz（2000）、Sturgeon（2002）、Gereffi（2005）等建立了全球价值链的基本分析研究框架，并对全球价值链的驱动类型、治理模式、升级等方面进行了深入的探讨与研究（表 3-1）。

表 3-1 全球价值链的研究框架与发展

价值链理论	商品链	价值链	全球商品链	全球价值链
理论基础	世界体系理论	国际商业研究	世界体系理论、组织社会学	国际商业研究，全球商品链
研究对象	全球资本主义经济体系	企业内组织	全球尺度某产业企业间网络组织	全球尺度产业的区段组织
相关概念	国际劳动分工、核心－边缘－半边缘、不平等贸易	竞争优势、价值增值	产业结构、治理、产业学习与升级	价值增值、治理模式、产业升级与租金
主要文献	Hopkins 和 Wallerstein（1977，1986）	Porter（1985），Kogut（1985）	Gereffi 和 Korzeniewicz（1994），Gereffi（1999），Bair 和 Gereffi（2001）	Humphrey 和 Schmitz（2000），Sturgeon（2002），Gereffi（2005）

资料来源：Bair，2005，作者修改

二、全球价值链的研究内容

（一）全球价值链的动力机制

全球价值链的动力机制研究是价值链理论的重要组成部分。全球价值链的动力机制研究基本延续了 Gereffi（1994）等在全球商品链研究中的划分模式，认为全球价值链的驱动力主要来自生产和购买两个因素。继而将全球价值链的动力机制划分为生产者驱动和购买者驱动两种驱动模式（Humphrey and Schmitz，2000；Gereffi，2005）。生产者驱动全球价值链主要指跨国公司通过海外直接投资构建的生产链条，形成以领导型跨国公司为核心价值链条的垂直分工体系。价值链生产联系主要集中在跨国公司内部、跨国公司与零部件供应商之间。在生产者驱动全球价值链中，核心跨国公司一般通过技术优势和规模经济实现对价值链的权力控制。生产者全球价值链一般存在于技术和资本密集的行业，譬如汽车产业、航空产业、装备制造等产业。核心跨国公司主要以波音、丰田、通用等为代表。购买者驱动全球价值链指具有轻资产的品牌跨国公司或大型销售类跨国公司通过外包和采购等形式组织跨国生产，形成以领导型跨国公司为核心的价值链水平分工体系。价值链生产联系主要为跨国公司与OEM厂商之间的联系。在购买者驱动全球价值链中，跨国公司主要以品牌优势和流通网络获取对价值链的权力控制。这类价值链主要存在于服装、鞋业、玩具等劳动密集型制造行业，代表公司主要有沃尔玛、耐克等。

然而，随着产业内、产品内分工的发展，在同一产业部门内部，这两种动力驱动机制有可能共存。甚至，同一产业部门内部不同价值环节的动力机制也有可能完全相悖。由此可见，价值链驱动力的二元区分法已经不足以解释当代世界经济发展的现象。于是中国学者张辉（2007）在此基础上提出了其兼具生产者与购买者全球价值链特征的全球价值链混合型驱动模式，这种驱动模式的全球价值链主要存在于具有复杂分工形式的高新技术产业中，如计算机、手机等（表3-2）。

表3-2   生产者和采购者驱动的全球价值链比较

项目	生产者驱动的价值链	采购者驱动的价值链	混合驱动的价值链
动力源	产业资本	商业资本	二者兼具
核心能力	研究与发展生产能力	设计市场营销	二者兼具
环节分离形式	海外直接投资	外包网络	二者兼具
进入门槛	规模经济	范围经济	二者兼具
产业分类	耐用消费品、中间商品、资本商品等	非耐用消费品	二者兼具
制造企业的业主	跨国企业，主要位于发达国家	地方企业，主要在发展中国家	二者兼具
主要产业联系	以投资为主线	以贸易为主线	二者兼具
主导产业结构	垂直一体化	水平一体化	二者兼具
辅助体系	重硬件轻软件	重软件轻硬件	二者兼具
典型产业部门	汽车、航空等	服装、鞋、玩具等	计算机、手机等
典型案例	波音、丰田等	沃尔玛、耐克等	戴尔、苹果等

资料来源：张辉，2007

（二）全球价值链的治理

全球价值链治理是全球价值链理论的研究热点之一。Humphrey 和 Schmitz

（2002a）认为治理是通过设定价值链内产品生产、工艺流程等限定相关企业的参与资格，不同的治理模式可以影响到参与者的价值分配。Sturgeon（2000）根据参与到全球价值链中的不同公司之间的关系，将全球价值链的治理模式分为三种类型：权威型、关系型和虚拟型。Humphrey 和 Schmitz（2002b）则认为存在四种价值链治理模式：纯市场关系、网络、准等级制和等级制。而 Sturgeon（2001）通过对电子产业价值链中合同制造模式的研究，以价值环节的标准化程度为基础分析了领导型厂商、零部件供应商和交钥匙型合同制造商三种类型企业的相互关系，提出了全球价值链的模块型治理模式。在分析不同产业全球价值链的基础上，Gereffi 等（2005）根据价值链中市场主体之间的协调能力将全球价值链的治理总结为五种模式，即市场型、模块型、关系型、领导型和层级型（图 3-1）。

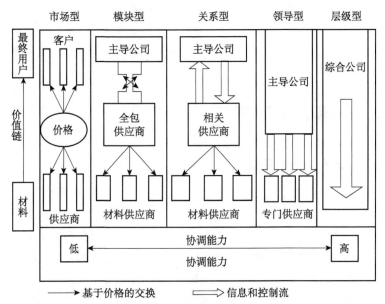

图 3-1　全球价值链五种治理模式

资料来源：Gereffi et al., 2005

　　在总结全球价值链治理模式的基础上，学者们认为不同类型的全球价值链其治理模式主要受交易复杂程度、交易信息的编码能力和供应能力等几个因素的影响（Gereffi et al., 2005）。交易复杂程度是指价值链中价值环节和行为主体的多寡程度，交易信息的编码能力主要指产品生产的标准化程度，供应能力主要指供应商接受交易信息编码的能力。当交易的复杂程度较低，而交易信息具有较高的编码能力，即标准化生产能力强，而价值链又具有强大的供应商支撑时，一般采取市场型的治理模式。如果某一价值链的交易复杂程度较高，但标准化生产程度较低，且需要较多的供应商以保证生产运作，价值链一般表现为层级型的治理模式。而如果某一价值链在交易的复杂性、标准化生产程度及供应商能力方面都具有较高的程度时，价值链一般表现为模块化的治理模式。在交易的复杂程度和交易信息编码能力较强而供应能力较低的情况下，价值链一般表现为关系型的治理模式。而当一种产品需要复杂的生产流程及组织才能完成，生产的标准化程度较低而不能实现零部件外包生产时，价值链一般采取大企业主导垂直一体化的组织体系，表现为领导型治理模式（表3-3）。

表 3-3　全球价值链治理模式选择的决定因素

治理模式	交易的复杂程度	交易信息的编码能力	供应能力
市场型	低	高	高
模块型	高	高	高
关系型	高	高	低
领导型	高	低	高
层级型	高	低	低

资料来源：Gereffi et al.，2005

（三）全球价值链的升级

全球价值链升级是目前研究的热点问题。全球价值链升级是指某一区域的某一产业从价值链低端环节向高端环节攀升的现象，目前国内研究主要关注产业集群在全球价值链中的升级问题。根据对不同产业的研究，Humphrey 和 Schmitz（2000b）提出了四种升级模式（表3-4）。①流程升级，即提升价值链条中某生产环节的生产工艺水平以达到提高企业竞争力的目的，如手机芯片厂商高通公司通过升级生产工艺，生产更为精密、功能更为强劲的手机处理器，从而提高市场竞争力和占有率。②产品升级，主要指的是产品更新，即通过淘汰技术及功能落后的传统产品，生产市场需求旺盛的新产品，进而占据更大的市场份额，如计算机厂商从生产传统的台式电脑升级为生产笔记本电脑。③功能升级，主要指价值链参与主体从价值链低端环节向价值链高端环节的升级，如宏碁公司从计算机代工商向品牌商的转型。④价值链升级，即价值链参与主体从一个价值链低端产业向价值链高端产业的跨越式升级现象，如我国力帆集团从摩托车转向汽车生产、魅族从 MP3 生产转向智能手机的生产等。

表 3-4　价值链分析地方产业网络的四种升级类型

升级类型	升级的实践	升级的表现
流程升级	生产过程变得更加有效率	降低成本、推进传输体系建设、引进过程新组织方式
产品升级	新产品的研发、比对手更快地提升质量	新产品、新品牌、扩充和增加产品市场份额
功能升级	改变在价值链中所处位置	提升在价值链中的位置，专注于价值高的环节，放弃或外包低价值环节
价值链升级	移向新的、价值高的相关产业价值链	得到相关和相异产业领域的高收益率

资料来源：Humphrey and Schmitz，2000

三、全球价值链的组织模式

（一）基于国际劳动分工的全球价值链组织模式

国际劳动分工理论是全球价值链的理论源头和研究基础，从国际劳动分工角度可以深刻理解全球价值链的组织模式。现有的从价值链驱动模式及治理模式划分全球价值链类型的研究，虽然对理解价值链形成机制有很大帮助，但对价值链的组织模式的认识帮助不大。目前，全球价值链研究存在的一个明显问题就是研究对象（产业）的模糊化，产业边界不够清晰；在众多关于全球价值链的文献当中，其研究对象（产业）纷繁复杂，包括各种类型的产业划分方法，如以《国民经济行业分类》与《国际标准产业分类》划分的产业类型，既可以把两位数行业作为研究对象，也可以把三位数、四位数行业作为研究对象。所以，有必要从国际劳动分工视角对价值链类型进行划分。

国际劳动分工经历了产业间分工、产业内分工和产品内分工等阶段。产业间分工可以将全球价值链划分为价值增值高低不同等级的全球价值链，如可以划分为资本密集型的汽车产业全球价值链和劳动密集型的服装产业全球价值链；产业内分工可以将同一产业价值链按终端产品价值增值的高低化分为不同等级的价值区段或子价值链，如可以把汽车产业的生产环节划分为研发设计、零部件制造、整车组装等不同价值区段，而 ICT 产业全球价值链可以根据其产业组织划分为不同的子价值链，如计算机产业全球价值链、手机产业全球价值链等；产品内分工可以根据同一产品的生产组织模式或工序将产品价值链划分为不同的价值区段，如计算机产业全球价值链可以划分为软件、一般零部件制造、芯片制造、组装及品牌营销等价值环节，而作为中间产品的芯片可以从工序上划分为研发、晶圆制造、封装测试等不同的价值环节。跨国公司作为产业国际分工的参与者和主导者，是不同产业全球价值链的主要构造单元，根据跨国公司国际分工可以将各个跨国公司看作单一的全球价值链，根据不同产业跨国公司的组织结构，其价值链主要可以划分为研发、生产、品牌营销等不同价值环节。

　　根据产业国际分工建立全球价值链等级体系，可以明晰不同价值链的组织边界和价值区段结构（表 3-5）。因此根据研究对象和研究目的不同，可以辨识不同产业（产品、公司）全球价值链的组织模式。

表 3-5　按产业分工划分全球价值链类型

价值链类型	产业价值链		产品价值链 *		公司价值链
价值链国际分工基本类型	产业间分工	产业内分工	最终产品内分工	中间产品内分工	跨国公司国际分工
价值链国际分工的基本模式	不同产业价值链的国际分工	同一产业中不同产品（或工序）的国际分工	同一产品价值链中上下游价值环节（或工序）的国际分工	同一产品价值链中技术水平相似环节（或工序）的国际分工	同一公司按照生产环节（或工序）的国际分工
基本分工结构	垂直型	水平型	垂直型、水平型	垂直型、水平型	垂直型
典型案例	—	ICT	计算机、手机等	半导体等	戴尔、诺基亚等
分工的国家（地区）区位结构	发达国家（地区）与众多发展中国家（地区）之间	发达国家（地区）之间；发达国家（地区）和新兴工业化国家（地区）之间；发达国家（地区）与部分发展中国家（地区）之间	发达国家（地区）和新兴工业化国家（地区）之间；发达国家（地区）与部分发展中国家（地区）之间	发达国家（地区）之间；发达国家和新兴工业化国家（地区）之间；发达国家（地区）与部分发展中国家（地区）之间	发达国家（地区）之间；发达国家（地区）和新兴工业化国家（地区）之间；发达国家（地区）与部分发展中国家（地区）之间
分工的主要方式和手段	产业间一般国际贸易	产业内一般国际贸易、公司内贸易、国际直接投资等	一般国际贸易、加工贸易、全球外包、OEM、ODM、国际直接投资、公司内贸易等	一般国际贸易、全球合同外包、国际直接投资、公司内贸易等	国际直接投资、公司内贸易
分工的基本理论依据	比较优势理论、资源禀赋理论	比较优势理论、规模经济理论、竞争优势理论等	比较优势理论、竞争优势理论、规模经济理论、交易成本理论	比较优势理论、竞争优势理论、规模经济理论、交易成本理论	比较优势理论、跨国公司理论、交易成本理论、内部化理论等

* 在已有研究中一般将产品价值链等同于产业价值链
资料来源：朱有为和张向阳（2005），笔者修改

（二）基于空间尺度的全球价值链体系

全球价值链在形式上虽然可以看作是一个连续的过程，这个过程包括研发、生产、销售等各价值环节；但在经济全球化过程中，随着海外直接投资和外包网络的发展，生产的分散化使得这一完整连续的价值链条发生空间片断化，在全球尺度一般离散地分布于不同区域或国家。

尽管现有的全球价值链理论多关注全球尺度或区域尺度的价值环节分工与布局，但众多研究表明全球价值链的片断化导致全球价值链各价值增值环节呈现全球离散分布格局，但相互分离的各价值增值环节在国家尺度上具有高度集聚的地理特征，一般都集聚在一个国家具有全球化特征的城市区域。例如，Sturgeon（2007）在对全球汽车产业价值链的分析中，发现汽车产业在全球尺度上呈现离散分布的格局，主要布局于北美、欧洲和亚洲地区；汽车产业全球价值链的这种全球布局既包括低端环节的装配制造，也包括高端环节的设计研发；低端环节的装配制造的全球布局是为了接近最终的汽车消费市场，高端环节的设计研发主要为了迎合最终市场的需求。而大区域尺度内，汽车产业跨国投资趋向于布局在运营成本较低的国家或地区，如北美的墨西哥、美国南部地区，在欧洲则布局在西班牙、东欧等地，在亚洲则加强了在中国、东南亚国家的投资。而在国家尺度内，汽车产业往往集中布局在一些城市区域而形成具有不同价值增值环节的产业集群，如非美国企业（丰田、本田等）等投资美国时一般将研发、设计价值环节布局于底特律、洛杉矶等都市，而将生产组装环节布局于其他低成本城市，这种布局模式也导致了零部件供应商以跟进形式形成的相似的布局模式，由此形成了底特律、洛杉矶的以研发设计为主要价值增值模式的汽车产业集群，而其周边城市形成以制造装配为主要价值增值模式的产业集群。由此我们可以认为，全球价值链模型存在一个等级体系，按照地理尺度的不同可以划分为全球价值链、区域价值链、国内价值连和地方价值链（表3-6）。如此可以根据研究尺度的不同选择不同尺度下的价值链模型。

表3-6 全球价值链的空间类型

类型	地理范围	联系	相似概念
全球价值链	全球范围	价值链各价值环节之间联系，主要方式为跨国公司、国际贸易、生产者服务	全球商品链、全球生产网络
区域价值链	多国之间	价值链各价值环节之间联系，主要方式为跨国公司、国际贸易、生产者服务	跨国生产网络
国内价值链	一国	价值链各价值环节之间联系或某一环节内联系，主要方式为公司间、公司内、生产者服务	国家生产系统
地方价值链	国内某一城市区域	价值链各价值环节之间联系或某一环节内联系，主要方式为公司间、公司内、生产者服务	地方生产网络、产业区、产业集群等

资料来源：张辉，2007，笔者修改

需要指出的是，全球价值链内部存在以"核心－边缘"结构为特征的不平等的价值创造及分配等级体系（张辉，2007）。按照这种等级体系我们可以看出以国家为尺度的全球价值链及区域价值链在国家之间具有不同的价值创造环节，如发达国家主要从事研发、设计、品牌销售等，发展中国家主要从事生产、制造和装配等。国家尺度内也存在不均衡的价值链价值创造与分配等级体系，如发达国家在价值链高端的研发设计、品牌营销等环节占据优势的格局下，仍然保留相对高端的核心产品制造装配等价值链环节；而发展中国家在研发设计等价值链高端环节也占有一定地位。如表 3-7 所示，发达国家仍保持着强大的制造业能力，在2009 年全球十大制造业大国中，包括美国、日本、德国、意大利、法国、英国等 6 个发达国家，韩国 1 个新兴工业化国家，中国、巴西、印度 3 个发展中国家。而发展中国家及新兴工业化国家在价值链高端的研发环节也占有一定的地位，如在世界 PCT 申请量排名中，韩国与中国分别占第四位与第六位。而在城市－区域内部，价值链高端环节主要布局于区域中心城市，周边城市主要承接价值链的低端环节。例如，长三角在融入全球价值链的过程中，上海主要承接了跨国公司地区总部、研发及金融等生产者服务等价值链高端环节，而苏州、无锡等城市主要承接生产制造等价值链低端环节。

表 3-7　2009 年全球十大制造业国家与 PCT 申请国家

排名	制造业国家	产值 / 亿美元	PCT 申请国家	申请量 / 件
1	中国	20 498.99	美国	45 790
2	美国	17 794.74	日本	29 827
3	日本	10 505.98	德国	16 736
4	德国	5 679.01	韩国	8 066
5	意大利	3 096.28	中国	7 946
6	法国	2 536.08	法国	7 166
7	英国	2 175.94	英国	5 320
8	巴西	2 094.54	荷兰	4 471
9	韩国	2 081.42	瑞士	3 688
10	印度	1 923.55	瑞典	3 667

资料来源：联合国统计司与世界知识产权组织资料

第二节　智能手机全球价值链的价值生产

20 世纪 90 年代以来，伴随着经济全球化的发展，ICT 产业的生产模式和区位发生了重大转变。ICT 跨国公司通过跨国直接投资或外包将技术含量较低的生产环节或区段转移到新兴经济体或发展中国家（地区）。手机产业尤其是智能手机产业作为 ICT 产业中的一个重要分支产业，其价值链的空间布局与转移是 ICT 产业中最具代表性的产业之一，反映 ICT 产业价值链的价值生产模式，本节以智能手机产业为例，分析高科技产业全球价值链的空间生产模式。

一、智能手机产业价值链组成

智能手机（smartphone），是相对于传统功能手机的一个概念。与传统功能手机仅支持语音及短信传输等几种通信功能不同，智能手机集成了更为复杂和多样的功能属性，其主要特点是除基本的移动通信功能外，还具有独立操作系统、电信商能够通过移动通信网络为用户提供互联网服务、可以安装第三方应用软件等。

智能手机产业价值链比传统功能手机产业价值链更为复杂。如图 3-2 所示，智能手机制造环节主要包括品牌商（苹果、三星、华为、小米、诺基亚等）、通信标准制定（高通）、核心零部件制造（博通、TI、联发科等）、智能手机代工（鸿海、和硕等）、一般部件制造等，而且还增加了手机操作系统、第三方应用软件等服务环节。

智能手机系统平台主要有谷歌的 Android 系统、苹果的 iOS 系统、微软的 Windows 系统、RIM 的 Blackberry 系统。其中谷歌的 Android 系统为开放系统，任何手机厂家都可免费使用；苹果的 iOS 系统和 RIM 的 Blackberry 系统仅供本公司使用，并未对外开放授权；微软的 Windows 系统对外授权使用，但在整个手机系统的市场份额中仅占很小一部分。手机操作系统可以看作是手机品牌商的内部价值环节。应用软件商一般为用户在使用软件时另行购买或提供收费服务项目以获取收益，在手机制造及销售中不计入生产成本，所以本书在分析智能手机价值链时仅关注生产制造部分的价值环节。

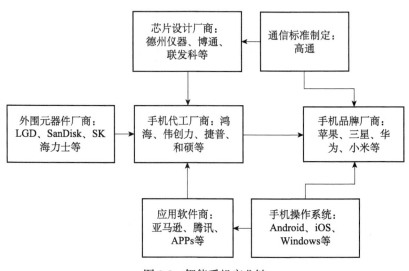

图 3-2　智能手机产业链

二、智能手机产业价值链的划分

1. 标准制定

智能手机产业内生于第三代移动通信产业（3G 产业），属于 3G 产业中的移动终端产业。与其他产业有所不同，3G 产业是一个具有严格正式标准[1]的产业。目前，得到国际电信联盟（ITU）[2]认可并颁布的第三代移动通信标准有 W-CDMA、CDMA2000、TD-SCDMA 及 WiMAX 四大主流无线接口标准，已写入 3G 技术指导性文件《2000 年国际移动通信计划》（IMT—2000）。其中，W-CDMA、CDMA2000、TD-SCDMA 三种移动通信标准已在世界范围内得到大规模商用（TD-SCDMA 标准目前主要在中国投入商业运营）；而 WiMAX 目前在全球范围内还没有得到大规模商用。

标准的外在表现为专利，3G 产业专利主要掌握在各厂商手中。由于第三代移动通信标准主要是以第二代移动通信标准 CDMA 技术为基础演变而来的，而 2G 标准的专利主要掌握高通公司手中（表 3-8），也就是说高通公司拥有 3G 标

---

[1]　正式标准是由政府组织委托制定，或者由标准化组织协商提出，是对事实标准的法律认定；事实标准由无限制的市场过程产生，这种市场选择过程可以表现为完全自发的出现或者由产品和服务厂商（标准提供者）主导产生。

[2]　国际电信联盟（International Telecommunication Union, ITU）是联合国专门机构之一，主管信息通信技术事务，由无线电通信、标准化和发展三大核心部门组成，总部位于日内瓦。

准的底层专利或核心专利；而其他公司虽然也掌握众多专利（表3-9），但主要是在高通公司的底层专利基础上研发的非核心专利，所以本书认为高通公司为3G标准的主要制定者。

表3-8　智能手机2G技术标准的专利分布　（单位：%）

GSM						
摩托罗拉	诺基亚	阿尔卡特	飞利浦	德州仪器	爱立信	其他
18	13	10	9	7	3	40

CDMA				
高通	威盛	德州仪器	三星	其他
78	4	6	3	9

资料来源：文嫚，2007

表3-9　智能手机3G技术标准的专利分布　（单位：%）

W-CDMA（欧洲）				
高通	西门子	爱立信	诺基亚	其他
6	5	31	35	22

CDMA2000（美国）						
高通	西门子	爱立信	诺基亚	摩托罗拉	朗讯	其他
31	5	6	22	11	5	25

TD-SCDMA（中国）							
高通	西门子	华为	诺基亚	摩托罗拉	中兴	大唐	其他
4.2	21.5	15.4	2.8	1.9	12.6	10.3	33.2

资料来源：水清木华研究中心及中国通信网

2.核心部件制造与一般部件制造

智能手机零部件主要包括零部件和组装部件两类：零部件主要有Nand存储器（闪存）、显示屏、应用处理器、DRAM内存、基带芯片、射频芯片集、电源管理芯片、触控芯片、GPS芯片、图像传感器等；组装部件主要有摄像头模组、触摸屏、电池、HDI PCB板、加速度陀螺仪传感器、LCD驱动芯片、相机镜头、MEMS麦克风指南针、音频Codec、喇叭、IC基板等。

本书根据野村证券发布的报告，以智能手机零组件和组装部件的采购成本为依据将其划分为核心部件制造和一般部件制造两类，其中采购成本在10美元以上的零组件及组装部件定义为核心部件制造环节，采购成本在10美元以下的定义为一般部件制造环节。如表3-10所示，核心部件制造环节主要包括Nand

存储器、显示屏、应用处理器、基带芯片；一般制造环节主要包括DRAM内存、摄像头模组、触摸屏、电池、电源管理芯片、HDI PCB板、相机镜头等。

表3-10 智能手机主要零部件采购成本 （单位：美元）

成本	零部件种类
10以上	Nand存储器（20～22）、显示屏（18～20）、应用处理器（15～17）、基带芯片（10～13）
5～10	DRAM内存（8～10）、摄像头模组（9～10）、触摸屏（7～11）、电池（5～6）
5以下	电源管理芯片（3～4）、HDI PCB板（3～5）、相机镜头（1～2）

注：括号中为零部件成本

资料来源：野村证券报告《2012智能手机指南》

3. 代工厂商

智能手机代工厂商主要指为手机品牌商组装最终产品的OEM、ODM或EMS厂商。智能手机代工厂商主要从事智能手机组装业务环节，同时一些规模较大的代工厂商也从事智能手机零部件的生产与研发。例如，鸿海除进行智能手机组装业务外，其还是重要的手机摄像头模组、手机外壳等一般零部件的生产与研发厂商；伟创立除进行组装业务外，还是世界最大的PCB板的研发与生产企业之一。

4. 品牌商

智能手机品牌商是指主要从事智能手机研发和品牌营销的企业。由于各品牌商的企业战略及经营模式不同，手机品牌商仍从事智能手机其他价值环节的研发或生产。例如，三星电子采用垂直一体化的公司战略，在从事智能手机的整机研发和品牌营销的同时，仍是世界最大的手机主要零部件的生产商之一，在智能手机闪存、显示器、应用处理器研发、生产与代工等方面占有重要地位；而以苹果公司为代表的企业则专注于智能手机的整机研发与品牌营销，零部件生产与组装环节完全外包给其他企业。

三、智能手机全球价值链的价值生产与空间组织

根据对智能手机全球价值链价值环节的划分，本部分选取《福布斯》2013年全球企业2000强中主要业务与智能手机产业相关的24家企业进行分析，其中标准制定企业共1家企业入选，核心部件制造企业共6家企业入选，一般部件制造企业共有7家入选，代工与组装厂商共有5家企业入选，手机品牌商共有5家企业入选（表3-11）。本书主要通过智能手机价值链各环节企业的平均利润与平均利润率对智能手机全球价值链的价值生产进行分析。

表 3-11 智能手机全球价值链各价值环节企业

价值环节	企业
标准制定	高通
核心部件制造	LGD、SanDisk、德州仪器、联发科、博通、英伟达
一般部件制造	海力士、宸鸿科技、STM、英飞凌、Analog Devices、比亚迪电子、美光科技
代工组装商	鸿海、伟创力、和硕、捷普、纬创
品牌商	苹果、三星、诺基亚、RIM、HTC

资料来源：根据《福布斯》2013 全球企业 2000 强名单及野村证券《2012 智能手机指南》整理

1. 基于平均利润的智能手机全球价值链价值生产分析

从智能手机各价值环节企业的平均利润来看，处于智能手机全球价值链两端的标准制定商和品牌商平均利润较高，而处于中间生产环节的核心部件制造和代工组装两个价值环节平均利润较低，一般部件制造环节的平均利润最低。其中品牌商的平均利润达到 118.6 亿美元，是智能手机全球价值链中利润最高环节，但其内部的利润分配却极不平衡，苹果与三星两家品牌商的利润额分别达到 417 亿美元和 217 亿美元，而其他三家公司的利润额较小，诺基亚则出现了 41 亿美元的亏损；虽然通信模块在智能手机的整个价值构成中占据一小部分，但由于高通公司在通信标准技术中的绝对领先地位，也获得了 66 亿美元的利润额。代工与组装环节由于规模效应也获得 8.7 亿美元的平均利润；核心部件制造和一般部件制造的平均利润分别 7 亿美元和 0.8 亿美元。如图 3-3 所示，基于平均利润的智能手机全球价值链呈现"前低后高"不对称的价值链"微笑曲线"。

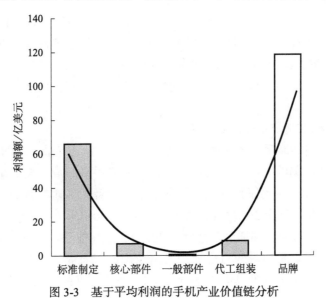

图 3-3 基于平均利润的手机产业价值链分析

2. 基于平均利润率的智能手机全球价值链价值生产分析

从智能手机各价值环节企业的平均利润率来看，标准制定环节企业利润率最高，利润率达到 32.2%；其次为品牌商，平均利润率达到 14.4%；核心部件制造商也具有较高的平均利润率，达到 7.0%；代工组装厂商和一般部件制造商的平均利润率则较低，其分别为 1.9% 和 1.3%。如图 3-4 所示，基于平均利润率的智能手机全球价值链呈现"前高后低"不对称的价值链"微笑曲线"。

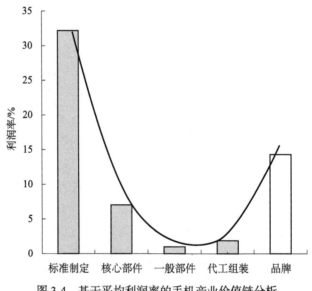

图 3-4   基于平均利润率的手机产业价值链分析

3. 基于平均利润及平均利润率的智能手机全球价值链治理分析

全球价值链理论认为利润和利润率是分析全球价值链治理的两个重要指标（Kaplinsky and Morris，2002）。由利润和利润率两个指标可以看出，智能手机全球价值链的价值生产极不平衡，说明在智能手机全球价值链中治理模式较为复杂。

1）通信标准制定：通信专利垄断

智能手机与功能手机最大的不同就是智能手机除具有最基本的通信功能外，还附加了手持电脑的一些基本功能，所以从智能手机的成本构成来说通信模块成本仅是一部分。因此作为智能手机标准的制定者，高通在营业收入和利润额方面并不是很高，仅为 205 亿美元和 66 亿美元（2013 年高通公司年报）。

而在利润率方面，高通公司达到了 32.2%，是智能手机全球价值链利润率最高的价值环节，这是由高通对智能手机全球价值链通信标准专利具有的垄断优势产生的效果。由于高通具有大部分 CDMA 通信标准的底层技术，而 3G 通信标准 CDMA2000、W-CDMA、TD-SCDMA 基本都是基于 2G 通信标准 CDMA 技术演进而来的，所以高通通过移动通信标准的技术垄断优势，向智能手机价值链其他价值环节特别是手机品牌商和手机芯片制造商收取高额的技术专利转让费，以此获取了高额利润。截至 2011 年年底，高通向全球逾 205 家电信设备制造商发放了 CDMA 专利许可。例如，我国的中兴、华为及电信设备制造商都需获得高通的专利许可并为此付出高额的技术转让费。根据公开的信息可知，高通的专利转让与授权费用主要包括入门费和提成费两部分，入门费即高通公司向相关厂商收取的一次性技术转让费用，提成费主要指高通公司根据授权厂商的产品销售额收取一定比例的费用，一般情况下不超过手机出厂价的 5%。①

高通授权的手机厂商可以采取多种方式研发和生产产品。一是手机厂商可以从高通直接购买芯片和软件；二是手机厂商可以从高通的 ASIC 授权厂商处购买芯片；三是可以自行设计和制造芯片。在这三种情况下，授权的手机厂商可以根据与高通公司单独订立的专利许可协议在其产品上使用高通公司的专利。

2）手机品牌商：品牌营销与技术创新

智能手机是一种通信、互联网及娱乐等各种技术高度集成的高技术产品。智能手机品牌商不仅通过市场品牌效应和良好的销售渠道获取最大的利润，而且通过投入大量资本进行新技术研发，以保证本品牌处于整个产业的技术前沿，不断提升品牌的内在价值，从而获取更多用户的青睐，赢得更大的市场份额。例如，苹果公司在取得智能手机终端市场的领导地位后，不断通过技术研发升级 iPhone 手机的硬件及软件，对处理器、屏幕进行更新换代，在应用软件领域如 Siri 等功能的推出，极大地提升了苹果品牌的知名度和美誉度，使得苹果公司获得了超高的销售额和利润。三星公司则主要通过全产业链模式在智能手机主要环节进行技术创新，并通过手机硬件技术（如手机显示器、闪存等方面的技术优势）进而在全球推出 Galaxy 系列智能手机，在智能手机终端市场获得了极大的成功，提升了三星的品牌价值。2012 年，苹果和三星利润分别达到 417 亿美元和 217 亿美元。而以诺基亚、RIM 为代表的智能手机厂商由于在硬件及软件方面创新不足，不能适应市场需求，在智能手机市场占有率明显降低，2012 年诺基亚和 RIM 都出现了亏损，诺基亚甚至出现了 47 美元的巨额亏损。

3）核心部件制造商：技术研发与生产

智能手机核心部件主要包括手机处理器、基带芯片、手机显示屏、闪存等，

---

① 财新网，http://companies.caixin.com/2012-10-12/100446402.html.

是技术密集和资本密集型产品。以德州仪器、博通、联发科为代表的手机芯片制造商和以 LGD、SanDisk 为代表的手机屏幕、闪存制造商都投入巨资进行技术研发以适应智能手机终端市场对核心零部件的需求。例如，在手机芯片领域，产品的更新换代速度不断加快，主流市场需求已经由最初的单核处理器升级为四核处理器乃至更高。而且核心部件生产一般投入巨大，如三星在西安的闪存项目一期投资就高达 70 亿美元，最终投资可达 300 亿美元。[①] 核心部件制造商是技术密集与资本密集的企业，产品具有技术含量高、附加值高的特征，行业进入门槛高，可替代性较低，因此该类企业具有较高的利润和利润率。

4）代工与组装厂商：规模效应

代工与组装厂商主要为全球性的大型合同制造商，为智能手机品牌商提供最终产品的组装业务，同时也参与到智能手机一些相应的零部件的设计与生产环节，主要包括鸿海、伟创力、捷普等企业。该类企业通过分布于全球多区位的工厂体系对智能手机价值链各生产环节进行组织和管理，其核心竞争力为大规模的制造能力。代工与组装环节属于劳动密集型环节，该环节企业主要通过终端产品及相关零部件的组装和生产的规模效应实现盈利，所以一般具有营业收入高而利润率低的特点，如本书涉及的 5 家代工与组装企业平均营业额达到452.8 亿美元，而平均利润及利润率仅为 8.7 亿美元和 1.9%。而且，代工与组装厂商受上游品牌商的控制，一旦代工与组装厂商的主要品牌商客户出现经营能力下滑，就会影响下游代工组装厂商的发展。例如，原摩托罗拉的主要代工商华宝因摩托罗拉手机市场份额的下降而一落千丈。

5）一般部件制造商：充分竞争

一般部件制造商主要生产标准化的智能手机零部件，如手机外壳、电池、PCB 电路板等。一般部件制造商主要依附于品牌厂商及代工与组装厂商，根据下游厂商对于手机零部件设定的标准进行模块化大规模生产。由于标准化生产产生的技术扩散的加剧，相关厂商进入该环节的技术门槛较低，企业竞争尤为激烈，该环节企业的利润和利润率都比较低。可见，一般零部件制造环节具有技术含量低、附加值低的特征，该环节企业间竞争激烈，可替代性高，在智能手机全球价值链中处于受支配的地位。

四、智能手机全球价值链空间竞争性分析

从智能手机全球价值链各价值环节主要参与企业的国别来看，智能手机通

---

① 西安高新区企业信息网，http：//www.xdzinfo.com.

信标准制定者为美国企业高通。智能手机品牌商共有 5 家，其中美国 1 家、韩国 1 家、芬兰 1 家、加拿大 1 家、中国台湾 1 家，可以看出品牌商主要为欧美发达经济体及韩国、中国台湾等新兴发达经济体。核心零部件生产商共有 6 家，其中美国 4 家、韩国 1 家、中国台湾 1 家，与品牌商的分布较为相似，核心零部件生产商也以发达经济体为主。一般部件生产商共有 7 家，其中美国 2 家、韩国 1 家、德国 1 家、瑞士 1 家、中国台湾 1 家和中国（不含港澳台地区）1 家，一般零部件生产商的分布比较分散，虽然以发达国家（地区）企业为主，但也出现了以中国（不含港澳台地区）比亚迪电子为代表的发展中国家企业。代工与组装厂商共 5 家企业，主要以中国台湾企业为主，新加坡和美国各有一家（表 3-12）。

表 3-12　基于国家尺度智能手机全球价值链空间布局

价值环节	国家或地区
标准制定	美国（1）
核心部件制造	美国（4）、韩国（1）、中国台湾（1）
一般部件制造	美国（2）、韩国（1）、德国（1）、瑞士（1）、中国台湾（1）、中国（不含港澳台地区）（1）
代工组装商	中国台湾（3）、新加坡（1）、美国（1）
品牌商	美国（1）、韩国（1）、芬兰（1）、加拿大（1）、中国台湾（1）

注：括号内为企业数量（单位：家）

从智能手机全球价值链相关企业的国别来看，处于价值链两端高端环节的通信标准制定与智能手机品牌商主要为美国企业；韩国和中国台湾在价值链高端的品牌营销和核心部件制造环节也占有重要的地位。在智能手机全球价值链的低端价值环节，一般部件制造企业表现出较为分散的空间特点，虽然仍以欧美企业为主，但也出现了以比亚迪电子为代表的发展中国家企业；代工组装厂商主要以中国台湾企业为主。从上述的分析来看，美国和韩国占据了智能手机两端的高端环节，对智能手机全球价值链的组织与控制功能较强，是智能手机全球价值链空间组织的治理者，中国台湾主要从事较为低端的代工组装环节，但表现出强烈的向智能手机价值链高端环节升级的迹象，在核心部件制造及品牌商等高端环节也出现了中国台湾企业的身影；中国（不含港澳台地区）主要承接智能手机全球价值链代工组装环节跨国公司的制造功能，但随着智能手机各环节制造能力的不断增强，以及随之产生的技术溢出效应，智能手机高端环节跨国公司也向中国（不含港澳台地区）转移研发及主要零部件生产环节，但总体来讲中国（不含港澳台地区）在智能手机全球价值链中处于美国、韩国等国家跨国公司的竞争压制之下。

第三节　基于跨国公司全球价值链的城市尺度价值生产分析

基于前文对于智能手机全球价值链的空间分析可知，对整个产业或产品价值链的空间分析只能体现全球价值链的国别差异，不能很好地反映当前价值链片断化后地方参与全球价值链的过程。而跨国公司连续的生产经营活动实际上就是一个不间断的价值链，从生产到销售是一个不断增值的过程，可以把跨国公司的价值链看作主要是由研究开发、生产制造和营运销售三个阶段所构成的（徐康宁和陈健，2008）。跨国公司作为全球价值链的主要塑造者，其公司内部价值链环节的空间分布基本决定了所属产业的全球价值链的空间组织形态。因此，下文从 ICT 不同价值环节跨国公司内部价值链来分析研发、生产和运营销售等价值生产活动在城市层面的空间组织。

一、三星电子——品牌类公司

三星电子是韩国最大的 ICT 公司，同时也是三星集团旗下最大的子公司。该公司在全世界共 65 个国家拥有生产和销售网络，是世界最大的 ICT 公司之一，2012 年荣登《财富》世界 500 强公司排行榜第 20 名，位居 ICT 类公司首位，2013 年荣登《福布斯》全球企业 2000 强第 20 名，在 ICT 企业中仅次于美国苹果公司。其中 LCDTV、LEDTV 和半导体等产品的销售额均在世界上高居榜首。目前在国际市场上，三星电子生产的 LED TV 及各种电视产品、Galaxy S 系列手机等受到消费者的青睐。不仅如此，三星电子的存储器半导体广泛应用于世界各地的各种电子产品中。

1. 研发环节

三星电子的研发机构以三星先进技术研究所（SAIT）为中心，并形成以产品为导向的独立研发机构。三星先进技术研究所作为三星电子最高级的研发机构，主要从事公司战略性和前沿性的研发活动，具有独立的研发网络组织。三星先进技术研究所总部位于韩国龙仁市[①]，并在横滨、北京、班加罗尔、莫斯科、

---

① 龙仁市：位于首尔以南约 40 千米处。

伦敦、法兰克福、圣迭戈、波士顿设有分支机构。以产品为导向的研发机构共有 12 个，主要位于达拉斯、圣何塞、伦敦、莫斯科、特拉维夫、华沙、班加罗尔、新德里、北京、南京和苏州（表 3-13）。

表 3-13　三星电子研发机构区位分布

研发机构名称	功能	区位
三星先进技术研究所	战略性及前沿性研究，核心技术	龙仁市（首尔）
三星信息系统美国有限公司（SISA, Samsung Information Systems America, Inc.）	战略性零部件及组件，核心技术	圣何塞
达拉斯电信实验室（DTL, Dallas Telecom Laboratory）	下一代无线通信系统技术和产品	达拉斯
三星电子研究院（SERI, Samsung Electronics Research Institute）	手机及数字电视软件	德尔塞克斯（伦敦）
莫斯科三星研究中心（SRC, Moscow Samsung Research Center）	光纤、软件算法及其他新技术	莫斯科
三星电子印度软件中心（SISO, Samsung Electronics India Software Operations）	数字产品系统软件，用于有线/无线网络及手持机的协议	班加罗尔
三星通信以色列研究中心（STRI, Samsung Telecom Research Israel）	用于手机的 Hebrew 软件	雅库姆（特拉维夫）
北京三星通信技术研究有限公司（BST）	中国市场移动通信标准化和商业化	北京
三星半导体（中国）研究开发有限公司（SSCR）	半导体封装与解决方案	苏州
三星电子（中国）研发中心（SCRC）	为中国市场开发电子产品系统软件，数字电视及 MP3 播放器	南京
三星横滨研究院（Samsung Yokohama Research Institute）	下一代核心部件及组件，数字技术	横滨
三星波兰研发中心（SPRC）	机顶盒软件平台开发，欧洲机顶盒及数码电视商业化	华沙
三星印度软件中心（SISC）	软件平台及程序设计、平面设计	诺伊达（新德里）

资料来源：三星电子中国官网

2. 生产环节

三星电子是一个采用垂直一体化战略的跨国公司，在全球拥有大量的生产机构。韩国本土的工厂主要分布在水原、龟尾、龙仁、华城、彦阳、牙山、天安、光州等城市，主要分布于首尔周边及南部区域；在中国的工厂主要分布于惠州、苏州、天津、威海、深圳等城市；在南亚与东南亚的工厂主要分布于印度新德里、印尼西卡朗、马来西亚芙蓉和巴生、菲律宾卡兰巴、泰国曼谷、越南胡志明市和北宁；欧洲工厂主要分布于俄罗斯卡卢加、匈牙利亚斯费尼绍鲁、斯洛文尼亚加兰塔、波兰弗龙基；北美洲和南美洲的工厂主要分布于美国奥斯汀、墨西哥克雷塔罗和蒂华纳、巴西马瑙斯和坎皮纳斯。从三星电子的工厂分布来看，跨国公司的海外生产机构主要布局在新兴经济体的生产型城市，如中国、墨西哥等国的主要工业城市和东欧国家的主要工业城市。

3. 销售环节

三星电子作为全球最大的 ICT 公司之一，其在全球手机、液晶电视等消费类电子及半导体、LED 等领域占有重要地位。为了占领全球市场，三星电子在世界各国设立了大量的销售类分支机构，三星电子 2012 年年报显示，其在全球共设有 42 个销售类分支机构。从销售类机构的分布特点来看，主要分布于全球主要国家的首都及商业中心城市，即世界城市，如三星电子在中国的销售公司主要位于北京和上海。世界城市拥有大量的生产性服务业企业，也是国家或区域的信息传播中心，具有最为广阔的市场辐射效应，利用世界城市的这些基本职能有利于销售类公司推销该公司产品。

二、英特尔——中间产品类公司

英特尔是全球最大的半导体芯片制造商，总部位于美国加利福尼亚州圣克拉拉。2012 年荣登《财富》世界 500 强公司排行榜第 173 名，是世界 500 强公司半导体行业唯一上榜的 ICT 公司；2013 年荣登《福布斯》全球企业 2000 强第 77 名，是排名最高的半导体类 ICT 公司。

1. 研发环节

作为全球最为重要的高科技公司之一和最大的半导体公司，英特尔为保持技术领先优势每年投入大量研发资金，如 2011 年英特尔的研发投入达到 65.8 亿美元，研发强度达到 15.1%。英特尔公司在全球建立了大量的研发机构，主要位于美国、加拿大、法国、德国、以色列等发达国家，以及俄罗斯、中国和印度等新兴经济体。其中，美国的研发中心主要位于圣克拉拉、奥斯汀、哥伦比亚、西雅图、佛森（萨克拉门托）、希尔斯伯勒、哈德逊等地，加拿大的研发中心位于温哥华，法国的研发中心主要位于巴黎、索菲亚·安蒂波利斯，德国的研发中心主要位于布伦瑞克、杜伊斯堡、纽伦堡、乌尔姆，爱尔兰的研发中心位于香农，以色列的研发中心位于海法、耶路撒冷、贝达蒂克法、亚库姆，俄罗斯的研发中心主要位于莫斯科、下诺夫哥罗德、圣彼得堡，西班牙的研发中心布局于巴塞罗那，印度的研发中心位于班加罗尔，中国的研发中心位于上海和北京。从英特尔研发中心的分布模式来看，位于发达国家的研发中心主要位于一些规模较小的科技中心城市，如圣克拉拉、索菲亚·安蒂波利斯、海法等，位于新兴经济国家的研发中心主要位于该国的经济发达城市及科技中心，如北京、上海、班加罗尔等。

2. 生产环节

半导体的生产过程包括晶圆制造和封装与测试两个过程，其中晶圆制造属于高端环节，而封装与测试属于低端环节。英特尔的晶圆制造环节主要分布于美国的希尔斯伯勒、钱德勒等城市，海外晶圆制造工厂主要分布于发达国家爱尔兰的莱克斯利普和以色列的凯尔耶特盖特，发展中国家的晶圆制造工厂位于中国大连。英特尔低端环节的封装与测试工厂主要布局于发展中国家城市，包括中国的成都、上海，马来西亚的槟城和居林，菲律宾的甲米地，越南的胡志明市等（表3-14）。从制造环节上来看，高端制造环节依然位于发达国家的生产型城市，而低端制造环节则主要位于发展中国家的经济较为发达的制造业城市。

表 3-14 英特尔制造工厂分布

生产环节	区位
晶圆制造	希尔斯伯勒、钱德勒、阿尔伯克基、哈德逊、莱克斯利普、凯尔耶特盖特、大连
封装与测试	成都、上海、槟城、居林、胡志明市、甲米地、悉尼

资料来源：英特尔公司全球官网

3. 销售环节

与品牌公司不同，中间产品公司的主要销售对象不是消费者而是品牌公司。英特尔在全球布局有近50个销售机构，与品牌类公司的销售机构区位较为类似，主要位于各国的首都及商业中心城市，但主要功能是为所在地的OEM厂商及时提供产品及服务；也有小部分销售机构直接位于OCM厂商集聚的生产型城市，如中国深圳和墨西哥的瓜达拉哈拉等。

三、伟创力——代工组装类公司

伟创力是全球最大的电子代工厂商之一，总部位于新加坡。在2012年《财富》世界500强排行榜中排名第372位，在2012《福布斯》全球企业2000强中排名第931位，当年销售收入达到299亿美元。伟创力从事移动通信、电脑、网络等产品的代工业务，在全球超过30个国家（地区）设有工业园区、生产工厂、产品设计中心及售后服务中心。

1. 研发与设计

伟创力集团共有两个全球产品创新中心：一个位于中国珠海，一个位于美国硅谷苗比达。产品创新中心拥有丰富的功能，主要包括先进的工程设计、制造和供应链的优化、产品原型设计、故障分析与测试等，提供整个供应链解决方案以支持客户的产品生产。除珠海与苗比达两个产品创新中心外，伟创力集团还在全球若干城市设立了设计与工程中心，其中包括北京、上海、台北、新加坡、法兰克福、米兰、奥斯汀、亚特兰大、渥太华、多伦多等城市。

2. 生产与组装

伟创力集团的生产与组装环节主要在其工业园区和一些分散于全球各个城市的工厂完成。伟创力的工业园区主要包括美国的苗比达、墨西哥的华雷斯和瓜达拉哈拉、巴西的索罗卡巴、中国的珠海与苏州、马来西亚的槟城、印度的钦奈、波兰的特切夫、匈牙利的沙尔堡和佐洛埃格塞格。此外，伟创力的工厂主要位于中国的北京、深圳、东莞、广州、上海、南京，巴西的圣保罗、玛瑙斯，墨西哥的蒂华纳、蒙特雷，以及一些东欧国家的制造业相对集聚的城市。

3. 售后与服务

伟创力全球服务部是伟创力集团供应链的一个重要环节，为主要的品牌商客户提供全面优化的售后服务。伟创力集团在全球多个城市设有售后服务中心，这些城市主要包括索罗卡巴、多伦多、拉雷多、奥斯汀、路易斯维尔、孟菲斯、苗比达、罗利、瓜达拉哈拉、华雷斯、布达佩斯、佩奇、克科、利默里克、米兰、文瑞、罗兹、曼彻斯特、石云顿、伊斯坦布尔、帕尔杜比采、上海、深圳、香港、新加坡、孟买、迪拜、柔佛。从这些城市的空间布局来看，一是与生产空间相同或接近的城市，一类是全球主要港口城市，与这些售后服务中心所承担的物流、仓储、维修、管理等职能较为吻合。

从以上对品牌类公司三星电子、中间类产品公司英特尔和代工与组装类公司伟创力的分析来看，无论处于 ICT 价值链高端环节的品牌商和主要部件商，还是处于低端环节的代工与组装厂商，其公司内部都具有从研发、生产到销售与服务的公司价值链。从公司价值链的空间分布来看，处于高端环节的研发主要位于发达国家的科技中心城市，但发展中国家也形成了诸如上海、北京、班加罗尔等主要的研发城市；处于低端环节的生产制造主要呈现全球分散布局，但主要分布于新兴经济体的生产型城市，如中国的苏州、深圳，墨西哥的瓜达拉哈拉、华雷斯等。而销售与售后服务主要布局于各国的首都及经济中心城市。

第四节　本 章 小 结

本章在梳理价值链理论主要内容的基础上，根据国际劳动分工将全球价值链划分为产业价值链、产品价值链、中间产品价值链和跨国公司价值链四种类型。从空间尺度上可以划分为全球价值链、国家价值链、地方价值链等几种类型。本章重点对智能手机全球价值链及 ICT 品牌类公司、中间产品类公司及代工与组装类公司进行了案例分析。

通过对智能手机全球价值链的实证分析发现，其主要可以划分为标准制定、核心部件制造、一般部件制造、代工与组装、品牌营销几个价值环节。通过对各价值环节跨国公司的平均利润及平均利润率的分析，发现处于价值链两端的标准制定和品牌营销获得了整个价值链的大部分价值增值，其中标准制定环节主要通过技术垄断获取高额利润，品牌商主要通过技术研发和品牌塑造获取高额利润，核心部件制造环节主要通过技术研发获得较高的利润和利润率，代工与组装环节主要通过规模效应获得较高的利润，但利润率较低；一般部件制造环节由于竞争充分及技术含量低等而利润和利润率都较低。

从智能手机价值链各价值环节的关系来看，标准制定和品牌营销由于在技术和终端市场的控制作用，是智能手机全球价值链的主要治理者，整个价值链呈现生产者与购买者双重驱动的治理模式。从价值链的空间分布来看，智能手机两端的高端环节主要由美国和韩国控制，但中国台湾及欧洲国家在核心部件制造和品牌营销两个环节也占有一定地位；代工与组装环节主要由中国台湾公司控制，一般部件制造呈现多国（或地区）共同参与的态势。从以上分析可知价值链的空间治理权主要控制在美国、韩国手中，中国台湾及欧洲国家拥有核心部件制造能力及一般部件制造能力，但依然受制于美韩的技术与品牌优势；以中国（不含港澳台地区）为代表的发展中国家在智能手机全球价值链中主要承担价值链各环节的制造功能。

通过对 ICT 产业品牌营销、中间产品制造、代工与组装三类跨国公司的案例分析，发现不管是处于 ICT 全球价值链高端的品牌营销和中间产品制造，还是处于低端环节的代工与组装公司，其公司价值链都可划分为高端的研发与销售和低端的制造三个价值环节；三种跨国公司价值链基本呈现相似的空间分布，研发环节主要分布于发达国家的高科技城市，而在新兴经济体中也形成了北京、上海、班加罗尔等研发功能集聚城市；跨国公司生产环节除位于本国的工厂外，其海外工厂主要集聚于新兴经济体较为发达的城市，如中国的苏州、深圳及墨西哥的瓜达拉哈拉、华雷斯等城市；营销与服务环节主要分布于世界各国的首都或经济中心城市，即世界城市，主要利用这类城市所拥有的生产性服务业等特质拓展该国市场。跨国公司全球价值链的研发、生产、销售与服务三类功能的空间分布说明在全球城市体系中形成了研发型城市、生产型城市及世界城市等几种类型，跨国公司价值链可以成为分析世界城市网络的有效工具。

第四章

长三角城市网络价值生产的空间分异
——以 ICT 产业为例

在经济全球化时代，以全球价值链为基础的专业化功能分工已经取代了传统的产业部门分工，成为城市间经济联系的主要方式（Duranton and Puga，2005），这种通过特定产品价值链的生产工序或区段在空间上的分散化布局所形成的全球及区域生产体系，成为各种功能专业化城市融入世界城市网络体系的经济基础（李健，2011）。由于全球和地方价值链各区段价值增值的不均衡，且世界和区域城市网络中各城市承担的价值生产活动不尽相同，因此，在城市网络空间中各个城市的价值生产必然存在不平等的现象。

对价值生产片断化的揭示，是全球价值链理论框架的重要内容，已有的相关研究主要包括对价值链内部的价值区段的投入产出分析，以及对价值区段的地理特点和空间布局的揭示。从当前的研究成果来看，对于价值链的投入产出分析主要针对价值链内部各环节的价值生产与分配进行描述和解释，很少涉及讨论价值生产与分配的空间性问题（Kaplinsky and Morris，2001；Gereffi et al.，2005）。现有的价值链区段空间布局研究，主要关注不同区段生产活动的空间区位选择的分析解释（Defeve，2006；Alcácer，2006），而对空间价值增值过程的定量研究较少，且在分析尺度上以国家尺度为主（Gereffi，1999；Humphrey and Schmitz，2002；Scott，2006），对城市网络尺度的价值空间生产与分配很少涉及。从现有的文献来看，价值生产的定量研究对价值增值的度量基本采用参与到价值链不同价值区段的企业利润来代表价值生产与分配的大小，忽视了价值生产与分配中企业所在区位空间所截流的工资、税收等价值空间分配形式。

本章针对以上问题进行讨论，将从价值生产与分配的表现形式入手，建立企业利润、工人工资、政府税收三位一体的价值增值表述模式，对长三角城市网络的价值生产与分配的空间结构进行定量分析，并对价值生产空间分异过程中的决定因子进行研究。

第一节　价值生产的度量与分配

一、价值的概念与度量

按照经典马克思政治经济学的观点，"价值"就是凝结在商品中的无差别的人类劳动，即产品价值。产品价值一般通过价格来衡量，价格是价值的货币表现形式。产品的价值主要由两部分组成：一是由原材料等原始投入转移到商品中的不变价值；二是产品生产过程中新创造的价值。价值生产中新创造的价值主要包括产品中的劳动力价值和剩余价值。在现实经济活动中，劳动力价值以劳动力工资的形式出现，而剩余价值主要包括企业利润、资本利息、土地地租等（陈征，2001）。按照价格是价值的货币表现形式的思想，那么商品的价值增值部分即为新商品价格减去原材料等物质投入后新创造的价值，具体包括劳动力工资、企业利润、税收等价值形式，以及利息、地租等转入其他行业的价值形式。

价值的生产与分配一直是全球价值链研究的重要内容之一。但是，对于全球价值链中"价值"的定义学术界没有一个统一的表述。波特（1985）在从竞争优势角度研究企业价值链时，认为价值是买方愿意为企业提供给他们产品所支付的价格。据此，价值可以用企业总收入来衡量。企业价值链的总价值包括价值活动和企业利润两个部分。在企业价值链的分析框架中，波特认为价值活动的成本分析更能反映企业的竞争优势，而附加值即利润分析不是企业价值链的重点。而在全球价值链的分析框架中，Kaplinsky 和 Morris（2001）认为价值链中的增值份额或者价值链中的利润份额是代表价值链各环节价值增值的较好指标。应用价值增值份额研究全球价值链价值生产与分配，在学术界具有较大的影响，但由于价值增值份额难以量化，众多的研究主要利用所谓的"微笑曲线"对全球价值链价值生产与分配进行定性研究。在价值空间生产与分配的定量研究方面，国内外众多学者利用价值链各环节参与公司的利润或利润率代替其价值增值的份额（李海舰和原磊，2005；李健，2008；文婧和张生丛，

2009；Wei，2010）。需要指出的是，目前有关全球价值空间生产与分配的研究，大都从管理学的角度，探讨全球价值链内部的价值增值过程，分析全球价值链的治理模式和升级路径；从地理学视角出发的全球价值链研究，大部分仍然停留在全球尺度上的国家单元分析，而且延续了管理学对价值内涵的定义，对于价值空间生产与分配仅仅关注企业的利润部分，对价值增值的其他表现形式少有涉及。

二、价值空间生产与分配的表现方式

按照马克思对社会商品的价值构成的论述，可以认为全球价值链中价值增值过程即为创造新增价值的过程。在经济全球化时代，全球价值链的生产组织模块化和片断化，使得生产在空间上实现跨越性成为可能，并在地理上呈现出全球及区域空间上的离散型布局模式。在这种生产空间模式下，由于各个地域空间的地理特性各异，全球价值链的价值生产在空间上必然呈现空间分割现象；不同的生产空间地域，根据其本身的资源禀赋和相对地位（positionality）嵌入全球价值链的生产并俘获新增价值。

根据全球价值链的价值分析框架，某一个生产空间（如国家、城市等），其生产的社会商品总价值量减去原材料等的物质投入总量，可以被认为是其在空间上生产和俘获的新增价值的总量。在每一个地域空间，这一新增价值又可以根据其生产过程中的要素投入进行进一步划分，即根据生产过程中劳动、资本、技术、土地等要素投入，对新增价值进行进一步的价值划分和分配。劳动力获取的工资，资本和技术所有者（企业）所获得的利润，以及转移到生产性服务业中的银行利息等，都是全球价值链在地方空间中新增价值的组成部分，而政府税收作为调节社会财富分配的一种方式，也成为全球价值链中新增价值落地于地方性空间的一种重要再分配形式。结合全球城市网络的分析框架，可以知道，在全球价值链的功能分工背景下，城市网络中的各个城市所生产和俘获的新增价值，根据生产要素投入份额而分配给相应的生产要素所有者。因此，描述、刻画各个城市的新增价值的内涵与分配格局，对深入理解城市网络中各个空间单元在全球价值链中的地位与作用十分重要。

第二节　数据来源与研究方法

一、研究方法

本章主要在全球价值链价值空间生产与分配形式的基础上，以 ICT 制造业价值链为例，探讨长三角城市网络价值空间生产与分配的空间分异特点与模式，并解释长三角城市网络价值生产空间分异的影响因素。

本章主要根据中国企业会计利润表，刻画一个城市区域在全球价值链上的新增价值的截留与分配，新增价值主要采用以下几种指标进行分析。

劳动工资，指一个城市某一产业年平均从业人员的工资总额及福利费用总额之和。

企业利润，指一个城市某一产业所有企业净利润之和。

政府税收，指一个城市某一产业所有企业纳税总额，根据企业会计利润表，政府税收主要包括主营业务税金及附加、企业所得税、企业增值税等。

其他形式的增值形式，主要指制造业企业生产过程转移到生产性服务业部门的价值增值量，本章以工业企业会计利润表中的营业费用、管理费用、财务费用代替非物质生产部门的价值增值量[①]。这部分价值增值量，与波特所阐述的辅助价值活动相一致，它能够帮助理解一个地方在价值链上的生产竞争优势。区别在于波特所定义的辅助价值活动属于企业内部增值过程，而本章所阐述的其他价值活动为外部化于企业的生产性服务业所创造的价值。

二、资料来源

本章主要资料来源于长三角主要城市 2008 年经济普查年鉴，包括《2008 上海经济年鉴》、《2008 南京经济普查年鉴》、《2008 苏州经济普查年鉴》、《2008 无锡经济普查年鉴》、《2008 常州经济普查年鉴》、《2008 镇江经济普查年鉴》、

---

① 工业企业会计利润表中的营业费用、管理费用、财务费用包含工业企业本部门职工的工资和福利，因此在计算城市价值增值总量时三种费用中的职工工资和福利会重复相加，但不影响最后的分析结果。

《2008 南通经济普查年鉴》、《2008 扬州经济普查年鉴》、《2008 泰州经济普查年鉴》、《2008 杭州经济普查年鉴》、《2008 宁波经济普查年鉴》、《2008 嘉兴经济普查年鉴》、《2008 绍兴经济普查年鉴》、《2008 湖州经济普查年鉴》和《2008 台州经济普查年鉴》，以及部分城市 2009 年统计年鉴。

第三节　长三角城市网络 ICT 产业的空间结构

一、长三角城市网络 ICT 产业的空间总体格局

长三角区域作为中国融入全球价值链最为深入的区域之一，已经成为全球价值链制造环节的重要组成部分。特别是在 ICT 制造业领域，长三角区域已经成为世界级的电子信息产品制造基地，形成了微电子、电子元器件、通信设备、计算机等完整的 ICT 产业集群。例如，苏州、上海 2012 年笔记本电脑产量分别达到 7479.12 万台和 7301.58 万台，分别占当年中国笔记本电脑总产量的 29.61% 和 28.86%[①]，两市笔记本电脑产量之和占世界总产量的 1/2 强。

在长三角城市网络内部，ICT 制造业在价值生产总量分布上呈现"北强南弱"的格局。根据工业总产值和资产总额可以将长三角城市网络分为四个层次。首先，苏州和上海在 ICT 制造业领域处于长三角城市网络的领先位置。其中，苏州 ICT 制造业在工业总产值、固定资产总额方面分别达到 6420.9 亿元和 3604.5 亿元，在长三角城市网络中处于第一位；上海在工业总产值、固定资产总额方面处于第二位，分别达到 5266.7 亿元和 2685.3 亿元；其次，南京、无锡在工业总产值、资产总额方面分别超过 1000 亿元和 600 亿元，处于长三角城市网络的第二层次；第三，杭州、宁波在工业总产值、资产总额方面分别超过 600 亿元和 400 亿元，处于长三角城市网络的第三层次；最后，常州、南通、扬州、嘉兴、镇江、泰州、绍兴、台州、湖州和舟山 10 个城市在工业总产值、资产总额方面分别小于 400 亿元和 300 亿元，居于长三角城市网络的第四层次。

在规模总量分析的基础上，本书从人均工业产值方面对长三角城市网络 ICT 制造业的空间格局进行进一步的分析。如表 4-1 所示，上海和南京 ICT 制造业人均产值都超过 130 万元，在长三角城市网络中处于第一层次；杭州和无锡的

① 数据源自《2012 年苏州市国民经济和社会发展统计公报》及《2012 年国民经济和社会发展统计公报》。

ICT 制造业人均产值分别达到 91.6 万元和 83.2 万元，处于第二层次；苏州、南通、泰州、宁波四个城市的 ICT 人均产值分别超过 50 万元，处于第三层次；常州、镇江、扬州、嘉兴、台州、湖州、舟山、绍兴等 8 个城市的 ICT 制造业人均产值都低于 50 万元，处于第四层次。

表 4-1   长三角城市网络 ICT 制造业空间布局

名称	工业总产值 / 万元	资产总额 / 万元	全部从业人员年平均人数 / 人	人均产值 / 万元
上海	52 666 759	26 853 472	387 536	135.9
南京	12 845 307	6 402 301	96 899	132.6
苏州	64 208 796	36 044 895	1 125 009	57.1
无锡	13 673 779	12 006 700	164 293	83.2
常州	3 721 700	2 787 094	81 480	45.7
镇江	943 832	1 033 077	21 903	43.1
南通	2 300 810	1 373 152	40 641	56.6
扬州	1 140 855	712 895	29 492	38.7
泰州	781 542	414 562	14 289	54.7
杭州	6 653 225	4 950 988	72 658	91.6
宁波	6 613 170	4 302 567	103 109	64.1
嘉兴	1 197 496	1 240 135	50 507	23.7
台州	302 716	283 734	9 977	30.3
舟山	8 386	9 077	369	22.7
绍兴	563 159	469 556	13 013	43.3
湖州	212 976	221 924	7 960	26.8

资料来源：表中各市 2008 年经济普查年鉴

根据以上分析，长三角城市网络 ICT 制造业在总体规模和人均产值方面都存在不同的层次分级。综合以上两种分析结果，通过对 ICT 产业总产值和人均产值两个指标进行聚类分析，本书将长三角城市网络的城市划分四种类型（图 4-1 所示），其中上海在总体规模和人均产值两方面都处于高象限区，属于"高高"型城市；苏州在总体规模方面属于高象限区，而人均产值位于低象限区，属于"高低"型城市；南京、无锡、杭州在总体规模方面位于低象限区，而在人均产值方面位于高象限区，属于"低高"型城市；常州、镇江、南通、扬州、宁波、泰州、嘉兴、台州、湖州、绍兴、舟山在总体规模和人均产值方面都处于低象限区，属于"低低"型城市。

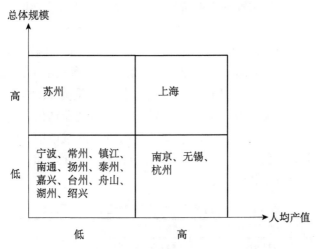

图 4-1　长三角城市网络 ICT 制造业总体格局

二、长三角城市网络 ICT 制造业的区位商分析

区位商是反映区域经济部门与外部区域相同经济部门之间的输入输出关系。若一个城市某一产业所占比例低于全国的平均比例，则需从外部输入产品或服务；反之则为外部区域提供某一产品或服务。当区位商大于 1 时，该部门存在输出现象，属于城市的基础经济活动；当区位商小于 1 时，该部门存在净输入现象，属于城市的非基础经济活动。区位商的大小可以反映某一地区要素的空间分布状况，反映某一产业部门的专业化程度，以及某一区域某一产业部门在高层次区域中的地位和作用等。

$$Q = \frac{d_i}{\sum_{i=1}^{n} d_i} \left/ \frac{D_i}{\sum_{i=1}^{n} D_i} \right. \tag{4-1}$$

式中，Q 为某一城市 i 产业部门对于高层次区域的区位商；d_i 为某一城市 i 产业部门的产值；D_i 为高层次区域 i 产业部门的产值；n 为某类产业部门的数量。

从长三角城市网络内部的区位商分析来看，苏州的 ICT 制造业区位商最高，达到了 2.2；上海和南京的 ICT 制造业区位商分别为 1.46 和 1.34；其他 13 个城市的 ICT 制造业区位商均低于 1。从区位商分析的结果可知，在长三角城市网络内部，苏州、上海、南京三个城市的 ICT 制造业在区域内占有重要地位。区位商分析虽然能在一定程度上显示各个城市的 ICT 制造业相对更高层次区域本产业的专业化程度，但未将城市该产业规模考虑在内，从 ICT 产业价值链的角度考虑，区位商也不能反映一个城市在该产业价值链中的地位。所以有必要从 ICT 制造业总量规模及占工业总产值的比重对长三角城市网络内部 ICT 制造业进一步进行分析。

在 ICT 制造业产值超过 1000 亿元的城市中，从 ICT 制造业占工业总产值的比重来看，苏州比重最高，达到 32.1%；其次为上海和南京，分别达到 21.0% 和 19.4%；无锡 ICT 制造业产值占工业总产值的比重为 12.2%；而 ICT 制造业产值超过 600 亿元的城市中，杭州和宁波的 ICT 制造业产值占工业总产值的比重分别达到 6.5% 和 7.7%；在 ICT 制造业规模较小的城市中，除常州的 ICT 制造业产值占工业总产值的比重达到 6.9% 之外，其他 9 个城市的 ICT 制造业产值占工业总产值的比重都较低（表 4-2）。

表 4-2　长三角城市网络 ICT 制造业区位商分析

城市	工业总产值 / 万元	ICT 制造业产值 / 万元	比重 /%	区位商
上海	251 211 939	52 666 759	21.0	1.455 554
南京	66 357 403	12 845 307	19.4	1.343 962
苏州	200 182 571	64 208 796	32.1	2.226 897
无锡	112 343 623	13 673 779	12.2	0.845 03
常州	53 832 897	3 721 700	6.9	0.479 983
镇江	28 898 585	943 832	3.3	0.226 751
南通	52 970 751	2 300 810	4.3	0.301 562
扬州	35 819 106	1 140 855	3.2	0.221 13
泰州	30 391 981	781 542	2.6	0.178 536
杭州	101 752 467	6 653 225	6.5	0.453 962
宁波	85 639 968	6 613 170	7.7	0.536 124
嘉兴	37 382 586	1 197 496	3.2	0.222 401
台州	28 776 593	302 716	1.1	0.073 034
舟山	6 718 654	8 386	0.1	0.008 666
绍兴	52 687 758	563 159	1.1	0.074 208
湖州	20 266 542	212 976	1.1	0.072 96

资料来源：表中各市 2008 年经济普查年鉴

三、长三角城市网络 ICT 制造业价值区段分布特征

在长三角城市网络内部，ICT 制造业价值链内部具有明显的分工特征，各城市承担着不同的价值制造环节。如表 4-3、表 4-4 所示，长三角城市网络 ICT 制造业规模最大的两个城市为苏州和上海，在 ICT 制造业中主要从事电子计算机制造环节，该环节分别占两个城市 ICT 总产值的 56.8% 和 49.8%；全球主要

电子计算机代工厂商（如广达、仁宝、纬创、华硕等）的主要生产基地都布局于长三角区域的上海、苏州等城市。除电子计算机制造外，苏州 ICT 制造业在电子元件制造和电子器件制造方面也比较突出，占其 ICT 总产值的比重分别达到23.8% 和 17.9%；苏州在电子计算机组装环节的优势带动了大量配套企业进驻，如康宁、日立、NEC、超威、南亚电子、沪莱电子、微盟电子等国际知名电子元器件厂商。上海 ICT 制造业除电子计算机制造业外，电子器件制造和通信设备制造实力也较强，占其 ICT 制造业总产值的比重分别达到 15.5% 和 12.4%。上海尤其在集成电路制造与封装领域占有重要地位，集聚了诸如中芯国际、上海贝岭、华宏NEC、先进半导体等全球知名半导体公司及其晶圆制造与封装工厂。无锡在 ICT 制造业价值链中主要承担电子元件和电子器件制造环节，两者分别占 ICT 制造业总产值的 43.1% 和 34.2%。南京在 ICT 制造业价值链中主要承担电子计算机制造环节，占其 ICT 总产值的比重达到 47.9%；在 ICT 制造业价值链其他环节，电子器件制造和通信设备制造所占比例也比较高，分别达到 15.5% 和 12.4%。由于数据缺失，这里对 ICT 产业规模较大的杭州所从事价值环节不做论述。

长三角城市网络中其他 ICT 制造业规模较小的城市中，嘉兴在 ICT 制造业中主要从事电子元件制造和通信设备制造环节，所占其 ICT 制造业产值比重分别达到 36.1% 和 21.6%。其他如常州、镇江、南通、扬州等，其 ICT 产业环节主要为电子元件和电子器件制造。常州主要的企业有新科数字、瑞声科技，扬州主要的电子元器件厂商为川奇光电，南通主要的电子元器件厂商为清华同方LED、南通富士通微电子等。

表 4-3　长三角城市网络 ICT 制造业价值区段分布（占比）　（单位：%）

城市	通信设备制造	广播电视设备制造	电子计算机制造	电子器件制造	电子元件制造	家用视听设备制造	其他电子设备制造
上海	12.4	0.3	56.8	15.5	9.4	5.1	0.6
南京	22.9	2.7	47.9	7.5	5.4	8.9	0.8
苏州	2.7	0.4	49.8	17.9	23.8	4.0	1.6
无锡	2.7	0.08	11.6	43.1	34.2	1.9	6.4
常州	4.6	0.7	2.0	48.0	26.7	17.4	0.3
镇江	3.2	0.3	9.8	48.3	33.3	2.7	2.6
南通	12.0	0.07	1.5	16.4	57.0	2.1	10.9
扬州	9.2	1.0	0.3	58.5	22.7	0.8	6.7
泰州	6.3	0.6	1.4	53.7	28.8	0.2	9.0
嘉兴	21.6	8.9	11.5	9.8	36.1	4.7	7.4

资料来源：表中各市 2008 年经济普查年鉴

表 4-4　长三角城市网络 ICT 制造业价值区段分布（产值）（单元：万元）

产业环节	上海	南京	苏州	无锡	扬州	嘉兴
ICT 制造业总值	52 666 759	12 845 307	64 208 796	14 444 925.9	1 140 855	1 197 496
通信设备制造	6 509 031	2 941 315	1 645 272	383 518	104 433	258 370
雷达及配套设备制造	2 711	498 513	0	8 653.3	10 801	0
广播电视设备制造	132 683	343 284	284 095	11 069.1	11 967	106 384
电子计算机制造	29 937 892	6 153 446	31 954 859	1 668 918.3	2 918	137 715
电子器件制造	8 156 506	964 791	11 490 575	6 229 130.7	667 008	117 843
电子元件制造	4 934 798	695 114	15 258 876	4 946 426.6	258 492	432 480
家用视听设备制造	2 688 921	1 142 097	2 565 949	278 867.4	9 024	56 204
其他电子设备制造	304 217	106 749	1 009 166	918 342.5	76 212	88 501

资料来源：表中各市 2008 年经济普查年鉴，无锡数据来自《无锡统计年鉴 2009》

四、长三角城市网络 ICT 产业的外向联系

长三角城市网络现已成为全球重要的 ICT 制造业基地，形成了较为完整的 ICT 产业区域价值链体系，是全球电子计算机、通信设备等 ICT 产品重要的产地及出口地；同时大量跨国公司在长三角城市网络内部建立分支机构，形成了跨国公司区域价值链，使得长三角城市网络与世界城市网络联系起来。

从长三角城市网络 ICT 企业的资本构成（表 4-5）来看，长三角城市网络已经深度融入跨国公司价值链所构成的世界城市网络之中；上海、苏州的 ICT 企业总体资本构成中，港澳台资本和外商资本所占比例之和分别达到 80.2% 和 91.7%；南京、杭州 ICT 企业的资本构成中，港澳台资本和外商资本比例之和分别达到 54.5% 和 46.5%；在其他 ICT 产业规模较小的城市中，除绍兴和湖州之外，常州、镇江、扬州、南通港澳台资本和外商资本比例之和都超过 50%，泰州也达到 45.4%。上海、苏州是 ICT 跨国企业在中国（不包含港澳台地区）的主要集聚地。例如上海市商务委员会的资料显示，截至 2013 年 6 月，外商在上海累计设立投资性公司 275 家，跨国公司地区总部 424 家、研发中心 359 家。世界 500 强跨国公司中的 ICT 企业（如惠普、阿尔卡特朗讯、德州仪器等）中国总部都位于上海，同时上海也汇聚了 ICT 跨国公司的全球或中国研发中心，如英特尔、思科等公司。苏州主要是 ICT 代工类跨国企业的生产基地，汇聚了如富士康、纬创、华硕等企业。

从产品出口方面（表 4-5）来看，在 ICT 产业规模较大的几个城市中，苏州、上海的 ICT 产品以出口为主，出口额占销售额的比重分别达到 82.3% 和 82.0%；南京、杭州和宁波的出口额占销售总额的比重分别为 56.1%、50.7% 和 78.5%。说

明上海、苏州和宁波 ICT 产品以终端产品为主，并以供应世界市场为主；而南京、杭州则是国内外市场并重，并为上海、苏州终端组装提供零部件。在 ICT 产业规模较小的几个城市中，除绍兴、嘉兴的出口额占销售额的比重超过 50% 外，常州、镇江、南通、扬州、泰州、台州等出口额占销售额的比重均较小，从其所从事的 ICT 价值链环节来看，可以说明其主要为上海、苏州等城市提供零部件配套。例如，南通富士通微电子有限公司的主要客户之一就是上海华虹集成电路有限责任公司，为对方代工半导体封装与测试业务。光宝科技（常州）股份有限公司是中国台湾主要生产光电元件及电子关键零组件的光宝集团的华东营运中心，主要为长三角计算机 OEM 厂商提供键盘、电源供应器等产品。

表 4-5　长三角城市网络 ICT 产业出口及资本比重

城市	出口		资本			
	出口额 / 万元	出口额占销售额比重 /%	实收资本 / 万元	港澳台资本比重 /%	外商资本比重 /%	合计 /%
上海	42 299 683	82.0	965.67	23.2	57.0	80.2
南京	6 922 797	56.1	1 652 315	8.9	45.6	54.5
苏州	51 989 401	82.3	11 972 320	25.5	66.2	91.7
常州	1 648 294	46.1	613 336	48.7	11.8	60.5
镇江	136 660	15.2	284 173	40.8	12.0	62.8
南通	729 532	32.3	277 280	30.1	24.7	54.8
扬州	502 371	44.9	340 366	17.4	37.2	54.6
泰州	285 215	38.8	103 729	31.5	13.9	45.4
杭州	3 371 892	50.7	1 311 391	25.3	21.2	46.5
宁波	5 009 011	78.5	—			
嘉兴	678 386	59.2	455 704	13.6	48.7	62.3
台州	137 182	45.7	—			
绍兴	353 569	63.8	71 990	22.0	0	22.0
湖州	—	—	1 344	8.2	0	8.2

资料来源：表中各市 2008 年经济普查年鉴

第四节　长三角城市网络价值生产的空间分异特征

　　价值的生产与分配一直是全球价值链研究的重要内容之一，但更注重价值链内部的价值增值过程研究，即参与全球价值链的企业利润的分配。正如上文所说，源于管理学视角的全球价值链理论将价值等同于企业利润，而地理学视角的全球价值链对价值生产的分析延续了将价值等同于企业利润的观点。在全球化时代，由跨国公司塑造的全球价值链的分散化生产空间布局，使得价值创造位于不同的空间节点，而在管理学科，全球价值链研究视角下仅关注企业利润的观点，使得现有研究将创造于不同区位的价值等同于企业总部所在地利润的多寡。这种现象不仅扭曲了价值生产的内涵，也掩盖了全球价值链价值空间生产的真实图景。本研究以马克思价值理论为基础，对全球价值链中的价值内涵进行修正，认为全球价值链价值增值过程是新价值的生产过程，新生产的价值在空间上不仅表现为企业利润，而且包含企业所在地政府的税收和企业所在地工人的工资，以及服务于工业企业的生产性服务业所创造的价值。

一、长三角城市网络 ICT 制造业的价值生产总体结构与构成

正如前文论述，全球价值链在空间上的价值生产包括企业利润、政府税收、工人工资及流转到生产性服务业中的新创造的价值。这里将企业利润、政府税收和工人工资定义为价值链直接价值生产，将流转到生产性服务业中的价值定义为间接价值生产，间接价值生产将在后文讨论。

长三角城市网络 13 个城市 ICT 制造业直接价值生产达到 1452.8 亿元，其中企业利润为 444.4 亿元，政府税收为 224.0 亿元，工人工资为 784.4 亿元；企业利润、政府税收、工人工资分别占 ICT 制造业直接价值生产的 30.6%、15.4% 和 54.0%（图 4-2）。

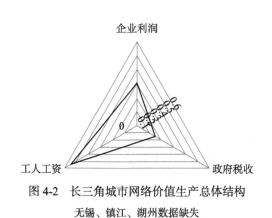

图 4-2　长三角城市网络价值生产总体结构

无锡、镇江、湖州数据缺失

在长三角城市网络内部，各个城市 ICT 制造业所创造的直接价值（图 4-3）中，利润、税收、工资所占比重差异较大：利润占 ICT 价值生产大于 30% 的城市有苏州、常州、南通、宁波和杭州，其中南通、宁波和杭州三个城市利润占价值总值的比重超过 40%，而上海 ICT 制造业利润仅占价值总额的 13.7%；在税收方面，税收占价值总额的比重超过 30% 的城市有南京、南通、泰州和舟山，其他城市税收占价值总额的比重为 10%～30%，其中苏州税收占价值总额的比重最低，仅为 12.2%；在工资方面，工资占 ICT 产业价值总额的比重基本为40%～70%，大于 70% 的城市有上海和舟山，小于 40% 的城市有常州、南通和杭州。

从以上的分析可知，长三角城市网络 ICT 产业的价值生产过程中捕获的主要价值类型依据价值量大小依次为工资、利润和税收。波特的竞争优势理论告诉我们一个国家或地区的竞争优势主要影响要素包括生产要素、需求要素、产业要素和竞争要素，以及一国或地区的机遇与政府的作用。在长三角 ICT 产业依旧为由外资主导以出口为导向的大背景下，长三角 ICT 产业整体的竞争优势主要来自生产要素投入，生产要素尤其是低成本的劳动力要素依然是长三角 ICT 产业的核心竞争优势。从 ICT 产业全球价值链的环节划分来看，长三角城市群主要从事大规模的低端环节生产制造及装配也证明这一点。但在长三角城市群内部，各个城市竞争优势有所不同，上海作为长三角城市的核心，成为 ICT 产业跨国公司总部及研发机构在长三角的主要集聚地，其核心竞争力来源于知识资源和资本资源，主要追求对长三角 ICT 产业的技术与资本控制；而苏州在长三角城市群中主要承担 ICT 产业的制造与装配环节，其核心竞争力主要来源于大规模劳动力的投入。

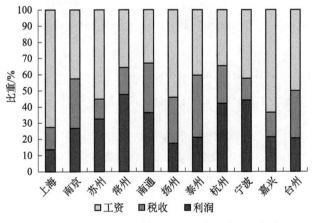

图 4-3　长三角城市网络内部各城市价值生产构成

二、长三角城市网络 ICT 产业直接价值生产的空间结构

长三角城市网络 ICT 制造业创造的直接价值具有明显的空间分异。在长三角 13 个城市中，苏州 ICT 制造业创造的直接价值达到 827.9 亿元，在长三角城市网络中一枝独秀；上海居于次位，ICT 制造业创造的直接价值为 232.7 亿元；居于第三层次的城市为南京、常州、杭州和宁波，其 ICT 制造业创造的直接价值分别为 86.3 亿元、64.9 亿元、92.4 亿元和 56.2 亿元；而南通、扬州和嘉兴三市 ICT 制造业创造的价值分别为 40.4 亿元、16.2 亿元和 20.4 亿元，居于第四个层次；泰州、泰州、绍兴和舟山 ICT 产业创造的直接价值较小，除泰州达到 10.9 亿元外，其他三市均小于 10 亿元（图 4-4）。

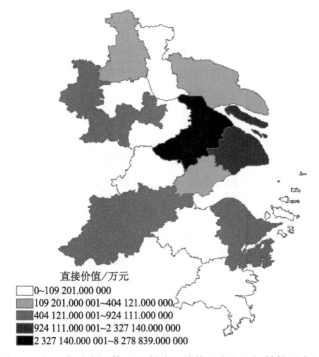

直接价值/万元
- 0~109 201.000 000
- 109 201.000 001~404 121.000 000
- 404 121.000 001~924 111.000 000
- 924 111.000 001~2 327 140.000 000
- 2 327 140.000 001~8 278 839.000 000

图 4-4   长三角城市网络 ICT 制造业价值生产的空间结构示意图

无锡、镇江、湖州数据缺失

三、长三角城市网络 ICT 产业利润空间分析

长三角城市网络 ICT 制造业所创造的利润具有明显的空间分异。如图 4-5 所示，在长三角 12 个城市当中，苏州 ICT 制造业的利润最高，而且是长三角城市网络 ICT 制造业企业利润唯一超过百亿元的城市，达到 269.7 亿元；上海、常州、杭州居于第二层次，ICT 制造业利润分别为 31.9 亿元、30.9 亿元和 38.9 亿元，与苏州相比差距较大；而南京、南通和宁波居于第三层次，ICT 制造业利润分别为 23.1 亿元、14.7 亿元和 24.9 亿元；其他城市 ICT 制造业利润均小于 10 亿元，其中舟山 ICT 制造业利润为 -57 万元，说明舟山 ICT 制造业整体处于亏损状态。舟山 ICT 产业规模很小，基本为中小企业，规模以上企业仅有 7 家，其中 6 家企业处于亏损状态。大型跨国 ICT 企业很少在舟山设立分支机构，与长三角 ICT 产业价值链的联系不够紧密应是舟山 ICT 企业竞争力低下的主要原因。

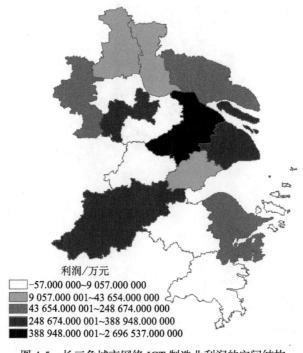

利润/万元
- ☐ -57.000 000~9 057.000 000
- 9 057.000 001~43 654.000 000
- 43 654.000 001~248 674.000 000
- 248 674.000 001~388 948.000 000
- 388 948.000 001~2 696 537.000 000

图 4-5　长三角城市网络 ICT 制造业利润的空间结构

无锡、镇江、绍兴、湖州数据缺失

四、长三角城市网络 ICT 产业税收空间分析

　　税收作为 ICT 制造业所创造的新价值的一种存在形式，在长三角城市网络中具有明显的空间分异。以税收形式表现的价值主要包括企业增值税和企业所得税两种，其他税种所占比例较小。如图 4-6 所示，在长三角城市网络 12 个城市中苏州 ICT 制造业新创造的税收价值依然占据第一的位置，税收价值达到 100.8 亿元；上海、南京、杭州次之，税收价值分别为 31.7 亿元、26.4 亿元和 21.4 亿元；处于第三档的城市有常州和南通，ICT 制造业税收分别为 10.9 亿元和 12.2 亿元；其他城市 ICT 制造业税收均小于 10 亿元，其中泰州、扬州、嘉兴、宁波的税收价值为 4 亿～8 亿元，台州和舟山则小于 2 亿元。税收主要的构成为主营业务税金及附加、企业所得税、企业增值税等，其中企业所得税和企业增值税为主要部分，企业增值税主要和企业增加值有关，企业所得税主要和企业利润总额有关。可见，税收价值的大小主要和区域 ICT 产业的增加值大小和企业盈利能力大小有关。

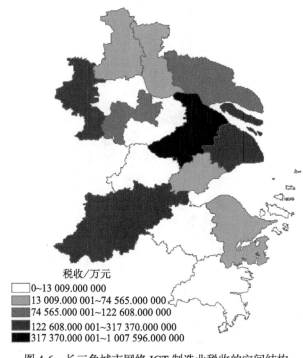

税收/万元
- 0~13 009.000 000
- 13 009.000 001~74 565.000 000
- 74 565.000 001~122 608.000 000
- 122 608.000 001~317 370.000 000
- 317 370.000 001~1 007 596.000 000

图 4-6　长三角城市网络 ICT 制造业税收的空间结构

无锡、镇江、绍兴、湖州数据缺失

五、长三角城市网络 ICT 产业工资空间分析

工资是价值创造的一种重要的表现形式，在新创造的价值中占据大部分比例。但在城市网络，由于各城市所创造的新价值总量及工资所占比例各不相同，所以工资在城市网络中的分布也具有空间不均衡性。如图 4-7 所示，苏州 ICT 制造业工资总额在长三角城市网络中处于首位，达到 457.5 亿元；上海次之，工资总额为 169.1 亿元；南京、杭州、宁波位于第三层次，工资总额分别为 36.8 亿元、32.1 亿元和 23.9 亿元；南通、扬州、嘉兴 ICT 制造业工资总额依次为 13.4 亿元、8.8 亿元和 12.9 亿元；泰州、绍兴、台州和舟山 ICT 制造业工资总额均小于 5 亿元，处于长三角城市网络的最底层。ICT 制造业工资总额在长三角城市网络的空间分异主要取决于从业人员总量的大小，但从平均工资来看，苏州 ICT 制造业从业人员年平均工资为 4.06 万元，而上海 ICT 制造业从业人员年平均工资为 4.36 万元，两者差距不大，说明上海 ICT 从业人员仍旧有大部分从事价值链低端的加工制造与装配环节工作，这也与跨国公司在上海仍旧布局大量低端生产与装配的价值环节相吻合。

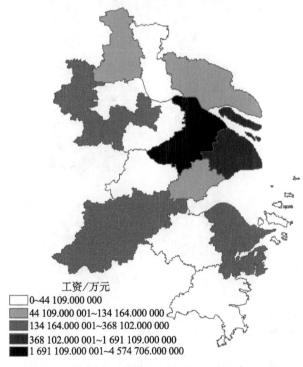

工资/万元
- 0~44 109.000 000
- 44 109.000 001~134 164.000 000
- 134 164.000 001~368 102.000 000
- 368 102.000 001~1 691 109.000 000
- 1 691 109.000 001~4 574 706.000 000

图 4-7　长三角城市网络 ICT 制造业工资的空间结构

无锡、镇江、湖州数据缺失

六、长三角城市网络 ICT 产业间接价值空间分析

作为制造业价值链的延伸，服务于制造业的生产性服务业所创造的价值成为制造业价值链价值增值的一个重要环节。本书将服务于制造业价值链的生产性服务业创造的价值定义为价值链的间接价值，主要包括支持制造业企业运营的金融、会计、法律等生产性服务业产生的价值，由于没有一个详细的统计指标，本书利用工业企业会计利润表中的营业费用、管理费用、财务费用合计来代替间接价值。如图 4-8 所示，ICT 制造业创造的间接价值在长三角城市网络中的分布具有明显的空间差异。上海、苏州 ICT 制造业创造的间接价值在长三角城市网络中处于领先地位，分别达到 327.2 亿元和 229.6 亿元；南京、无锡和杭州 ICT 制造业创造的间接价值在长三角城市网络中处于第二层次，间接价值总量分别为 62.4 亿元、99.8 亿元和 71.7 亿元；常州、宁波 ICT 制造业创造的间接价值，处于长三角城市网络的第三层次；分别为 25.8 亿元和 36.1 亿元，镇江、南通、扬州和嘉兴 ICT 制造业创造的间接价值处于长三角城市网络的第四层次，

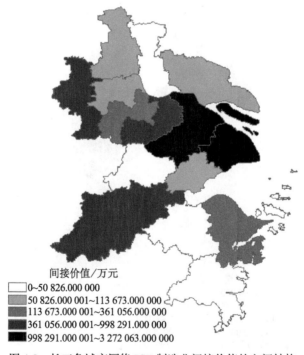

间接价值/万元

☐ 0~50 826.000 000
50 826.000 001~113 673.000 000
113 673.000 001~361 056.000 000
361 056.000 001~998 291.000 000
■ 998 291.000 001~3 272 063.000 000

图 4-8　长三角城市网络 ICT 制造业间接价值的空间结构

绍兴、湖州数据缺失

分别为 7.3 亿元、11.4 亿元、7.4 亿元和 11.4 亿元；泰州、台州和舟山 ICT 制造业创造的间接价值处于长三角城市网络的底层，均小于 6 亿元。

长三角城市网络 ICT 产业的价值生产的类型及空间分析汇总见表 4-6。

表 4-6　长三角城市网络 ICT 产业的价值生产的类型及空间分析　（单位：万元）

城市	直接价值	利润	税收	利税	工资	其他价值（三费合计）
上海	2 327 140	318 661	317 370	636 031	1 691 109	3 272 063
南京	863 089	231 019	263 968	494 987	368 102	623 995
苏州	8 278 839	2 696 537	1 007 596	3 704 133	4 574 706	2 295 752
无锡	—	—	—	900 570	—	998 291
常州	649 150	309 259	107 824	417 083	232 067	258 335
镇江	—	—	—	94 405	—	73 253
南通	404 121	147 349	122 608	269 957	134 164	113 591
扬州	161 732	28 189	45 927	74 116	87 616	74 039
泰州	109 201	23 174	41 918	65 092	44 109	50 826
杭州	924 111	388 948	214 095	603 043	321 068	716 535
宁波	562 327	248 674	74 565	323 239	239 088	361 056
嘉兴	204 154	43 654	31 071	74 725	129 429	113 673
台州	44 183	9 057	13 009	22 066	22 117	27 283
舟山	723	−57	232	175	548	763
绍兴	58 630	—	—	26 851	31 779	—
湖州	—	—	—	19 104	—	—

生产性服务业是制造业价值链的延伸，制造业企业中的营业费用、管理费用、财务费用主要流向服务业企业，如广告、法律、银行等。从以上的分析可以看出，上海在 ICT 产业直接价值生产远远落后于苏州的情况下，创造的间接价值却高于苏州近 100 亿元，一方面是因为 ICT 制造业跨国公司将主要运营、研发及服务分支机构设于上海，产生了较大的营业费用、管理费用、财务费用；另一方面也正好说明上海的生产性服务业向长三角区域其他城市提供生产者服务功能，整个长三角 ICT 制造业的间接价值流向上海。本书第六章有关上海会计、法律、金融服务业企业与长三角 ICT 产业的联系也印证了本章的论述。

第五节　长三角城市网络 ICT 产业价值生产的空间分异机制

前文主要对长三角城市网络 ICT 制造业价值生产的空间分异特点进行了描述性的分析，发现利润、税收、工资三种类型的直接价值生产及间接价值生产在长三角城市网络内部存在明显的空间不均衡分布特征。对于价值生产空间分异这种现象产生的内在机制，本节运用 Kaplinsky 和 Morris（2001）提出的价值链租金理论予以解释。

一、经济技术租

假设：经济技术租反映一个区域产业价值链所具有的技术控制能力，样本城市所具有的经济技术租金能力越强，便可获得越多的价值量。

本节选取城市 ICT 产业专利申请量作为经济技术租的主要指标。一般来讲，专利申请量可以反映一个城市 ICT 产业价值链的技术发展水平，专利申请量越高，说明该城市 ICT 产业技术发展水平和科技含量越高，继而可俘获较多的价值量。

微笑曲线理论认为在价值链体系中，研发环节捕获了较高的价值量。长三角城市网络专利产出的区域差异表现了各个城市价值链研发环节的强弱。如图 4-9 所示，在长三角城市群 13 个城市（无锡、湖州和舟山数据缺失）中，按专利申请量的大小可分为五个层次；专利申请量最大的为上海和苏州，分别达到 1354 件和 1407 件；第二层次为杭州，专利申请量达到 683 件；第三层次为南京、常州和镇江，专利申请量分别为 471 件、358 件和 312 件；第四层次为扬州、泰州、嘉兴、宁波和台州，其中宁波和嘉兴专利申请分别为 109 件和 125 件，扬州和泰州台州分别为 67 件和 50 件，台州为 46 件；第五层次为南通和绍兴，专利申请量分别为 31 件和 17 件。

通过回归分析（表 4-7），发现专利申请量与价值总量、利润、税收和工资总额都呈正相关，P 值也都小于 0.05，说明方程在 95% 的置信区间是可信的。这说明专利申请量的大小对于价值生产具有明显的促进作用，专利申请量越大则价值生产量越大。

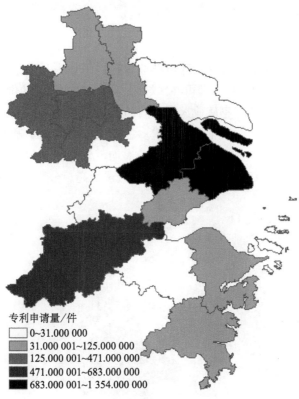

专利申请量/件

☐ 0~31.000 000
▨ 31.000 001~125.000 000
▨ 125.000 001~471.000 000
▨ 471.000 001~683.000 000
■ 683.000 001~1 354.000 000

图 4-9　长三角城市网络专利申请量空间分异

无锡、湖州和舟山数据缺失

表 4-7　因变量与专利的一元回归结果

因变量	价值总量	利润	税收	工资总额
R	0.696	0.591	0.735	0.733
R^2	0.485	0.349	0.540	0.537
调整后 R^2	0.433	0.284	0.494	0.490
非标准化系数	3 592.416	981.698	2 156.620	454.098
估计标准差	1 743 074.36	630 947.91	935 999.91	198 526.16
样本数	12	12	12	12
F 值	9.40	5.36	11.75	11.580
P 值	0.012	0.043	0.006	0.007

注：无锡、镇江、湖州、绍兴专利申请量缺失

二、人力资源租

假设：人力资源租反映一个区域产业价值链从业人员的素质，样本城市所具有的人力资源租能力越强，即可在区域价值链中获取较高的价值量。

本书选取城市 ICT 产业从业人员中科技活动人员数量作为人力资源租的重要指标。企业大中专学历从业人员数量多，说明该城市 ICT 产业劳动力整体素质较高，从事附加值较大的价值链环节，人均可创造更高的价值量。从图 4-10 可知，上海与苏州的 ICT 产业科技活动人员数量最高，分别为 21 687 人和 37 199

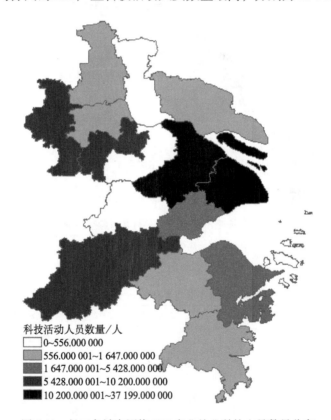

科技活动人员数量/人
- 0~556.000 000
- 556.000 001~1 647.000 000
- 1 647.000 001~5 428.000 000
- 5 428.000 001~10 200.000 000
- 10 200.000 001~37 199.000 000

图 4-10   长三角城市网络 ICT 产业从业科技人员数量分布
无锡、湖州和舟山数据缺失

人；南京、常州和杭州科技活动人员数量也较大，分别达到 8819 人、7580 人和 10 200 人；嘉兴和宁波的科技活动人员分别为 3564 人和 5428 人；镇江、扬州、南通、绍兴和台州的科技活动人员数量都 2000 人；泰州的科技活动人员数量最少，仅为 556 人。

通过回归分析，科技活动人员数量与价值总量、利润、税收和工资总额都呈正相关，P 值也都小于 0.05，说明方程在 95% 的置信区间是可信的（表 4-8）。这说明科技活动人员数量的大小对价值生产具有明显的促进作用，专利申请量越大则价值生产量越大（表 4-8）。

表 4-8　因变量与科技人员数量的一元回归结果

因变量	价值总量	利润	税收	工资总额
R	0.948	0.895	0.959	0.952
R^2	0.899	0.802	0.920	0.907
调整后 R^2	0.889	0.782	0.912	0.897
非标准化系数	199.36	60.64	114.67	24.05
估计标准差	771 790.23	348 051.73	390 293.21	89 079.92
样本数	12	12	121	12
F 值	88.96	40.47	115.09	97.18
P 值	0.000	0.000	0.000	0.000

注：无锡、镇江、湖州、绍兴专利申请量缺失

三、组织－机构经济租

假设：组织机构经济租反映一个区域价值链环节的运行效率，完善的生产计划、合理的库存及精准的实时监测、持续的改进计划及措施，可确保价值链内企业平稳高效运营，创造更多的价值量。

本书选取样本城市 ICT 产业外资及港澳台资本总量作为组织机构租的主要指标。一般来讲，外资及港澳台资企业具有完善的管理制度和先进的管理经验，可以有效降低区域价值链的生产成本，提高区域价值链的整体价值产出能力。区域价值链的外资及港澳台资本总量越大，说明该区域的价值链的价值产出能力越强。

长三角城市网络是中国主要的 ICT 产业集聚区，也是 ICT 跨国公司的主要投资区域。但在长三角城市网络内部，ICT 产业的港澳台资及外资的资本总量具有明显的空间分异特征。如图 4-11 所示，上海和苏州两市的 ICT 产业港澳台资及外资总量最高，分别达到 774.4 亿元和 1097.6 亿元；南京和杭州的 ICT 产业港澳台资及外资总量为 90.0 亿元和 60.9 亿元，处于长三角城市网络的第二层次；常州和嘉兴的港澳台资及外资总量分别为 37.1 亿元和 28.4

亿元，处于长三角城市网络的第三层次；镇江、扬州、南通的 ICT 产业港澳台资及外资总量分别为 15.0 亿元、18.6 亿元和 15.2 亿元，在长三角城市网络中处于第四层次；泰州、泰州和舟山的 ICT 产业港澳台资及外资总量均小于 5 亿元，其中舟山的港澳台资及外资总量仅为 110 万元，处于长三角城市网络的最底层。

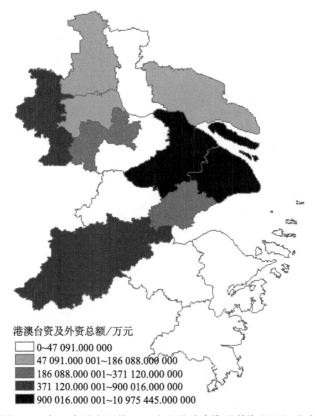

港澳台资及外资总额/万元

□ 0~47 091.000 000
▨ 47 091.000 001~186 088.000 000
▨ 186 088.000 001~371 120.000 000
▨ 371 120.000 001~900 016.000 000
■ 900 016.000 001~10 975 445.000 000

图 4-11　长三角城市网络 ICT 产业港澳台资及外资的空间分布

无锡、宁波、绍兴、湖州数据缺失

通过回归分析（表 4-9），港澳台资及外资的资本总量与价值总量、利润、税收和工资总额都呈正相关，P 值也都小于 0.05，说明方程在 95% 的置信区间是可信的（表 4-9）。港澳台资及外资的资本总量越大对价值生产的促进作用越明显，港澳台资及外资的资本总量越大则价值生产量越大。在 ICT 产业全球价值链分工体系中，港澳台资及外资的资本是长三角城市网络 ICT 产业与 ICT 产业全球价值链连接的桥梁，促进长三角城市网络 ICT 产业与 ICT 产业全球价值链的融合。

表 4-9 因变量与 ICT 产业外资及港澳台资本的一元回归结果

因变量	价值总量	利润	税收	工资总额
R	0.922	0.838	0.956	0.901
R^2	0.849	0.702	0.915	0.811
调整后 R^2	0.832	0.669	0.905	0.790
非标准化系数	0.594	0.174	0.350	0.069
估计标准差	989 907.33	449 164.80	422 709.36	132 529.09
样本数	11	11	11	11
F 值	50.69	21.22	96.59	38.64
P 值	0.000	0.001	0.000	0.000

注：无锡、镇江、宁波、湖州、绍兴专利申请量缺失

四、关系经济租

假设：关系经济租反映的是价值链内多个企业之间相连的关系，包括将中小型与大型组装厂接连起来的供应链管理技术、战略联盟的建构及特定区域集聚的 OEM 企业群所展现出来的集体效率。某区域的关系经济租越强，则该区域价值链所从事环节可创造更多的价值量。

本书选取样本城市 ICT 产业工业总产值作为关系经济租的主要指标。某一区域 ICT 工业总产值越大，说明该产业集聚越明显，区域内企业可共享较为完善的配套设施，降低生产成本；主要供应商及中小企业就近为领导企业或 OEM 厂商提供零部件。ICT 产值越大，则该区域 ICT 产业的价值产出能力越强。

上文已对长三角城市网络的 ICT 工业总产值的空间分异进行了具体分析，在长三角城市网络内部 ICT 工业总产值从高到低的顺序依次为苏州、上海、南京、无锡、杭州、宁波、常州、南通、扬州、嘉兴、镇江、泰州、绍兴、台州、湖州和舟山。通过回归分析，ICT 工业总产值与价值总量、利润、税收和工资总额都呈正相关，P 值也都小于 0.01，说明方程在 99% 的置信区间是可信的（表 4-10）。说明 ICT 工业总产值对价值生产具有明显的促进作用，ICT 工业总产值越大则价值生产量越大。ICT 工业总产值越大，城市内部该产业企业网络越密集，企业之间协作网络及集聚经济所产生的规模效应可以降低生产成本，提高生产效率。同时，企业集聚所产生的知识溢出作用可推动城市该产业的整体技术水平，进而提高城市内部该产业的价值产出能力。

表 4-10 因变量与 ICT 工业总产值的一元回归结果

因变量	价值总量	利润	税收	工资总额
R	0.890	0.795	0.928	0.885
R^2	0.792	0.632	0.861	0.784
调整后 R^2	0.771	0.595	0.847	0.762
非标准化系数	0.094	0.027	0.056	0.011
估计标准差	1 107 237.51	474 185.22	514 776.59	135 657.20
样本数	12	12	12	12
F 值	38.08	17.19	61.90	36.21
P 值	0.000	0.002	0.000	0.000

注：无锡、镇江、湖州、绍兴专利申请量缺失

五、自然资源租

假设：自然资源租反映某一区域具有某一产业发展所需的稀缺自然资源的多寡程度，如果该区域这一稀缺资源较多，该区域也就具有发展这一产业的绝对优势，则可获得较强的自然资源租，创造更多的价值。本书选取 ICT 从业人员数量作为自然资源租的主要指标。ICT 制造业在生产过程中对矿产等自然资源的依赖程度较低，而对廉价劳动力的依赖较高，是跨国公司尤其是从事制造环节的 OEM 厂商选择投资区位的重要条件。熟练的劳动力供给能力越强，则该区域的价值产出能力越强。

在图 4-12 中，在长三角城市网络中，ICT 制造业从业人员数量最大的为苏州，总人数达到 112.5 万人。其次为上海，ICT 制造业从业人员数量为 38.6 万人；无锡的 ICT 制造业从业人员数量为 16.4 万人；南京、常州、杭州宁波的 ICT 制造业从业人员数量为 7 万～11 万人，而其他城市的 ICT 制造业从业人员数量均小于 6 万人。

通过回归分析，ICT 产业从业人员数量与价值总量、利润、税收和工资总额都呈正相关，P 值也都小于 0.01，说明方程在 99% 的置信区间是可信的（表 4-11）。这说明 ICT 产业从业人员数量越大，熟练劳动力的供给也就越充裕，有利于提高 ICT 产业价值生产的总量。

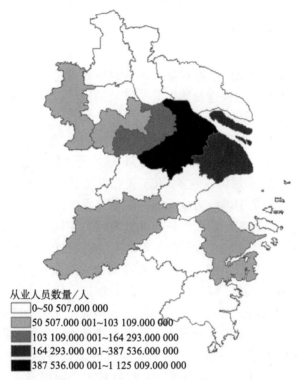

图 4-12　长三角城市网络 ICT 制造业从业人员分布

资料来源：各城市 2008 年经济普查年鉴

表 4-11　因变量与 ICT 产业从业人员数量的一元回归结果

因变量	价值总量	利润	税收	工资总额
R	0.996	0.966	0.999	0.972
R^2	0.991	0.933	0.997	0.945
调整后 R^2	0.990	0.926	0.997	0.940
非标准化系数	7.23	2.26	4.12	0.849
估计标准差	225 941.01	202 392.73	71 895.76	68 155.67
样本数	12	12	12	12
F 值	1 144.68	139.25	3 676.34	173.1
P 值	0.000	0.000	0.000	0.000

注：无锡、镇江、湖州、绍兴专利申请量缺失

六、经济政策租

假设：经济政策租反映政府对某一产业发展的支持力度，有效的政府政策和激励措施有助于产业的快速发展。某一区域的经济政策租越强，则该区域价值链可创造更多的价值量。

本书选取某一地区国家级高新技术开发区和国家级经济技术开发区作为经济政策租的主要指标。国家级高新技术及经济技术开发区数量越多，说明政府对ICT产业的政策支持及激励措施越多，ICT企业可以创造和捕获更多的价值量。

长三角城市网络是中国最为重要的ICT制造业生产基地，区域内形成了以国家级高新技术开发区或国家级经济技术开发区为空间载体的各具特色的ICT产业集群（表4-12）。譬如，上海形成了以张江高新技术产业开发区、漕河泾新兴技术开发区、金桥出口加工区、紫竹高新技术产业开发区等为平台的ICT产业发展空间载体，形成了以集成电路设计与制造、笔记本电脑制造、通信设备制造等ICT产业集群，尤其是集成电路产业形成了完善的产业链。苏州依托苏州工业园区、苏州高新技术开发区、昆山经济技术开发区、昆山高新技术产业开发区等国家级开发区形成了电子计算机及外设设备制造、通信设备制造、电子元器件、LCD/LED显示器等较为完整的ICT产业集群。南京则依托南京经济技术开发区和南京高新技术产业开发区等形成了移动通信设备、平板显示器等研发与制造产业集群。杭州依托杭州经济技术开发区和高新技术产业开发区等形成了移动通信及相关设备制造与研发产业集群。其他城市也依托各自的国家级开发区形成了各具特色的中间产品产业集群，如无锡形成了以线路板（PCB）为主的电子元器件产业，宁波和绍兴形成了以封装测试为主的集成电路产业集群等。

表4-12　长三角地区主要国家级高新（经济）技术开发区

城市	开发区	主导产业	代表公司
上海	上海张江高新技术产业开发区	集成电路、光电子产业	AMD、VIA、Nvidia、展讯、华虹、IBM、SAP、天马、宇体等
	漕河泾新兴技术开发区	计算机、集成电路、光电子及通信设备、电子元件	英业达、先进半导体、意法半导体、思科系统、飞利浦电子、诺基亚西门子通信传输、贝尔企业通信
	金桥出口加工区	电子信息、光机电	夏普、东芝、上华虹NEC
	紫竹高新技术产业开发区	集成电路与软件	英特尔、微软等

城市	开发区	主导产业	代表公司
南京	南京经济技术开发区	光电显示产业及科技服务业（研发）	中电熊猫、乐金显示、LG 新港、夏普电子
	南京江宁开发区	平板显示、移动通信等	爱立信、西门子、统宝光电、华宝通讯等
	南京高新技术产业开发区	软件、卫星导航	国电南自、国电南瑞、焦点科技、长峰航天、迅雷科技、江苏普华、东大集成等
苏州	昆山经济技术开发区	笔记本电脑、液晶面板	三星、康佳、友达光电、仁宝等
	苏州工业园区	集成电路、液晶面板、计算机及外设、通信设备制造等	三星、超威、日立、和舰、志合、方正等
	吴江经济技术开发区	网络通信设备、激光打印机、背光模组、电源供应器等	日立、NEC、康宁等
	苏州高新技术开发区	电子信息	冠捷、名硕、统硕、光联等
	昆山高新技术产业开发区	通信、新型电子元器件	富士康、和霖、凌达、研华、维信诺等
无锡	无锡高新技术产业开发区	微电子	美新半导体、中兴光电
	江阴高新技术产业开发区	微电子、光电子	长电科技、法尔胜光子
	锡山经济技术开发区	电子元器件: 线路板(PCB)	清华同方、健鼎电子、联茂电子、高德电子等
常州	武进高新技术产业开发区	现代家电及数字终端、新型电子元器件	新科数字、瑞声科技
镇江	镇江经济技术开发区	电子与通信原器件	—
南通	南通经济技术开发区	光电子	清华同方 LED 等
扬州	扬州经济技术开发区	LED、TFT—LCD	川奇光电
杭州	萧山经济技术开发区	电子及通信设备制造业	爱立信乐荣
	杭州经济技术开发区	电子信息	西门子、LG、松下、东芝、富士康、摩托罗拉、东信移动电话等
	杭州高新技术产业开发区	软件和服务外包、电子商务、通信设备制造、集成电路设计和数字电视等	阿里巴巴、东方通信、中兴、国芯等
宁波	宁波高新技术产业开发区	分立器件、LED 芯片制造和封装等	赛尔富、升谱、巨越、龙鼎等
绍兴	绍兴高新技术产业开发区	光电子、集成电路设计封装测试	光大芯业、芯谷科技、宏邦电子、京东方等

资料来源：表中各开发区网站

　　国家级开发区作为城市政府发展 ICT 产业的主要空间载体和政策工具，主要通过税收、土地和人才等优惠政策吸引相关企业入驻。例如，昆山经济技术开发区内外商投资的生产性企业，给予企业所得税两免三减半的优惠政策，即其中经营期在 10 年（含 10 年）以上的，从获利年度起，前两年免征，后 3 年减半征收。对于产品出口型企业，按规定减免所得税期满后，按 10% 税率征收。对于先进技术企业按规定减免所得税期满后仍可延长 3 年减半期，而且减半后税率按 10% 征收。而且对于经营满五年的外资出口型企业或高新技术企业，还可以享受企业所得税减免等优惠政策。同时，外资企业或合资企业的外资所获利润在汇回母公司时也可享受所得税减免的优惠政策。[①] 通过对长三角城市网络各城市 ICT 产业企业所得税的总体税率计算，发现在 ICT 产业总体规模较大的几个城市中，上海市的 ICT 产业企业所得税总体税率最高，达到 29.1%；南京和杭州的 ICT 企业所得税总体税率分别为 17.4% 和 14.0%；而苏州的 ICT 产业企业所得税总体税率仅为 8.6%（图 4-13）。可见，低税率是苏州开发区吸引 ICT 产业投资的主要政策手段。

　　通过对长三角城市网络各城市以 ICT 为主导产业的国家级开发区数量与价值总量、利润、税收和工资总额的一元回归发现，国家级开发区数量与价值总量、利润、税收和工资总额都呈正相关，P 值也都小于 0.05，说明方程在 95% 的置信区间是可信的（表 4-13）。说明以 ICT 为主导产业的国家级开发区数量越大，该城市对 ICT 产业发展的优惠政策和支持力度越大，对 ICT 产业价值生产具有明显的促进作用。

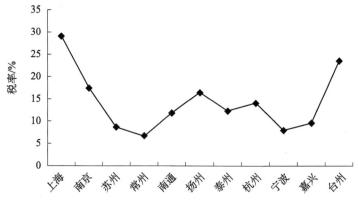

图 4-13　长三角城市网络 ICT 产业所得税税率[②]

资料来源：通过各城市 2008 年经济普查年鉴数据计算所得

① 资料来自中国经济网，《昆山经济技术开发区优惠政策》。

② 本书采用的所得税税率计算公式为所得税税率＝应交所得税／利润总额。

表 4-13   因变量与国家级开发区数量的一元回归结果

因变量	价值总量	利润	税收	工资总额
R	0.740	0.659	0.761	0.789
R^2	0.547	0.435	0.580	0.622
调整后 R^2	0.502	0.378	0.538	0.584
非标准化系数	1 021 685.76	293 143.24	597 732.81	0.011
估计标准差	1 633 210.20	587 975.52	894 912.37	130 809.70
样本数	12	12	12	12
F 值	12.10	7.68	13.79	16.46
P 值	0.006	0.020	0.004	0.002

注：无锡、镇江、湖州、绍兴专利申请量缺失

七、其他租金：营销 - 品牌经济租、基础设施租、金融租

本书以营业费用（广告费）代表营销品牌租、以有无国际机场代表基础设施租、以年末贷款储蓄余额代表金融租，分别以前三者为自变量以价值总额、利润、税收、工资作为因变量进行回归，结果发现回归结果不显著。说明在城市区域尺度下的城市网络价值生产不适合这三种经济租的分析框架。在长三角城市网络内部，以价值链分工为主导的价值生产空间具有复杂的网络体系，同一公司在不同城市布局公司价值链的不同环节，如上海主要承接 ICT 制造业跨国公司的地区总部及研发环节，苏州、无锡等城市主要承接 ICT 跨国公司的制造与装配环节等，跨国公司利用不同城市的竞争优势以获取最大的利益。长三角内良好的基础设施体系，如高速公路、铁路、机场等基础设施系统将区域内跨国公司不同价值链环节高效联系起来，而上海可以为整个长三角其他城市提供高质量的金融、广告、法律、航运等生产性服务业务。

第六节　本章小结

本章从价值生产与分配的表现形式入手，建立企业利润、工人工资、政府税收三位一体的价值增值表述模式，对长三角城市网络的价值生产与分配的空间结构进行定量分析，并运用租金理论对价值生产空间分异过程进行研究。

在长三角城市网络的整体价值分配中，工人工资是价值的主要表现形式，占据价值总量的 54.0%；其次为企业利润，占据价值总量的 30.6%；税收占据总价值的比例最小，仅为 15.4%。长三角城市网络内部，各个城市 ICT 制造业所创造的价值中利润、税收、工资所占比例差异较大；利润占 ICT 价值总量的比例大于 30% 的城市有苏州、常州、南通、宁波和杭州，而上海 ICT 制造业利润仅占价值总量的 13.7%；在税收方面，税收占价值总量的比例超过 30% 的城市有南京、南通、泰州和舟山，苏州税收占价值总量的比例最低，仅为 12.2%。在工资方面，工资占 ICT 产业价值总量比例基本为 40% ～ 70%，大于 70% 的城市有上海和舟山，小于 40% 的城市有常州、南通和杭州。

在长三角城市网络中，苏州 ICT 制造业创造的价值最高；上海居于次位，其他依次为杭州、南京、常州、宁波、南通、嘉兴、扬州等，其他城市的价值生产量均较小。在利润、税收和工资三种价值形式的空间分布上，苏州都位居长三角城市网络的首位，上海在税收和工资方面位居长三角城市网络的次席，在利润方面位居第三。其他城市在利润、税收和工资三种价值形式的空间分布上与价值总量比较相似。

对于长三角城市网络 ICT 产业的价值生产的空间分异，本章以租金理论为依据进行分析，发现价值总量、企业利润、政府税收及工人工资与专利申请量代表的技术租金、以科技人员活动总量代表的人力资源租金、以港澳台资及外资总量代表的组织机构租金、以工业生产总值代表的关系租金、以 ICT 从业人员总量代表的自然资源租金、以国家级开发区数量代表的政策租金对城市网络内部各个城市的 ICT 产业的价值生产具有促进作用。

从长三角城市网络 ICT 产业在全球价值链所处的地位来看，长三角区域获取的主要价值为工资，说明其整体主要承接 ICT 制造业全球价值链的低端生产与装配环节，核心竞争力主要为低成本的劳动力。跨国公司在这一区域主要寻求低成本的劳动力以降低生产成本，进而在全球市场获取较高的利润。随着中国市场的不断壮大，大量跨国公司也将高端的研发与区域管理职能部门布局于上海，上海的 ICT 制造产业向高端的研发、核心零部件制造（如半导体）转向，苏州、无锡则主要承接跨国公司的低端制造与装配环节价值链转移，南京、杭州则在低端研发及生产制造领域占有一定地位，其他城市则主要从事最为低端的零部件制造环节。长三角城市网络内部基本形成了以价值链分工为主导的城市间经济联系。

第五章

演化经济地理学视角下的产业空间演化
及其影响因素分析

　　本章以演化经济地理学理论为分析框架，从演化视角探讨产业空间的演化机制及其影响因素，并以中国汽车工业为例进行实证分析。研究发现，改革开放前，政府的汽车产业政策对中国汽车工业空间布局具有决定性的影响；但是在改革开放以后，虽然中国汽车工业空间布局在不同阶段的影响因素有差别，但总体上讲，制度因素、外商投资对中国汽车工业空间布局和演化均产生了显著影响。未来，随着市场经济完善和汽车工业技术创新能力提升，市场需求和技术创新影响因子将逐步凸显。

　　20 世纪 80 年代以来，经济地理学研究不断出现新的转向，经济地理学吸收了社会学和政治学等相关学科的思想和精髓，开始谋求"文化转向"（Barnes，2001）和"制度转向"（Martin，1999）；20 世纪 90 年代初期，以 Krugman（1991）等为代表的新古典经济学家将"空间要素"引入经济学的分析框架中，构建了"新经济地理学"，并受到经济地理学家的欢迎和推崇，也开辟了经济地理学研究新的方向；90 年代中后期，受演化经济学的影响，经济地理学在吸收了制度经济地理和新经济地理的思想和方法基础上，重新开始关注时空演化问题，由此诞生了演化经济地理学（evolutionary economic geography，EEG）。目前，演化经济地理学的发展对经济学和地理学产生了非常重要的推动作用，它被认为是经济地理学研究的第三种方法（Boschma and Frenken，2006），并成为近年来国际学术界一个持续升温的研究领域。

　　长期以来，演化经济学家一直很少关注空间问题（Boschma and Lambooy，1999）。然而，近年来学者们开始探讨演化经济学和经济地理学领域之间的内在联系，并从微观（企业）、中观（产业和网络）和宏观（空间系统）等层面对空间演化机制进行了理论探讨和实证分析（Antonelli，2000；Breschi and Lissoni，2001；Cooke，2002；Boschma，2004；Werker and Athreye，2004；Essletzbichler and Rigby，2005；Iammarino，2005；Wezel，2005）。其中，产业空间演化是演化经济地理学研究的一个重要领域。当今演化经济地理学研究领域的领军人物荷兰乌特列支大学（Utrecht University）教授 Boschma（2003）认为，演化经济学有助于动态理解产业的区位选择。在演化经济地理学中，一个基本的出发点就是阐释企业的空间行为。因此，从演化视角来考察产业空间布局可以把演化经济学和经济地理学二者有机地结合起来，有望进一步拓展经济地理学的研究视野和清晰解释经济现象的空间组织与变化。

产业的空间演化是演化经济地理学的一个研究热点。汽车工业作为一个资本和技术高度密集型的行业，被誉为"工业中的工业"，它具有研究的典型性和代表性。目前，对汽车工业的研究文献可谓"汗牛充栋"，但从空间演化的视角来研究汽车工业的文献相对较少。Boschma 和 Wenting（2007）采用企业进入和退出的相关数据，从演化的角度描述和解释了英国汽车工业的空间演化，实证分析表明：1895 ～ 1968 年，派生动态（spinoff dynamics）、集聚经济（agglomeration economies）和进入时间（time of entry）对汽车企业的存活率有显著影响；Paul Marr（2012）研究了 1896 ～ 2004 年英国汽车工业的地理空间，重点从产业集群的视角对比分析了英国西米德兰（West Midlands）和大伦敦地区（Greater London area）两大汽车产业集群的空间演变过程及盛衰原因；刘卫东和薛凤旋（1998）对汽车工业出现 100 多年来的空间组织进行了梳理，将演化过程归纳为初始分散阶段、大规模生产初期的高度集中阶段、"核心－边缘"结构阶段和网络化分散等四个阶段，指出后福特主义精益生产方式的广泛扩散对世界汽车空间组织的影响；马吴斌和褚劲风（2008）分析了 20 世纪 90 年代以前全球汽车工业的空间组织演化，并认为模块化方式被应用到汽车工业之后，汽车工业空间组织发生了新变化，即模块化产业集群的出现；就中国汽车工业空间布局的研究而言，Victor 和 Liu（2000）采用嵌入理论对中国汽车产业的空间重组进行了实证分析，结果表明：中国经济在由计划经济向市场经济转轨的过程中，汽车产业发展的制度因素及外商直接投资对中国汽车产业的空间变化和重组产生非常重要的影响；吴铮争等（2008）利用 1980 ～ 2004 年中国各省（自治区、直辖市）汽车产业数据对中国汽车产业地理集中度进行了测算，结果发现：中国汽车产业在 20 世纪 80 年代趋于分散而在 90 年代趋于集中，同时规模经济、技术外溢、市场容量、城市化水平、运输条件、劳动力条件是影响中国汽车产业集中分布的显著因素；虞虎等（2012）基于 2001 ～ 2008 年统计数据，分析了中国 31 个省（自治区、直辖市）（港澳台数据未统计在内）汽车工业空间集聚特征及其影响因素，研究显示：中国汽车工业高度聚集在东部地区，具有空间扩散效应，中国汽车工业发展具有地理空间依赖性，政策和市场条件差异是非均衡空间格局形成的主要因素。

总之，迄今从空间演化视角对汽车工业进行研究的文献非常有限，无法很好地阐释当前经济全球化和网络化快速发展变化中的汽车工业空间演变规律。关于中国汽车工业的空间演化研究，从宏观尺度上讲，近几年国内虽然有文献对中国汽车工业的空间布局进行探析，但这些研究主要是基于省域空间尺度进行的分析，但汽车的整车和关键零部件生产和研发设计主要集中在大中城市。从微观尺度上看，虽然有个别学者从城市尺度上进行了探讨，但研究数据主要基于 2000 年以前，未能反映出中国汽车工业的最新发展变化。事实上，在中国加入 WTO 以后，中国汽车工业发展非常迅猛，在空间布局上也出现了新的变化，客观上需要对这一新的变化进行刻画和诠释。因此，有必要在省域范围的基础上结合城市空间尺度对中国汽车工业的空间演化及其影响因素展开深入分析和研究。

第一节　演化视角下的产业空间形成机制及其影响因素

演化经济学和演化经济地理学的演化思想可以追溯到达尔文的演化论。物种演化是对周围环境的适应性反应，同时也是环境变化后物种之间竞争的结果，种群竞争机制推动物种从低级向高级演替，以适应新的环境，即生物演化中"物竞天择，适者生存"蕴含的哲理。事实上，产业演化与物种演化具有一定类似性。产业成长与所处区域环境、行业竞争激烈程度、产业链条完整性及基础设施配套等要素密切相关，产业演化不断推动区域发展。当然，产业的诞生、发展并非一蹴而就，它需要一个生命周期。产业在发展过程中，最终要落地生根，也就是说产业结构最终要投影在地域空间上，并形成了特定的产业布局。那么，产业空间演化的推动机制是什么？产业空间演化受哪些因素影响？这些问题首先有待从演化经济地理学的视角进行理论分析。

一、产业空间演化机制

产业空间演化是一个应用前景非常广阔的研究领域（Boschma and Wenting，2007）。Arthur（1994）通过派生动力（spin-off dynamic）和集聚动力

（agglomeration dynamic）构建了两个空间集聚的演化模型，在派生模型中，产业的形成是企业不断派生新企业的连续过程，从母公司到子公司的知识溢出就会产生，这一过程被认为对产业快速成长和空间集聚产生了重要影响，此类典型案例研究有美国底特律的汽车产业（Klepper，2001）、美国硅谷的ICT产业（Saxenian，1994）及英国剑桥的生物技术产业（Keeble et al.，1999）。在集聚经济模型中，Arthur认为新企业的区位选择并非自动受母公司区位的影响，每个公司都存在自己的区位选择偏好。一旦某个地区比其他地区进入的企业多，当超过一定门槛的时候，就会在该地区吸引更多的企业，在利润的驱动下，产生空间集聚效应，由集聚产生的报酬递增最终形成路径依赖（path-dependence），并引发空间锁定（spatial lock-in）。

后来，Klepper（2001，2002）在产业生命周期模型中拓展了Arthur的派生模型，他提出五种假定条件：①惯例（routines）是多样的；②派生企业继承母公司的惯例；③成功企业增长较快；④大公司派生更多子公司；⑤竞争压力迫使企业优胜劣汰。前四种假设条件促使较早进入区域的企业主宰这个产业，而第五种假设条件解释了行业间的成本竞争对区域产生影响，具体而言，就是导致拥有不成功企业的地区走向衰落，而拥有成功企业的区域将走向兴旺，并主宰产业的发展。实际上，Klepper从企业经营表现的视角透视了企业进入和退出机制对区域产业空间发展变化的影响，这在一定程度上发展了产业空间演化理论。Boschma（2006）认为，在演化背景下，空间集聚不仅是产业演化的结果，而且也会进一步推动产业演化，产业演化是一个自我强化的过程。由于知识溢出、基础设施及信息共享等因素，产业地理集中对于新进入企业产生正反馈效应，同时，产业地理集中也会由于激烈竞争而对其他进入企业产生负反馈效应。从产业生命周期来看，在产业生命周期的初始阶段，正反馈效应明显，但当空间集聚超过一定门槛时候，其负反馈效应就开始逐渐暴露。

从表象上看，产业空间演变是企业在特定地域空间上进入和退出的选择结果。在这个过程中，一方面大企业派生企业的剥离和新企业的创建对区域产业布局产生了重要作用；另一方面产业的空间转移也对区域产业布局具有重大影响。但从本质上看，产业空间演变是企业与环境的"共生演化"（co-evolution），同时也是本地企业、外来企业与经济系统和地理环境的共同空间演化过程，它类似于生物群落的演替，既有本地生物群落的自然演化，还可能受外来物种侵入而造成新的基因突变。产业空间演化的现象表明，由于特定空间的"黏性"（stickiness，是指集群的根植性），产业在符合其生长环境的地区逐渐成长起来，在空间上不断集中，最终导致产业集群效应产生。世界银行/国务院发展研究中心（2012）研究认为，产业集群作为一种极具特色的企业空间组织形态，在当前区域经济发展中表现出非凡的活力，它吸收集聚了稠密的经济能量，呈现出蓬勃的区域竞争力。

此外，产业空间演化路径也是产业空间演化机制中涉及的重要问题。如果从产业空间扩展的视角来考察，产业空间演化路径主要有本地扩张型、跳跃型和混合型，本地扩张型就是产业以原有的产业区为基础，逐渐向周边地区扩散发展的现象；跳跃型是指产业跨越产业的周边区域，在距离原有产业区较远的地方进行转移和扩散的现象；混合型就是指产业同时兼有本地扩张型和跳跃型的特征。本地扩张型产业演化导致产业的空间载体在同一个地区逐渐扩大，在一定程度上强化了产业的集中度，呈现"大集中"的格局，跳跃型产业扩张催生了产业空间的异质性，使得产业在空间上呈现"大分散、小集中"的特征，而混合型产业空间演化则介于本地扩张型和跳跃型两者之间。

二、产业空间演化的影响因素

影响产业空间变化的因素很多，本书在借鉴制度经济地理学和新经济地理学理论的基础上，采用演化经济地理学的逻辑框架从制度（institution）、新奇（novelty）、惯例（routines）、路径依赖和市场选择等几个层面分析产业空间演化的影响因素。

（1）制度。演化经济地理学汲取了制度经济地理学的思想，而制度经济地理学认为经济行为的差异在很大程度上源于区域制度的不同（Hodgson, 1998; Whitley, 2003）。区域制度的差异可以以企业文化的形式存在于企业中，也可以以法律框架、非正式规则、政策、价值和准则等形式存在于区域层面中，这些差异导致企业利润、交易成本、区域经济增长和地区收入分配等差异的形成，从而进一步导致经济行为体的空间分布差异（胡志高等，2012）。制度因素对产业空间演化产生重要影响，特别是政府的产业政策对产业布局产生引导、强化和限制等作用，这种影响在计划经济体制下显得更加突出；在市场经济体制下，政府的政策引导也依然重要，比如中国改革开放以后的吸引外资政策和高新技术开发区等政策，都对产业空间格局产生了深远影响。

（2）新奇。"新奇"是演化经济学的重要概念，也成为区分演化与非演化经济学的基本标准（贾根良，2004）。Witt（1992）认为"新奇"即为"创新"（innovation），它是经济变化的重要原因和动力之一。创新是推动经济演化和适应的经济主体（个人进而企业）的创造力及市场的创造功能（Metcalfe et al.,

2006）。演化经济学认为新奇创新的突现和传播对经济发展非常关键，这种新奇创新并不一定是理性的最优选择，也可能是非理性和个体的自由选择。当然从市场经济的角度来看，新奇创新是由于竞争机制驱动新的东西不断产生，它既有内生性的创新，也有外生性的创新，而且也可能是多样性产生的杂交技术等。而演化经济地理学强调技术创新等变化对经济时空结构产生的影响（刘志高和尹贻梅，2006），并采用演化的方法分析在一定历史和地理背景下企业空间组织、产业空间结构和网络结构的变化和形态。实际上，技术创新一直是推动产业升级和空间变化的重要因素。一方面，技术革新将导致产业空间结构和空间组织形态发生新的变化，这一点可以从当今一些新兴产业的发展中找到印证；另一方面，由于技术创新的推动，产业不断升级，这可能导致产业在空间地域上进行转移，对区域的产业空间景观进行重塑，即通过创新的涌现与推进，实现产业的空间重组。

（3）惯例。企业在发展中逐渐形成了自身独有的行事惯例（包括经验和隐性知识），随着子公司剥离母公司，这种组织惯例依然会传递到子公司中，因此，惯例成为产业演化的轨道。惯例是"做事的程序和方式"，在激烈的市场竞争中，拥有健康组织惯例的企业将会获得利润并不断扩张，而拥有不健康组织惯例的企业将逐渐被市场淘汰，最终选择退出（Nelson and Winter，1982），由此催生新的竞争力强的公司，淘汰竞争力弱的公司，推动产业在地域空间上的不断演化。

（4）路径依赖。路径依赖又称为路径依赖性，它是理解演化思想的重要概念（刘志高和尹贻梅，2005）。路径依赖一般用来形容技术演进或制度变迁现象，类似于物理学中的惯性，一旦进入某一路径或轨道（无论优劣），就会对其产生依赖作用，并会不断自我强化，可能形成路径锁定。产业发展投入的沉没成本（sunk cost）由于是已经付出且不可收回的成本，同样会造成产业发展的路径依赖现象，尤其是一些资本密集型产业。一个地区的产业发展与该地区的经济基础、制度环境、技术水平和社会结构密切相关，可能导致产业发展的路径依赖。譬如，受路径依赖作用，英国的汽车产业首先诞生于马车和自行车制造业相关产业的聚集地。

（5）市场选择。盈利目标是企业区位选择时考虑的首要条件。当然，市场选择不是一个孤立的决策，它往往与地理位置、配套设施及消费水平等直接相关。产业演化路径显示，一个地区比另外一个地区能吸引过多的企业入驻，并形成具有活力的产业集群，说明该地区在市场容量等方面具有一定优势。实际上，市场潜力是企业区位选择的一个重要影响因子，特别是母公司衍生的子公司在进行区位选择时，会更多地考虑投资地的市场容量，跨国公司在中国投资就是瞄准中国巨大的市场需求潜力。国务院发展研究中心在国际金融危机之后所做的调查显示，中国对跨国公司的吸引力不再局限于低成本生产要素。在17个影响跨国公司在华投资决策的因素中，受访企业打分最高的影响因素就是"国内市场潜力"。目前，市场吸引力已经超过低成本劳动力，并成为中国吸引跨国公司投资的首要因素（World Bank，2012）。

以上仅仅是从演化经济地理学的理论上分析了产业演化的影响因素，为了进一步深入研究产业演化的影响因素，尚需采用具体产业进行实证分析。在此，我们以中国汽车工业为例，探讨新中国成立以来中国汽车工业的空间演化过程及其影响因素，通过实证研究来验证理论分析框架。

第二节　新中国成立以来中国汽车工业布局的空间演变及影响因素

一、研究方法与数据来源

在研究中，我们借用演化经济地理学的时空演变的分析方法，对新中国成立以来我国不同历史阶段汽车工业的空间布局特征进行总结，并分析其空间特征形成的主要影响因素。本书所采用的数据主要来自历年《中国汽车工业统计年鉴》、《中国汽车工业60年大事记（1949—2009年）》等统计资料。

二、空间演变过程及影响因素分析

与西方发达国家相比，中国汽车工业起步较晚。新中国成立以来，我国汽车工业经历了从无到有、由小到大的发展历程，具体可以分为四个阶段。①起步阶段：新中国成立之后至改革开放初期；②过渡阶段：20世纪80年代至90年代中期；③稳定发展阶段：20世纪90年代中期至中国加入WTO；④快速发展阶段：加入WTO后至今。同时，在中国汽车工业发展60多年的风雨历程中，各个时段的空间布局呈现不同的特征，影响因素也有所差别。

（一）新中国成立至改革开放初期

新中国成立时，我国汽车工业几乎是一片空白。直到 1953 年在引进和吸收苏联技术的基础上，第一汽车制造厂（简称一汽，今中国第一汽车集团公司）在长春破土动工，实现了中国汽车工业零的突破，长春成为中国汽车工业的摇篮，并对中国汽车工业的发展做出巨大贡献。在"大跃进"时期，中国汽车工业的发展开始了第一次迅速膨胀，汽车制造厂由 1957 年的 1 家陡升至 1959 年的 14 家，汽车改装厂增加至 28 家，1960 年汽车产量突破 2 万辆。其中，北京、上海、南京和济南汽车制造厂成为继一汽之后较具有基础的第一批汽车制造厂，由此拉开了中国汽车工业布局开始走向分散的序幕，并造就了"小而全"的畸形布局。后来受中苏关系破裂的影响，中国汽车工业开始谋求"独立自主"的发展路线，同时鉴于当时的国际环境和国防需要，"三线"建设迫使许多汽车制造厂开始在中西部地区布局，引发中国汽车工业的再度膨胀，"三五"期间，中国汽车制造厂攀升至 45 家，汽车工业企业总数也突破 1200 家，1971 年中国汽车产量超过 10 万辆（薛凤旋和刘卫东，1997），1978 年我国汽车产量已接近 15 万辆，而且以载货汽车的生产为绝对优势（图 5-1）。这其中，最为典型的案例就是以越野汽车生产为主的第二汽车制造厂和以重型卡车为主的西安和重庆汽车制造厂，这些汽车制造厂的空间布局主要受当时的"三线"建设影响较大。在"备战"思想指引下，第二汽车制造厂的厂址选择在湖北十堰，比较偏远。然而受"文化大革命"影响，第二汽车制造厂直到 1978 年才建成，它是中国第一家具有独立技术能力的汽车制造企业。此外，我国也在天津、沈阳、武汉等交通节点和市场潜力较大的城市设立了汽车制造厂，由此形成了我国汽车工业起步阶段的以载货汽车为重点的分散生产格局（图 5-2）。

这一时期的中国处于高度集中的计划经济时期，地区产业发展和布局完全由中央政府根据国内外形势进行统筹规划。汽车全部由国家计划组织生产和销售，对于企业而言，不存在市场需求和竞争机制，但是区位条件对早期的企业工业布局产生了一定作用。譬如第一汽车制造厂选址长春主要是基于发达的交通、良好的工业基础设施、丰富的矿产资源及距离苏联较近便于设备引进等因素；然而，后来在"三线"建设时期，出于国防战略考虑，很多汽车企业选择中西部交通不便甚至是产业基础薄弱的地方进行布局，由此造成产业布局相对分散的"点状"空间特征，有悖于汽车工业实现高度规模经济的夙愿，这主要是计划经济体制的产物，这为以后汽车工业发展的路径依赖埋下了伏笔。因此，从演化理论来看，这一阶段的汽车工业空间演化主要受制度因素推动，技术、路径依赖和市场消费等因素的影响尚未显现。此外，"三线"建设时期的汽车工

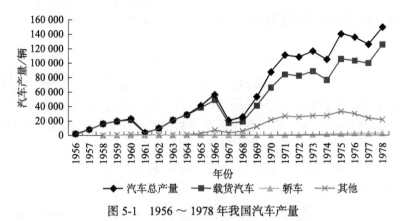

图 5-1　1956～1978 年我国汽车产量

载货汽车中含底盘，其他含自卸车、客车和专用车

资料来源：《新中国 60 年（1949—2009）》汽车工业

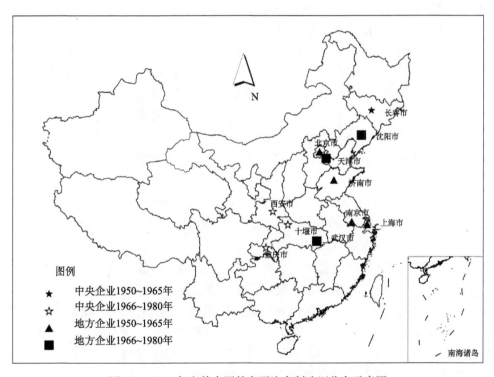

图 5-2　1980 年之前中国的主要汽车制造厂分布示意图

资料来源：根据 Victor and Liu（2000）修改绘制

业空间演化路径基本上属于跳跃型，这是特殊历史时期的政策产物。

（二）20世纪80年代至90年代中期

20世纪80年代至90年代中期是我国由计划经济体制向市场经济体制过渡时期。一方面，我国地方政府在经济发展的决策中具有更多的自主权，许多地方纷纷将汽车工业作为主导产业进行重点打造；另一方面，随着改革开放的推进，中国开始引进外国直接投资，许多汽车业的国际巨头开始寻求在中国投资，但在这一阶段，跨国公司、我国地方政府和本土企业对合资形式都持谨慎态度，并抱有试探意图。

改革开放以来，我国汽车工业不断成长壮大。为满足对不同类型汽车的需求，中国汽车工业开始重组，大规模地引进技术，不断调整产品结构，注重微型、轻型和重型汽车的开发。由于国内市场的需求旺盛，再加上中央政府的放权，"六五"期间，我国汽车制造厂的数量增加到114家（张玉阳，2005）。据统计，1980年我国汽车年产量达到22.23万辆，1992年我国汽车年产量突破了100万辆，1996年我国汽车年产量快接近150万辆（图5-3）。同时，跨国公司开始在我国的汽车行业展开投资，1983年德国大众公司与上汽合资成立上海大众有限公司，开了外国汽车巨头与中国本土公司合资的先河。随后，在1984年和1985年美国克莱斯勒公司与我国合作分别成立了北京吉普汽车有限公司、广州标致汽车有限公司。到20世纪90年代，越来越多的跨国公司开始在中国设立合资公司，通用、福特、本田、雷诺、五十铃、铃木、沃尔沃、大宇、雪铁龙等国际汽车巨头开始在中国投资，根据《财富》杂志统计，1996年世界500强中的28家汽车企业就有18家开始进入中国市场。

20世纪90年代中期，我国汽车产业集中度有所增强。从1996年我国汽车产量的空间分布来看，吉林、京津地区、上海形成了我国汽车工业的三大基地，同时江苏、湖北、安徽、四川、广西和江西汽车生产数量增长较快，并形成一定规模，但是西北地区的甘肃、宁夏、青海、新疆、西藏的汽车整车生产依然处于空白（图5-4）。总体上看，我国汽车产业不断在东部地区集聚，尤其是自1994年《汽车工业产业政策》颁布以来，我国的汽车工业布局开始发生新的变化。1994年《汽车工业产业政策》规定："国家引导汽车工业企业充分运用国内外资金，努力扩展和开拓国内国际市场，采取大批量多品种生产方式发展；国家将促进汽车工业投资的集中和产业的重组，重点解决生产厂点多、投资分散的问题。从1996年我国主要轿车生产企业产销情况看，我国轿车的产量和销售量基本呈正相关关系，并且高度集中于上海、天津、长春、北京、重庆和武汉等城市（表5-1）。同时，由于我国早期采取的是"以市场换技术"的发展战略，

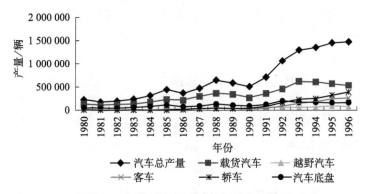

图 5-3 1980～1996 年我国汽车产量统计

载货类汽车含载货汽车、自卸汽车、载货用越野汽车、货厢式汽车、罐式专用汽车及特种车等；载客类
汽车含客车、客厢式专用车、轻型越野客车等

资料来源：《中国汽车工业统计年鉴 1999》

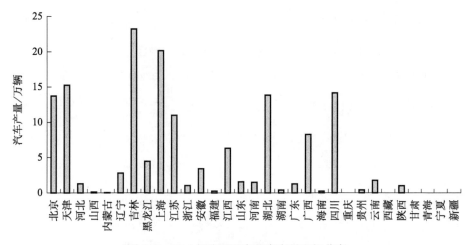

图 5-4 1996 年我国汽车整车产量空间分布

中国第一汽车集团公司含青岛汽车厂、成都汽车厂、一汽集团哈尔滨轻型车厂、大连客车厂、一汽四川
专用汽车厂等企业，汇总时计入吉林省中；中国金燕汽车船舶工业公司产量计入北京市。另外，四川省的
汽车产量包括重庆市数据

资料来源：《中国汽车工业统计年鉴 1996》

跨国公司在华投资以合资形式为主，所以外资汽车公司在华投资基本上基于当
时中国的汽车产业布局，在空间布局上保持相对稳定的格局。从 1996 年《财富》
杂志 500 强中进入中国市场的汽车整车和零部件厂商来看，空间上主要集中在
上海、北京、长春、沈阳、天津、武汉、重庆等原来汽车产业基础条件较好的
城市（表 5-2）。由此可见，20 世纪 80 年代至 90 年代中期这一阶段影响我国汽

车工业空间布局的关键因素有汽车产业政策和外商直接投资。汽车产业政策引
导汽车工业布局开始逐渐走向相对集中的态势，而外商直接投资又进一步强化
了这一发展态势。从空间演化来看，这一时期我国汽车工业的空间布局是基于
原有的汽车工业基地新建汽车企业，对原来的产业基础具有很大的依赖性，因
此在演化路径上属于本地扩张型。外资企业在华的战略布局也是基于我国区域
的汽车工业基础，少数城市集聚了大量外资汽车公司，这在一定程度上加剧了
我国汽车工业空间布局的不平衡性。因此，这一阶段影响我国汽车工业空间演
化的主要因素有制度、技术创新和路径依赖等。

表 5-1　截至 1996 年我国主要轿车生产企业产销情况

序号	企业名称（所在城市）	产量/辆	销量/辆	主要车型	产品销售率/%
1	上海大众汽车有限公司（上海）	200 222	200 031	桑塔纳标准型 桑塔纳 2000 型	99.95
2	天津汽车工业有限公司（天津）	88 000	86 800	夏利 TJ7100 夏利 TJ7100U	98.64
3	一汽—大众汽车有限公司（长春）	26 864	26 391	捷达	98.24
4	北京吉普汽车有限公司（北京）	26 051	25 729	BJ2021（切诺基）	98.76
5	第一汽车集团公司（长春）	17 912	17 455	红旗 CA7220（9760 辆） 奥迪 100（8152 辆）	97.45
6	长安汽车有限责任公司（重庆）	13 374	14 357	长安 SC7080	107.35
7	神龙汽车有限公司（武汉）	9 158	7 126	富康 ZX	77.81
8	广州标致汽车公司（广州）	2 522	2 750	标致 505SW8 标致 505GL	109.04
9	贵州航空工业总公司（贵阳）	1 568	2 153	云雀 GHK7060	92.89
10	西安秦川发展公司（西安）	1 425	1 694	奥拓 QCJ7080	133.53
11	江南机械厂（南京）	1 020	898	奥拓 JNJ7080	88.04
12	一汽顺德汽车厂（佛山）	810	720	都市高尔夫 ASS13	88.89
13	吉林江北机械厂（吉林）	606	471	奥拓 JJ7080	77.72
14	东风汽车公司（十堰）	70	72	富康 ZX	102.86
	总计	391 099	386 743		98.89

资料来源：《中国汽车工业统计年鉴 1996》

表 5-2　1996 年《财富》杂志 500 强中进入中国市场的汽车整车和零部件厂商

排名	公司名称	合资企业（所在城市）	产品	股权（外/中）/%	进入年份
1	美国通用	金杯通用汽车有限公司（沈阳）	轻型客车	30/70	1992
		上海通用汽车有限公司（上海）	别克轿车	50/50	1997
2	美国福特	上海延锋汽车饰件有限公司（上海）	装饰产品	50/50	1994
		上海福电汽车电子有限公司（上海）	电子产品	70/30	1994
		上海福华玻璃有限公司（上海）	汽车玻璃	51/49	1994
		联合铝制散热器有限公司（长春）	散热器	50/50	1995
10	日本丰田	金杯客车制造有限公司（沈阳）	轻型货车	51/49	1992
		天津丰田汽车发动机公司（天津）	发动机	50/50	1997
20	德国戴姆勒-奔驰汽车	南方 MPV 汽车有限公司（福州）	轻型客车	45/55	1995
		江苏亚星奔驰有限公司（扬州）	豪华大巴	50/50	1995
23	德国大众	上海大众汽车有限公司（天津）	桑塔纳	50/50	1983
		一汽大众汽车有限公司（长春）	捷达、奥拓	40/60	1990
24	韩国大宇	桂林大宇客车有限公司（桂林）	豪华大巴	比例不详	1994
26	美国克莱斯勒	北京吉普汽车有限公司（北京）	吉普车	31.4/68.6	1984
27	日本日产	郑州日产汽车有限公司（郑州）	轻型货车	30/70	1995
38	日本本田	东风本田汽车零部件有限公司（惠州）	零部件	50/50	1994
63	法国雷诺	三江雷诺汽车有限公司（孝感）	轻型客车	比例不详	1993
72	标致/雪铁龙	广州标致汽车有限公司（广州）	标致	22/46/32	1985
		武汉神龙汽车有限公司（武汉）	富康轿车	30/70	1992
108	德国罗伯特·博世	无锡欧亚柴油喷射有限公司（无锡）	喷嘴	52/48	1995
		联合汽车电子有限公司（上海）	控制器	50/50	1995
		南京华德火花塞有限公司（南京）	火花塞	51/49	1995
136	沃尔沃客车	西安西沃客车有限公司（西安）	豪华大巴	50/50	1994
220	日本五十铃汽车	江铃汽车股份有限公司（南昌）	客货两用	25/75	1993
		重庆江铃汽车股份有限公司（重庆）	客货两用	比例不详	1986
		北京轻型汽车有限公司（北京）	轻型汽车	30/70	1987
278	韩国现代	武汉万通汽车有限公司（武汉）	轻型客车	比例不详	1993
317	日本铃木	长安铃木汽车有限公司（重庆）	微型轿车	50/50	1993

资料来源：根据张纪康（2009）整理

（三）20世纪90年代中期至中国加入WTO

20世纪90年代以来，我国汽车生产取得了长足进步，并在产业结构上出现了新的变化，轿车的生产和销售逐渐开始超越载货汽车，并成为我国汽车工业的新主角（图5-5）。从2000年整车产量的省域空间分布来看，除了产量普遍增加外，生产格局基本上维持了90年代中期的局面，依然集中在吉林、北京、天津、上海、湖北、江西、广西等地，西北地区新疆开始有整车生产，甘肃、宁夏、青海、西藏仍然是空白（图5-6）。作为汽车关键零部件的发动机，被称为"汽车的心脏"，汽车发动机产量的空间分布在一定程度上可以映射出我国汽车企业的生产格局。如图5-7所示，2000年我国汽车发动机产量空间分布基本上与整车生产保持一致，重点布局在黑龙江、吉林、天津、上海、湖北、重庆、广西等地。事实上，汽车整车和关键零部件生产主要集中在产业基础设施较好的城市。为了进一步摸清中国汽车工业的城市空间布局，本书以2000年中国汽车产量前50名企业（集团）为例，采用GIS空间技术分析汽车企业的城市空间分布，从图5-8可以看出，我国汽车生产主要集中在北京、天津、上海、武汉、重庆、长春、哈尔滨、沈阳、景德镇、广州、柳州、南京、合肥、南昌等城市，其中，除了柳州和景德镇属于地级市以外，其余均为省会城市或直辖市。总之，这一时期我国汽车工业主要分布在东部发达地区及中西部产业基础较好的城市，总体上处于分散格局，尚未完全形成规模较大的汽车产业集群。

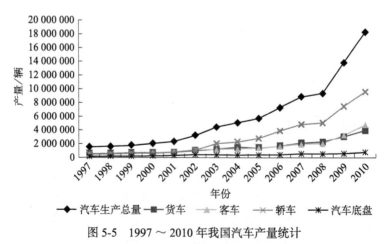

图 5-5　1997～2010年我国汽车产量统计

2005年实行新的车型统计分类标准，为了保持历年资料的延续性，未按新标准统计；表中的货车产量包括货车、货车非完整车辆、半挂牵引车；客车产量包括客车、客车非完整车辆、交叉型乘用车、SUV、MPV；轿车产量指基本型乘用车；底盘包括货车非完整车辆和客车非完整车辆

资料来源：《中国汽车工业统计年鉴2010》

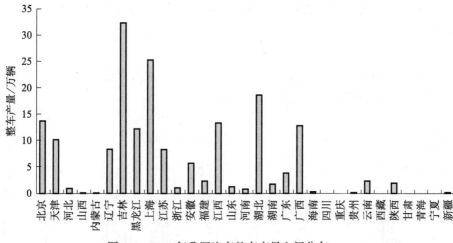

图 5-6　2000 年我国汽车整车产量空间分布

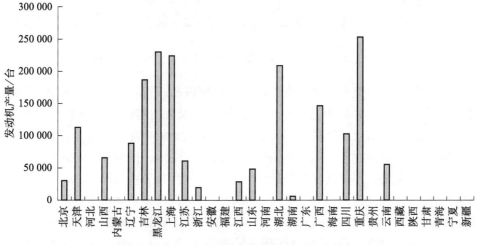

图 5-7　2000 年我国汽车发动机产量空间分布

　　从2000年中国汽车整车和发动机的生产空间分布来看，除了产量增加以外，空间布局与1996年基本一致。随着中国汽车产业政策法规的进一步明确和产业环境的不断完善，国内对汽车（特别是小轿车）的需求量与日俱增，这在一定程度上催生了更多的汽车企业加大研发和生产力度，也对我国汽车工业布局产生深远影响。同时，这一阶段外国直接投资对我国汽车工业布局的影响依然很大，跨国公司与中国本土汽车企业不断寻找更大的合作空间，合资形式成为这一阶段的发展主流。截至1997年年底，中国大约有500家外商投资汽车企业。其中，80家为整车合资企业，410家为零部件合资企业，还有10家为外商独资企业（吴铮争等，2008）。随后，外商投资继续进入中国汽车工业领域。1997

年，通用汽车和上海汽车集团股份有限公司共同成立了上海通用汽车有限公司；1999 年，江苏悦达股份有限公司和韩国起亚合资成立悦达起亚汽车有限公司；2000 年，天津汽车工业有限公司和日本丰田汽车合资成立天津丰田汽车有限公司。截至 2001 年年底，全球汽车行业经过跨国并购后形成的九大汽车集团在中国均有大规模的新建投资（姜海宁，2012）。

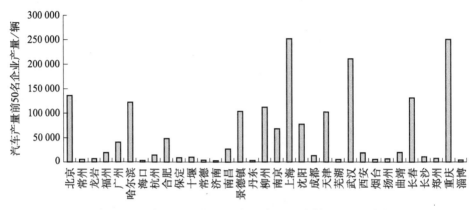

图 5-8　2000 年中国汽车产量前 50 名企业（集团）空间分布

这一阶段中国汽车工业的空间格局是国家汽车产业政策、地方政府支持力度、城市产业基础及跨国公司在华投资等多种因素共同作用的结果。实际上，政府在该时段汽车企业区位选择中发挥了非常重要的功能，合资企业是此时中国汽车工业发展的主流，虽然外资可以自由进入中国，但是外资在区位选择上并不能自作主张，而是要严重依赖中国已存在的汽车工业布局形态，并与中央政府和地方政府进行协商和谈判，外资的区位选择最终是在中央政府和地方政府的许可下，与我国本土企业在产业基础条件相对较好的地方进行布局。由此可见，这一阶段的汽车工业空间布局依然受路径依赖影响，由于早期中国的汽车工业布局造成投资的沉没成本，这种沉没成本对后续的决策产生重要影响，并在一定程度上形成了路径锁定效应，这在汽车工业空间布局上得到一定反映。所以，制度、技术和路径依赖依然是影响这一阶段中国汽车工业空间演化的主要因素。此外，虽然市场需求的影响相对较小，但已经开始逐渐发挥作用。

（四）加入 WTO 后至今

2001 年年底，随着中国加入 WTO，国内市场全面开放，国际汽车巨头开始大规模进入，这使我国汽车工业进入了一个突破性的发展阶段。2004 年，我国新出台的《汽车产业发展政策》规定："国家鼓励汽车企业集团化发展……鼓励以优势互补、资源共享合作方式结成企业联盟，形成大型汽车企业集团、企业联盟、专用汽车生产企业协调发展的产业格局。"这促进了汽车企业的兼并与重组，使汽车产业格局向集聚进一步发展；同时，培育以私人消费为主体的汽车市场，鼓励不同地区生产的汽车在本地区市场实现公平竞争，不得对非本地生产的汽车产品实施歧视性政策或可能导致歧视性结果的措施。这一产业政策的出台在产业空间布局层面上引发了两方面的变化：一方面，兼并重组和集团化的发展方向将导致汽车工业布局在空间上进一步集中；另一方面，私人消费市场的刺激政策会引发汽车生产强劲增长，这样一些没有汽车工业布局的地区可能会成为汽车集团市场角逐的主战场。然而，2008 年的国际金融危机给全球汽车行业造成重创，卷入全球化浪潮的中国也难能独善其身。受国际金融危机的影响，2008 年中国汽车工业快速发展的势头开始回落，汽车产销状况一度陷入低迷。为此，2009 年我国政府出台了减免部分购置税、汽车下乡、以旧换新等税收和补贴政策，明显地刺激了汽车的消费市场，这在一定程度上扭转了我国汽车工业发展的不利形势。

从 2010 年汽车整车生产的空间布局来看，与 2000 年相比，吉林、北京、天津、山东、上海、安徽、湖北、重庆、广西、广东、陕西、辽宁和江苏等地的整车产量增加明显，西北地区西藏、青海、宁夏依然处于空白，而甘肃也开始有整车生产（图 5-9）。从 2010 年汽车发动机的省域生产布局来看，依然与整车生产的空间布局相吻合，但生产的集中度开始上升，新疆、甘肃、西藏、青海、宁夏、内蒙古、山西、河南、湖南、福建和贵州等地均无汽车发动机生产（图 5-10）。另外，从 2010 年轿车生产的空间分布可以看出，其基本与我国汽车工业六大产业集群的空间布局一致，即以长春为代表的东北老工业集群，以上海为代表的长三角集群，以武汉为代表的中部集群，以北京、天津为代表的京津集群，以广东为代表的珠三角集群，以重庆为代表的西南集群（图 5-11）。汽车工业产业集群的形成，反映出中国企业工业在空间布局上开始出现进一步的集聚。

加入 WTO 至今，是中国汽车工业的高速发展时期，在空间布局上开始摆脱以前的相对分散格局，行业的空间集中度不断提升，逐渐形成了具有一定规模的汽车产业集群，这非常切合汽车工业发展的客观规律。以长三角为例，上海凭借雄厚的工业基础，吸引了包括大众和通用在内的跨国巨头的投资，并成为长三角汽车产业集群的中心。就整车而言，目前已经形成了以上海（上汽集团）、南京（南汽集团）和杭州（吉利集团）为枢纽的汽车生产网络。由此可见，集聚经济对这一时期的汽车工业布局产生了重要影响。一些区位不佳的汽

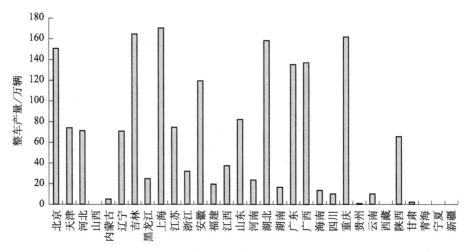

图 5-9 2010 年我国整车产量空间分布

资料来源：《中国汽车工业统计年鉴 2010》

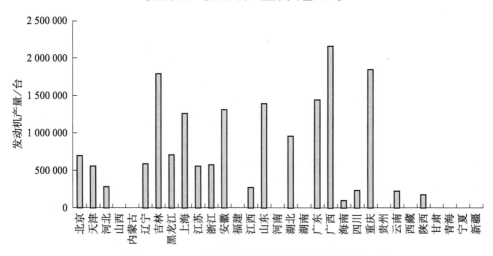

图 5-10 2010 年我国汽车发动机产量空间分布

资料来源：《中国汽车工业统计年鉴 2010》

车企业不断搬迁总部，寻求融入汽车产业集群的机会，东风汽车公司就是典型的案例。东风汽车公司（原第二汽车制造厂，简称二汽）的发展历程表明，企业合理的空间布局尤为重要，作为第二汽车制造厂总部的十堰为我国汽车工业的发展做出了巨大贡献，但是区位条件不利的弊端开始暴露，并在一定程度上成为企业发展的制约瓶颈，二汽为了拓展更大的发展空间，逐渐实现了从十堰到襄樊再到武汉的"三级跳"，2004 年成功地将总部迁往武汉。

汽车工业是一个对技术依赖度较高的行业。随着中国汽车工业的发展，越

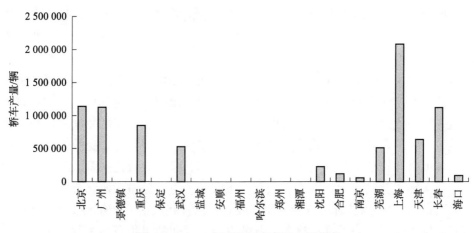

图 5-11　2010 年我国轿车产量空间分布

资料来源：《中国汽车工业统计年鉴 2010》

　　来越多的企业寻求技术先进和区位条件较好的城市或地区开展生产和研发活动。同样以长三角地区为例，长三角汽车企业的研发中心不断向上海高度集聚，甚至奇瑞和吉利等民营企业都开始在上海设立研发机构，开展研发活动。究其原因，主要是上海具有汽车工业发展急需的技术和人才，就目前研发机构而论，上海除了有大众（中国）研发中心、泛亚汽车技术中心有限公司（通用汽车和上汽集团合资），还有包括上海汉风汽车设计有限公司、上海双杰科技有限公司、上海同济同捷科技股份有限公司、上海澎湃汽车科技有限公司、霍夫汽车设计（上海）有限公司、上海治信汽车科技有限公司、上海龙创汽车设计有限公司、上海亚昊汽车设计有限公司、苏州雪樱汽车科技有限公司等在内的本土汽车研发机构。同时，上海还有同济大学汽车学院和上海工程技术大学汽车工程学院两家汽车科研院校，这为汽车企业提供了强大的人才培养基地。

　　此外，汽车工业中的民营企业开始壮大，对这一时期的汽车工业发展和空间布局也产生了一定影响。长期以来，我国的汽车行业国有企业一头独大，民营企业发展非常薄弱。但是，随着产业政策明确和环境的不断改善，民营汽车企业开始不断壮大，比亚迪、吉利、奇瑞和力帆都是其中的佼佼者，他们是民族工业的重要代表，也是我国汽车工业中的自主品牌中的领跑者。2011 年国务院出台的《党政机关公务用车配备使用管理办法》规定："党政机关应配备使用国产汽车。对自主品牌和自主创新的新能源汽车，可以实行政府优先采购。"可以预见，新的鼓励自主品牌的政府采购政策落实会对我国本土汽车企业产生重大影响，势必也会对企业工业空间布局造成一定影响。

最后，这一阶段汽车工业的空间布局还受消费市场的影响。根据汽车产销量的统计分析，长三角和京津地区既是我国最大的汽车生产地区，也是我国汽车销量最大的地区，由此可见，市场消费对生产布局产生较大影响。此外，各个地方政府为了吸引企业投资，都纷纷以承诺市场份额为保证，很多城市将投资于该城市的汽车企业生产的轿车作为该城市的出租车指定车型，比如北京的出租车以现代汽车为主、上海的出租车以大众汽车为主、安徽芜湖的出租车几乎是清一色的奇瑞轿车。此外，在西部大开发政策的引导下，受西部巨大的消费市场吸引和拉动，部分汽车企业开始向西部转移，导致这一阶段我国汽车工业布局出现了新的动向。以吉利汽车有限公司为例，为占领西北市场份额，吉利集团在 2006 年入驻甘肃省会兰州，成立兰州吉利汽车工业有限公司，并在兰州新区投资建厂。为了推动汽车工业的发展，兰州的出租车型全部采用兰州吉利汽车工业有限公司生产的"自由舰"，这在一定程度上给投资方在市场销售上吃了"定心丸"。2009 年，该公司全年产销 1.8 万辆，实现销售收入近 6 亿元，上缴利税近 2800 万元。为了进一步扩大生产规模，2010 年吉利集团决定在吉利兰州基地上马扩能改造项目，项目建成后，以吉利汽车兰州生产基地为核心的空港循环经济产业园将成为产业链总产值超百亿元的西北最大的汽车产业集群，吉利兰州基地也将成为向欧亚大陆桥沿桥国家和地区出口的战略基地。

由此可见，在加入 WTO 之后，中国汽车工业空间演化分别受到汽车产业政策、技术和市场需求等因素的影响，而且市场需求的影响力开始逐渐上升。同时，这一时期还表现出的一个重要特征就是中国的民营汽车企业开始不断壮大，从演化路径来看，吉利和奇瑞等民营企业由此带来我国汽车工业空间演化路径的分叉。

第三节　本 章 小 结

中国汽车工业发展 60 多年的风雨历程表明，我国计划经济体制下实施的是区域公平的均衡产业布局战略，而在市场经济体制下追求的是效率优先的非均衡产业布局战略，这种产业布局战略在汽车工业发展中得到充分体现。改革开放之前，中国的汽车工业空间布局基本是国家计划经济的产物，企业布局脱离市场需求，完全服从政府的决策，政府的汽车产业政策对中国汽车工业空间布局具有绝对性的影响；改革开放之后，随着计划经济向市场经济过渡和转型，虽然中国汽车工业空间布局在不同阶段的影响因素有所差别，但总体上讲，制度因素、外商投资对中国汽车工业空间布局和演化均产生了显著性的影响。此外，从规模经济视角审视，受地方保护主义的影响，中国汽车工业目前依然存在布局分散的弊端，达不到汽车工业对规模经济要求较高的门槛，特别是当今国际汽车巨头凭借强大的资金和技术优势，占据全球价值链的高端，而我国本土汽车企业的成长面临巨大挑战。未来，随着市场经济逐步完善和汽车工业技术创新能力提升，市场需求和技术创新影响因子将逐步凸显，中国需要进一步优化汽车工业布局，逐步提高行业的空间集中度，发挥中国制造的优势，同时加大研发投入，提高中国本土企业的技术创新能力，实现由"中国制造"向"中国创造"跨越。

第六章

生产网络视角下的长三角汽车产业发展与演化

地方生产网络嵌入全球生产网络对世界不同城市区域的价值创新、固化及产品的生产流通具有重要意义。一个区域的经济发展和产业升级既有赖于地方生产网络的等级层次提升，更离不开全球生产网络的地方根植。区域如何嵌入全球价值链并能够适应变化中的经济条件，区域空间网络和企业网络将发挥决定性的作用。本章在论述长三角汽车产业发展过程的基础上，进一步分析技术关联性、网络与协作、政策导向等因素对长三角汽车产业生产网络演化的影响，重点研究地方生产网络和全球生产网络的对接和融合，通过考察长三角汽车生产网络的成长及如何与全球生产网络变化有机联系，分析区域和跨区域的地方生产网络嵌入，以及网络演化对区域经济增长和升级的贡献，为进一步从深层次理解城市网络（城市群）运行机制及治理结构打下基础。

第一节 全球生产网络的理论框架及相关研究进展

一、全球生产网络的组织结构

从价值主体上考察，全球生产网络（图6-1）由领导厂商、主要供应商、一般供应商、分销商及合作伙伴等共同构成。领导厂商处于网络的心脏，是全球生产网络的主导者，他们占据关键的资源，拥有较强的研发创新能力和品牌经营能力，领导厂商的独资公司、合资公司等与高层级的供应商、低层级的供应商、独立分销商及其他网络主体联系在一起，共同构成一个微型的全球生产网络。领导厂商主要分为品牌领导者和合同制造商，品牌领导者主要是通过强大的品牌优势，在全球配置资源形成网络，降低交易成本，达到产品差异化和靠近市场的目的，实现网络企业内水平分工；合同制造商则通过海外投资，实现垂直分工，建立全球生产网络并形成一体化的全球商品供应链（刘德学，2006）。

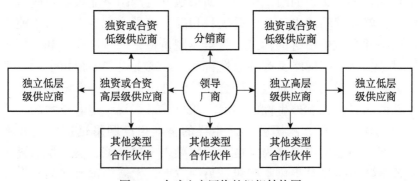

图 6-1　全球生产网络的组织结构图

资料来源：根据 Yeung（2008）整理绘制

二、地方生产网络

地方生产网络（local production networks，LPNs）是与全球生产网络相对应的另外一个重要概念，本质上是全球生产网络的一部分（Yeung，2008），是生产网络的地方尺度（Sturgeon，2001），它强调外部联系的重要性。地方生产网络有别于地方生产系统、区域创新系统及地方产业集群等概念，地方生产网络更加关注本地社会网络及对外的联系性，它在很多时候被看作地方企业生产网络。地方生产网络强调内部企业之间的联系，重视知识的传播、学习与创新（马海涛和周春山，2009）。从组织结构来看，主要是由领导厂商、主要生产体、次要生产体及自由生产体组成（Dimitriadis，2005）。领导厂商是地方生产网络的关键协调者和管理者。地方生产网络的发展和升级与本地的基础设施、当地社会网络、地方创新环境及地方政府的政策等因素密切相关。

三、生产网络与产业升级

从生产网络的角度看，经济全球化力量促进了跨国公司生产活动的全球扩展和全球生产网络的形成，而地方化力量则导致企业更加依赖于当地生产网络（Tsui-Auch，1999）。因此，生产网络是全球化和地方化共同作用的结果，并已对区域经济和产业的发展产生了重大影响。从地理空间上讲，地方生产网络可以是一个相对独立的体系，也可以是地方生产网络与全球生产网络相互重叠和交织的组织结构。如果地方生产网络能很好地嵌入全球生产网络中，就会带动地方产业的升级；相反，如果地方生产网络未能嵌入全球生产网络并参与价值链的治理，就会出现价值链的"固化"和"锁定"效应。同时，全球生产网络具有开放性特征，客观上也需要根植于地方生产网络，以有利于二者之间的对接和融合。从地方生产网络的影响因素来看，既有内生性的因素，也有外生性的因素。从全球来审视，随着技术的进步和贸易自由化的深入发展，跨国公司所主导的全球生产网络迅速发展并不断深化。一方面，全球生产网络为发展中国家融入全球经济、实现技术进步并最终实现价值链地位提升提供了契机；另一方面，发展中国家在参与全球生产网络过程中也面临着价值链地位"固化"和"贫困化增长"的风险（邱斌等，2012）。

产业升级的概念直到 20 世纪 90 年代末才被真正引入全球生产网络的分析框架中。Porter（2003）认为，从理论本质上来看，产业升级就是当资本相对于劳动力和其他的资源禀赋更加充裕时，国家在资本和技术密集型产业中发展和培养自己的比较优势。而 Gereffi（1999）认为，产业升级是一个企业或经济体不断增强迈向更加具有获利能力的资本和技术密集型经济领域的能力的过程。然而，在全球生产网络背景下，产业结构升级已经不仅仅是从第一产业向第二和第三产业演变，不仅是劳动—资本—技术密集型产业的升级过程，而是将分布于世界各地的价值链环节和增值活动连接起来，研究产业结构从低端向高端、从低附加值到高附加值的跃升（姚志毅和张亚斌，2011）。城市区域作为产业空间网络的重要载体，产业升级既要推动地方生产网络的内生性提高，更离不开同全球生产网络的有机对接和融合。城市和区域可以通过价值链治理，提高地方生产网络创新能力和全球生产网络的嵌入能力，不断提升城市空间网络的效率和水平，推动经济转型和产业升级。

四、相关研究述评

全球生产网络（global production network，GPN）的概念是在全球商品链、全球价值链、生产网络的研究基础上衍生出来的。Borru（1997）提出了"生产网络"的概念，认为它是一种跨国界的生产组织，主要包含价值链的全部环节并相互作用，如研发、产品设计、制造、分配及服务等。后来以Coe、Yeung、Hess 等为代表的曼彻斯特大学学派和 Ernst 先后提出全球生产网络的研究框架，Ernst（2002）认为，全球生产网络是一种将跨越公司和国家边界的集中与分散的价值链同网络参与者的内部等级结构一体化过程连接起来的组织结构。由此可见，虽然全球价值链和全球生产网络在内涵上有着紧密的联系，但二者的研究视角存在差异，全球价值链主要从纵向维度来研究全球经济组织，侧重于价值环节线性特征；而全球生产网络则更倾向于从纵、横两个维度来研究经济组织，强调企业或区域之间的多项联系，它是个复杂的网络过程，并形成多尺度、多层次的经济活动方格（李健和宁越敏，2011）。因此，全球价值链是全球生产网络的一个价值分析视角，是对全球生产网络的抽象和简化，而全球生产网络可被认为是分析全球经济格局的更为全面的概念性框架。

汽车生产网络是全球生产网络的一个重要分支，国内外学者已经对汽车产业集群和生产网络进行了初步探索和研究。Victor 和 Liu（2000）应用嵌入理论对中国汽车产业的空间重组进行了实证研究，并认为中国汽车产业组织重组具有路径依赖的特性，并且外商直接投资已深深嵌入中国汽车企业环境，这种现象被描述为"嵌入全球化"。Depner 和 Bathelt（2005）对上海的汽车产业集群研究结果显示，作为领导企业的上海大众是市场体制和政府体制相结合的角色，是联结德国大众和当地生产网络的纽带；非对称权力关系塑造着该汽车生产网络水平和垂直维度的结构，权力结构影响着行为者反应、改变着规则环境。Liu 和 Dicken（2006）以曼彻斯特学派 GPN 分析框架，探讨了中国汽车工业发展中政府如何通过政策引导跨国公司"被动嵌入"地方并推动国家和地方经济发展的进程。Hassler（2009）分析了促使泰国汽车产业日益嵌入全球经济的因素，包括日益增长的国内需求、跨国公司战略发展需要、政府机构力量和较低的生产成本等，并且对 Honda、Nissan、BMW、Mercedes-Benz 等汽车企业生产网络进行实证分析，认为卡车和乘用车的生产网络都是以领导生产商为中心，但国内卡车生产体系更嵌入跨区域生产网络，而乘用车的生产网络较为零散。张云逸和曾刚（2010）从技术权力的视角入手，考察技术权力对上海汽车产业集群演化的影响，研究表明：技术领先使得跨国整车企业拥有集群内的技术权力，并以此为力量，通过技术锁定、技术标准、技术援助、技术示范等手段直接和间接影响集群成员的行为，进而带动企业空间集聚、内部结网和建立相互学习机制，推动了产业集群的形态和功能由低级向高级演化。

第二节　中国汽车产业生产网络发展及演化

一、中国汽车产业生产网络发展

自 20 世纪 50 年代以来，中国汽车产业经历了从无到有、从小到大、从大到强的不同阶段。1956 年，中国第一辆国产"解放"牌商用车诞生。1958 年，"红旗"牌乘用车成为中国第一辆自主开发的轿车，并成为政府公务用车。60 年来，中国汽车产业取得了长足发展，中国已经成为世界汽车工业的生产与销售大国。2013 年 1～11 月，中国汽车产销量分别为 2211.68 万辆、2198.41 万辆，中国汽车产销量分别较 2012 年同期增长 14.8% 和 13.9%，连续五年蝉联全球汽车产销量第一；汽车整车出口 97.73 万辆，出口金额 713.09 亿美元，比 2012 年同期增长 5.2%。由此可见，中国汽车产业在中国区域经济发展与产业转型升级中的贡献越来越大。

回顾中国汽车工业 60 年发展历程，中国汽车产业在空间格局上实现了从分散分布逐渐朝组团化与集群化、生产网络化、产品多元化方向的演进。目前，中国汽车产业已形成以龙头企业（集团）为核心的产业集群化的整车、零部件多元化的产业化发展格局，空间上呈以中心城市与重要节点城市为中心的产业集群与空间辐射模式，总体上已形成上海、广州、武汉、长春、北京、重庆为区域中心的多中心集群化格局的合资、合作与自主开发多元化产业模式（张永凯和徐伟，2014）。学者们试图从理论上解释汽车产业的空间发展与演化的机制与实现路径，有学者认为，在不同发展阶段、不同区域的汽车产业发展中，机械制造业、FDI、知识与技术、资本、政策与制度等对汽车产业结构优化与转型升级起到了不同的推进作用（薛凤旋和刘卫东，1997；刘卫东和薛凤旋，1998；文启湘和胡洪力，2006；王军雷和张正智，2009；尹栾玉，2010；姜皓瀚，2013）。同时，汽车产业发展对优化经济空间结构与经济业态组合、城市空间融合与重构起到了一定的促进作用（Booz and Company，2009；Filipe et al.，2010；姜海宁，2012）。

汽车产业发展具有明显的阶段性、时空关联性，并对区域经济发展、产业升级产生很大的推动作用，如何从演化与发展的角度分析汽车产业生产网络的形成与演化，并分析汽车产业发展在区域空间重构、区域发展转型与产业升级中起什么样的作用等问题，是一项值得研究的内容。本书通过梳理中国汽车产业发展与演化轨迹，从网络与协作的角度研究汽车产业的发展，探讨技术关联、FDI、协作与网络、政策等对汽车产业发展的作用，并以长三角地区为例，探讨汽车产业对区域产业升级与地域生产网络重构的促进作用、对城市网络空间重构的促进作用与对新型城镇化的推动作用。

二、汽车产业生产网络发展演化

中国汽车产业发展历程表明，中国汽车产业呈快速蓬勃发展的态势，尤其是近20年以来，汽车产业呈快速成长之势，无论是生产规模，还是市场销售量，还是技术创新，都实现了跨越式发展，民族汽车产业品牌正在崛起，实现了中外合作、产业重组、跨国并购向自主创新的转型，汽车创造正在成为经济发展的重要动力。在汽车产业发展与演化进程中，网络与协作是汽车产业生产网络形成、演化与发展的重要动力机理，网络与协作对推动汽车产业生产要素流动、网络的形成与发展、产业协作与升级等起到极大作用，并推进了中国汽车产业的快速崛起与持续发展，即多区域协作与网络嵌入对汽车产业的持续发展与演化起到了重要推进作用，有效促进了区域间、产业间生产要素的自由流通，实现了产业有效关联、降低了交易成本、提高了生产效益与报酬。同时，汽车产业与产业集群的区域溢出效应主要表现在对区域产业转型升级、对关联产业的带动与推动、对区域价值链的重建与重构等方面的积极作用，并通过产业空间集群与集聚对城市空间重构产生了一定的影响或带动了新城市的开发与建设。

（一）技术关联性与新兴汽车工业发展

1. 技术关联性及其作用

技术关联性是指制造业内部生产、交换与流通过程中形成的复杂技术联系。Luan 等（2013）认为，技术关联性是一种技术活动与其他技术活动相互联系的联系量与联系程度的总和。技术关联性是经济社会发展中的普遍现象，正因为技术关联性的存在，不同的经济活动间形成了相互关联、相互影响的依存关系。大量地区经济发展历程研究表明，制造业内部的各个技术领域不是完全孤立的个体组合，而是存在多种形式的关联性。这种技术关联性可以表现在产品设计、技术手段与标准、制造设备的使用、制造工艺的采纳、制造流程管理、市场营销与品牌经营等许多方面。这些关联性技术知识与信息的传播可以通过正式的渠道（如教育），也可以通过非正式的渠道（如制造车间内的言传身教）来实现。一个地区内部劳动力的流动，特别是管理和技术人员的流动，会在很大程度上提高制造业内部的关联性，同时，政府或企业通过投资设立公共教育或培训机构，也能提高地区内部企业间的技术关联性。

　　一般而言，技术关联性的出现主要是工业产品的开发与延伸的结果，由于工业产品在技术革命的推动下不断增加，工艺更加复杂，导致了产品供应链的拉长，产业间的技术相互依赖度不断增加，由此，现代工业制造业内部的技术关联性日益增强。在技术密集型工业行业中，技术关联性的存在首先可以降低相关企业之间的技术交易成本，从而推动了企业间的技术交流与合作，进而促进企业生产效率。其次，技术关联性的存在有助于企业降低产品研发成本，进而激发企业的创新动力、增加企业的研发活动、提高企业的产品竞争力。在此背景下，由于技术关联性的存在，公司企业不再忽视技术关联的技术经济范式，众多企业期望通过技术关联性来改变自身技术经济活动的演进而保留和提升其竞争地位（Nash，2005；Joo and Kim，2010）。

　　2. 技术关联支撑下的区域产业演化

　　在一定的地理空间范围内，制造业内部的技术关联性强弱，直接影响着本地区企业间交易成本的大小，并决定其地区竞争能力，并进一步影响新的产业形态和未来科学技术的发展。许多研究表明，技术关联企业为了降低成本、获取空间集聚效益，趋于空间同位性区位选择。这些空间集聚企业通过一体化分工与合作，促进产业间形成紧密的供需关系而实现产业空间整合，形成具有密切关联的产业集群综合体。集群内相关企业通过复杂资本与技术关联、人力资本关联，实现产业间有效的依存关系，形成产业体间的相互依存的同区位性（co-location）产业空间格局，并促进区域演化与发展（Reichhart and Holweg，2008；Boschma et al.，2012）。

　　同时，同一行业的企业间的技术关联性要高于不同行业的企业，如金属加工与汽车制造有着相对紧密的工业技术联系。作为技术－资本密集型的汽车产业，由于其产品构成复杂、配件繁多，所以与许多行业具有技术关联性。因为汽车产业具有与其他产业的关联度高、需求弹性大、对地区经济增长带动和促进作用强等特点，汽车产业对区域内的关联产业具有强劲的带动作用，从而进一步实现汽车产业与其他相关产业的关联性与协同区位性。尽管如此，汽车生产的核心技术在于装备机械制造，所以，汽车制造与传统机械工业之间的技术关联性更为密切。机械工业通过为汽车产业的发展提供关联产业基础、专业化分工基础、技术与研发创新基础、人力资本的集聚与分工基础等溢出效应而形成行业技术关联性，促进汽车产业及其关联产业的合理分工与协作，形成合理产业价值链分工，降低生产成本，促进部门间、关联产业间及产业内部的专业化发展，促进技术创新与研发，提高技术的空间溢出效应，同时也提供产业区位选择、战略抉择与发展定位的参考。研究表明，传统机械工业的形成与发展，是各个地区工业化发展的基础。作为基础工业，机械工业在中国许多工业城市都有一定的发展历史，提供了大量的工作岗位吸纳大量劳动力，促进机械制造与金属加工的知识、技能和管理经验的积累与沉淀。因此，一个区域内传统的机械工业产业的形成与成长，对现代汽车制造业的兴起与成长，具有十分重要的作用，即机械工业通过人力资本、技术溢出、相关产品供应等形式形成复杂的价值链关联性而带动汽车相关产业的发展。

（二）网络与协作与汽车生产网络的时空格局

1. 生产网络与协作

生产网络结构对产业升级具有重要意义——塑造生产活动的升级能力，进而影响产业发展转型。全球生产网络建立的基础是分工，分工产生的效率可使参与分工的企业生产体系发生相应改变，并促进企业的全球分工与协作的形成与演化。研究表明，中国通过贸易与其他国家已经形成高强度的经济联系，在世界生产网络中不仅份额正在提升，而且其发展根植于世界生产网络结构中心地位而不再处于国际生产份额的边缘（Devadason，2009），即中国企业与世界生产网络的协作性正在加强。有学者认为，中国逐渐成长为全球生产网络的中心，即中国在全球区域生产网络中的影响力大大提升而成为区域发展的领导者（Gill and Kharas，2007）。中国产业在构建产业间关联与协作、厂商间关联与协作中起重要的纽带作用，并通过复杂的产业关联，形成双向或多向的产业协作网络与厂商协作网络，这种基于合理分工与协作的产业网络成为我国新时期产业转型与升级的重要方式。同时，全球生产网络的形成与发展，对促进区域间基于优势与比较优势、竞争优势与比较竞争优势的产业协作网络、产业集群的形成与发展起重要推动作用，促进了全球生产网络框架下国际分工新秩序的形成。

新兴汽车产业生产网络是全球生产网络的重要支撑体，对促进价值链整合与重构起到重要作用，因此，引起学术界的广泛关注。Victor 和 Liu（2000）基于全球化背景，应用嵌入理论对中国汽车产业的空间重组与变化进行了实证研究，并认为中国汽车产业组织重组与空间格局演化具有路径依赖性，并且外商直接投资已深深嵌入中国汽车企业环境，这种现象被描述为"嵌入全球化"。Liu 和 Dicken（2006）以曼彻斯特学派 GPN 分析框架，探讨了中国汽车工业发展中政府如何通过政策引导跨国公司"被动嵌入"地方并推动国家和地方经济发展的进程。Hassler（2009）分析了促使泰国汽车产业日益嵌入全球经济的因素，包括日益增长的国内需求、跨国公司战略发展需要、政府机构力量和较低的生产成本等，并且对 Honda、Nissan、BMW、Mercedes-Benz 等汽车企业生产网络进行实证分析，认为卡车和乘用车的生产网络都是以领导生产商为中心，但国内卡车生产体系更嵌入跨区域生产网络，而乘用车的生产网络较为零散。

因此，不同尺度的生产网络是引导地方产业（集群）参与地方、国家或全球生产分工与合作的重要模式，也是提升和培育产业综合竞争力、发展软实力的根本出路，生产网络的演化与发展促进了地方、国家或全球的分工与合作新秩序，对促进产业价值链重构、产业转型与升级具有重要意义。

2. FDI 吸收能力与汽车工业发展

国际直接投资（FDI）是全球化背景下推动国际劳动分工，促进全球产业网络形成的重要动力。一般认为，FDI 在接受地点具有明显的区域溢出效应。这种效应主要表现在知识和技术的溢出使得本地企业受益，并通过知识和技术溢出，对区域经济及发展产生重要影响。这种影响主要表现在两个方面：一是通过 FDI 投入，增加区域发展与生产的专业化，带动相关产业或部门的发展而提高区域发展的相对比较优势与竞争能力；二是通过研发活动，促进知识的区域溢出或转移而带动接受 FDI 区域的知识创新能力的提升，从而带动相关区域的发展。通过这种溢出作用，区域性生产被更加紧密地纳入全球性生产体系。

关于 FDI 对区域发展的作用，学术界持有不同的观点。第一种观点认为，FDI 不一定能对区域发展产生积极推动作用，而且对不同的区域所起的作用也是不同的。在实践中，许多发展中国家没有从 FDI 中获得积极的溢出影响（Haddad and Harrison，1993；Konings，2001），而发达国家则从 FDI 获得积极的溢出影响（Haskel et al.，2002；Keller and Yeaple，2003）。第二种观点认为，FDI 对区域发展产生积极的作用，应把它作为资本和技术的重要来源，视 FDI 为一个重要的变量影响因子进行测度与评价，确定其在区域发展中的作用（Balasubramanyam et al.，1996；Borensztein et al.，1998；Aitken and Harrison，1999；Alfaro et al.，2004）。第三种观点认为，FDI 对发展中国家会产生积极影响，而且与资本、技术、劳动资本等不同因子的共同作用会对区域发展产生重要影响。Chowdhury 和 Mavrotas（2006）利用 Toda-Yamamoto Test、Dickey-Fuller Test 等方法检验了智利、马来西亚、泰国三国 1969～2000 年 FDI 与 GDP 间的关系，其结果表明 FDI 与 GDP 间的关系在不同国家是不一样的，有的是单向影响关系，即由 GDP 的发展导致 FDI 的溢出，有的则是双向影响关系；Berthélemy 和 Démurger（2000）利用 24 个省 1985～1996 年数据，对中国 FDI

与经济发展关系的检验结果认为，FDI 对中国经济快速发展具有重要意义，通过内生增长模型检验证明，引进技术是经济增长的重要条件，同时经济增长对引进外资和技术的途径与份额产生重要影响；人力资本结构对引进外资和技术产生相应的影响，并通过在生产实践中吸收和采纳引进的先进技术而对经济发展产生积极的影响。徐涛（2003）、王红玲等（2006）利用行业数据分析 FDI 对中国本土企业科技研发的影响，结果表明，FDI 对中国企业自主创新能力的提升具有促进作用。Zhao 和 Zhang（2007）研究认为，FDI 的流入促进了中国经济地理版图的重构，强化了空间集聚经济体的形成与发展，FDI 的空间集聚性与融入跨国公司的全球生产网络促进了我国全球性城市 - 区域的形成与发展。

总之，FDI 在区域发展中的作用和对 FDI 流入地产业发展的影响存在差异性和阶段性。学术界普遍认为，FDI 对区域发展的影响是长期存在的，是经济发展必不可少的条件，通过建立广泛的双向或多向联系，知识与技术溢出等方式对区域发展产生影响，并与其他政策工具共同起作用。对于汽车产业而言，FDI 通过对资本产生影响而影响汽车产业的资金链，并影响研发与技术创新、人力资本集聚，从而影响产业发展，即 FDI 分别从技术市场、产品市场与要素市场三方面发挥其作用：一是缩小了 FDI 引进企业的研发周期，并降低了技术成本；二是优化了资本结构，提升了企业的发展活力；三是为参与全球市场提供了先机。有许多地方经济的快速崛起与发展都得益于利用 FDI 而参与全球生产网络与全球分工，打开国际市场，并通过资本溢出效应为区域发展寻找新的资源条件、新的市场、新的战略出路，重构经济结构，为区域产业转型升级提供技术、市场、产业等方面的服务。当然，也不可无限放大 FDI 的作用，我们应根据本地的实际对其进行有效利用方可发挥其最大功效。

3. 政策差异与汽车工业空间差异

政策的一般作用在于为决策与行动选择提供方向性与引导（Smith，2002）。政策通过规范生产活动与行为方式，优化生产活动过程，实现生产活动的良性目标。当然，政策作用的效果受作用对象及相关条件的影响，OECD（2002）在降低政策失效的风险报告中认为，政策作用的效果与下列因素有关：一是目标群体对政策的理解与消化能力；二是目标群体运用和遵循政策的意愿；三是目标群体遵守政策的能力；四是政策制定者的实施承诺即政策的可行性。在中国，政策通常是各级政府为区域发展制订的系列计划和行动方案的总和，产业政策则是政府为了实现一定的经济和社会目标而对产业部门的保护、扶植、调整和完善的各种政策的总和，其主要功能是弥补市场缺陷，引导资源的有效配置、促进产业结构优化（苏东水，2005）。从改革开放 30 多年来的发展历程看，中国产业经济的成功在于：一是积极参与并融入跨国公司生产网络、参与全球产业分工与合作，分享全球生产网络红利；二是各级政府积极出台优惠政策与制度环境，吸引 FDI 流入，减少生产成本，创造产业发展的新机遇；三是构建快捷的交通运输网络与港口系统，引导经济流在区域内自由流动，联手推进区域共生协同发展；四是发展全球性、区域性城市－区域综合体，以集群为导向，着力发展集群经济，促进中心－外围间合理集聚与扩散，促进城市空间与生产网络空间重构与耦合；五是推进校企合作、企业联盟战略，积极扶持和推动民族品牌的培育和扩大海外市场，提高国际市场份额；六是促进产业创新与转型发展，形成比较竞争优势，构建产业－城市经济圈，形成发展优势与竞争力。

汽车产业 60 年的发展实践表明，中国汽车产业的空间格局与演化都是差别化政策的产物，即政府通过科技政策、税收、土地使用等优惠政策，吸引汽车工业及配套工业向园区集中化布局，并通过专业化的分工与协作提升产业竞争能力与发展活力。1986 年 4 月公布的 "七五" 计划确定 "把汽车制造业作为重要的支柱产业，按照高起点、大批量、专业化和联合发展的原则，以骨干企业为龙头，形成长春第一汽车制造厂、湖北第二汽车制造厂、济南重型汽车制造厂及军工部门等汽车制造基地，同时改建扩建一批技术比较先进的汽车零部件专业化生产企业"。1988 年，国务院在《关于严格控制轿车生产点的通知》（国发 [1988]82 号）中提出轿车生产格局 "三大三小" 战略，即国家支持一汽、二汽和上汽三个轿车生产基地和北京、天津、广州三个轿车生产点，这是我国骨干汽车产业空间布局形成的重要原因。1994 年出台的《汽车工业产业政策》（国发 [1994]17 号）和 2004 年出台的《汽车产业发展政策》（国函 [2004]30 号）对中国汽车产业的发展产生了最大、最持久的影响，前者是国内第一个独立的汽车产业政策，以解决供给不足为目的，规定和明确了从汽车企业投资、管理、考核、限制到市场、销售等各种的政策和战略；后者是为适应不断完善社会主义市场经济体制的要求及加入 WTO 后国内外汽车产业发展的新形势，推进汽车产业结构调整和升级，全面提高汽车产业国际竞争力，满足消费者对汽车产品日益增长的需求，促进汽车产业健康发展，强化了优化市场环境、推动产业技术进步及规范汽车贸易等内容。

中国加入 WTO 后，为满足参与全球化分工与全球竞争的需要，国家的汽车产业政策沿做强、做大、优化与调整方向演进，提出了从引进、吸收、合资向自主创新、自主研发的创新模式转型：在《国家产业技术政策》（国经贸技术 [2002]444 号）中提出：要研究开发智能汽车和洁净、安全、节能型汽车，重点发展高效节能技术、轿车车身开发技术、汽车排放技术、轿车关键技术等。在 2004 年《汽车产业发展政策》中则强调了自主开发、自主品牌和自主知识产权的重要性，这些政策将成为未来中国汽车产业转型与发展的重要指针与动力源泉。在《关于加快推进重点行业企业兼并重组的指导意见》（工信部联产业[2013]16 号）中提出，推动整车企业横向兼并重组、推动零部件企业兼并重组、支持大型汽车企业通过兼并重组向服务领域延伸、支持参与全球资源整合与经营，从而着力培养汽车产业领军企业集团参与世界汽车产业竞争，组建战略联盟，开展自主研发，推进大型汽车企业集团跨入世界 500 强之列，提高市场份额，对促进汽车产业发展提供了良好支撑。

　　另外，政策影响汽车产业的合资进程与 FDI 的产业进入导向。根据各主要汽车集团网站报告与相关统计信息，1984 年第一家合资汽车企业北京吉普正式成立，1985 年上海大众汽车有限公司正式成立，分别成为中国第一家 SUV 合资企业和轿车合资企业。直到中国加入 WTO 后，中外汽车企业合资才进入高潮期。来自德国、美国、法国、意大利、日本等世界著名大型汽车跨国公司，都与中国具有一定规模的汽车企业建立了合资企业与供应关系，引进外国车型、关键零部件、技术、品牌。FDI 的进入推进了中国汽车的高起点、快速发展。同时，政府通过鼓励校企合作、企业联盟体等模式，推进形成区域性汽车产业经济圈而带动区域发展。例如，上海推行的基于汽车制造、校企合作、校地合作的同济 - 嘉定知识经济圈，已形成良好的研发生产网络和创新集群，并成为区域影响力与发展活力的重要来源。又如，南汽拥有宁波前桥、杭州依维柯、南汽专用车、汽车工程研究院（国家级企业技术中心）和国家级汽车质量监督检验鉴定试验所。南汽还拥有外事审批权，博士后科研工作站，具有较完善的科研和生产经营体系。

第三节　长三角汽车产业分析

　　长三角是我国汽车产业的重要生产基地，也是我国汽车产业链相对完善的地区。目前，上海拥有全国三大汽车集团之一的上汽集团，6 家整车生产企业，133 家世界一流的汽车零部件生产企业，还拥有众多合资企业，零部件全国种类最全，是我国规模最大的轿车零部件工业基地，汽车产业从业人员接近 10 万人。同时，近年来，江苏和浙江也大力推进汽车产业的发展，目前浙江拥有一大批实力雄厚的汽车零部件公司和中小零部件生产企业，形成了以吉利集团为龙头，12 家整车生产商为核心，1000 多家零部件生产商为主体的汽车产业集群。江苏则形成了以南汽和东风悦达起亚两家整车厂为核心，1300 多家零部件生产商为配套的密集汽车工业基地（唐扬辉，2012）。

一、数据来源

本节研究区域为长三角地区，主要包括上海、南京、苏州、无锡、常州、南通、镇江、泰州、扬州、杭州、宁波、台州、绍兴、舟山、湖州、嘉兴等 16 个城市。本节数据来源于各年度的《中国汽车工业年鉴》《中国统计年鉴》《上海统计年鉴》《浙江统计年鉴》《江苏统计年鉴》，以及田野调查数据、各地年度政府公报及主要汽车集团网站发布的信息等。

二、协作与网络格局

协作与网络主要通过价值链整合、分工与协作关系优化影响汽车产业的生产网络结构与转型升级路径，生产网络结构也反映了汽车产业间的供需依存关系，是分析汽车产业价值链关系的重要路径，根据汽车产业价值结构与构成确定分析整车生产网络、零部件生产网络与研发网络。

（一）长三角整车生产网络

目前，长三角地区整车生产网络（图 6-1），以省会城市、重要区域性中心城市与节点城市为中心，形成多中心空间联动发展的基本格局，生产网络模式表现为以整车企业、零部件供应商、市场与服务三位一体的供需价值关系，总体上，上海、南京、杭州、宁波、台州和盐城为重要的轿车产业基地，苏州、常州、扬州和金华为重要的客车生产基地。其中，上海以上海通用、上海大众、上汽通用五菱、上海依维柯、上海申沃系列为核心，形成了以嘉定、浦东、金山为核心的集聚产业区，并已形成嘉定安亭、浦东金桥、临港新城和金山枫泾四大产业基地。江苏以南京汽车集团和东风悦达起亚为核心，已形成南京、扬州、盐城三大乘用车基地，南京、扬州、徐州、镇江、苏州专用汽车基地。浙江则呈多点布局模式。杭州、金华以整车与改装车生产为主；台州以经济型轿车为主，以皮卡、SUV、载货车、城市越野车为辅；温州以汽车摩配件生产为主，现有企业 3000 余家，布局在瑞安、鸥海、平阳、乐清等地；宁波以汽车零部件为主，现有相关企业 663 家，空间布局上呈明显的多中心集群化。

表 6-1 长三角地区整车制造企业

地区	企业（集团）	企业性质	主要产品（或品牌）
上海	上海大众汽车有限公司	合资企业	整车（乘用、商用）、改装车、新能源汽车，已形成荣威、斯科达、桑塔纳、MG、申沃客车、途安、POLO 两厢、POLO 三厢、高尔、英伦等品牌产品；已形成甲醇汽车、电容混合动力轿车、新能源汽车、汽油发动机、汽车模具制造、汽车部件等较完整的产业体系
	上海通用汽车有限公司	合资企业	
	上海汽车集团股份有限公司	合资企业	
	上海华普汽车有限公司	自主品牌	
	上海通用五菱汽车股份有限公司	合资企业	
江苏	南京汽车集团有限公司	自主品牌	整车（乘用、商用）、改装车、发动机、汽车附件，包括菲亚特、新雅途等品牌
	东风悦达起亚汽车有限公司	合资企业	SOUL、福瑞迪、赛拉图/赛拉图欧风、锐欧、狮跑、嘉华、远舰、K5、K2 系列
	南京依维柯汽车有限公司	合资企业	依维柯、跃进、超越和专用车
浙江	吉利集团	自主品牌	帝豪、英伦、全球鹰
	青年集团	自主品牌	超低地板双层公交、轿车
	广汽吉奥	合资企业	皮卡、SUV、交叉型乘用车
	众泰集团	合资企业	SUV、新能源纯电动汽车
	杭州爱知工程车辆有限公司	合资企业	高空作业车、应急电源车、工程抢险车、电缆车

资料来源：根据《中国汽车工业年鉴 2011》和公司网站资料整理

从整体来看，上海整车制造最强，江苏其次，浙江处末位。长三角汽车企业网络主要是依靠大众和通用等陆续进驻而发展起来的，类型是以轿车为主的乘用车。在整车生产环节，长三角汽车产业存在明显的空间分工，主要体现在产品种类和产品价值上。上海以丰富的产品细分类型占据整车生产的种类上的优势；江苏得益于两家整车厂，产品种类上覆盖面相对较广；而浙江仅有吉利一家整车厂，产品种类相对最少。同时，上海整车制造以大众、通用合资品牌占主体，因此在产品价值上处于高端地位；江苏的南汽和起亚分别作为自主品牌中的高端和合资品牌中的低端，在产品价值上处于中端地位；浙江吉利汽车作为民营自主品牌，以生产价格低廉实惠的小型车和紧凑型车为主，在产品价值上处于低端地位。从整车生产网络看，合资企业是全球生产网络和地方生产网络对接的重要媒介，创建合资企业成为跨国公司进驻中国的主要途径。跨国公司通过在华设立合资公司，一方面带动了我国汽车产业的发展，另一方面也攫取了巨大的市场利润，控制和主导我国汽车整车生产网络。以上海为例，在我国"以市场换技术"的战略引导下，上海首先与德国大众建立上海大众汽车有限公司，但德国大众对关键零部件和整车开发技术封锁严密，对本土企业的技术扩散非常有限，随后上海又与美国通用建立上海通用汽车有限公司，美国通用汽车一开始便引进了技术较先进、配置较好的车型，同时还建立具有世界先进水平的汽车研发中心，在此竞争的压力下，大众汽车垄断地位消失，不得不加快新车型推出速度，技术扩散的进程明显加快（姜海宁，2012），由此形成了以上海大众和上海通用为中心的汽车整车生产网络，合资企业在一定程度上也促进了我国汽车产业的技术进步和网络升级；同时我国拥有自主品牌的汽车企业也开始纷纷"走出去"，到海外寻求投资和并购，吉利并购沃尔沃就是典型的例证，通过海外并购，本土企业可以更好地嵌入全球生产网络。

（二）长三角汽车零部件生产网络

汽车零部件产业（表6-2）是长三角汽车集群发展的重要基础。现已形成沿江、沿海零部件产业带，建立了与区域内部供应商的关系网，企业间通过一定的信息交换与共享、人力资本与技术性相互依存关系。长三角16个主要中心城市均有相关产业或产业集群区，以上海、杭州、南京、宁波、苏州、台州、金华、扬州、无锡、温州为重要集群区。根据中国汽车供应商网资料，按OEM供应商关系，长三角地区零部件企业产品的约60%供应长三角整车企业生产与相关产业发展，部分供国内其他地区主要汽车生产商。出口目的地主要包括北美、欧洲、中东、日本、韩国、印度、澳大利亚、东南亚等主要国家和地区。从国内供应商网络关系看，上汽集团OEM供应商110家、上海通用OEM供应商367家、上海大众OEM供应商411家、上海通用五菱264家、南京依维柯OEM供应商151家、南京汽车集团OEM供应商165家、吉利集团OEM供应商248家，分布于27个省（自治区、直辖市）。其中，来自长三角本地的零部件OEM供应商大约占1/3，内部供应商网络基本形成。

根据中国汽车供应商网、主要汽车集团[①]发布的供应商信息与访谈资料，可确定长三角汽车零部件与汽车产业集团间的供应关系网络结构（图6-2），区域间供需关联性与依存性日益增强，逐步形成汽车产业生产共同体。上海、南京、杭州是一级生产网络中心，并通过三个一级中心形成次区域性零部件企业集中分布区与地方性生产网络中心，且整车企业与零部件企业空间布局上具有同区位性。

---

① 包括上海大众、上海通用、上海华普、南汽集团、吉利集团（下同）。

表 6-2　长三角地区汽车零部件生产情况

地区	企业数/家	产量		生产总值/亿元	从业人数/万人	主营业务收入/亿元
上海	137	汽车整车	1 698 878	3 498.9	13.07	4 688.5
		汽车改装车	13 724			
江苏	1371	汽车整车	1 032 154	4 584.7	41.1	4 550
		汽车改装车	90 224			
		发动机	894 115			
浙江	1415	汽车整车	319 104	2 795.4	37.3	2697.3
		汽车改装车	87 215			
		摩托	2 302 458			

资料来源：根据《中国汽车工业年鉴 2012》整理

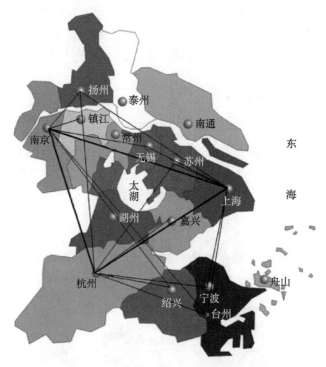

图 6-2　长三角汽车零部件生产网络关系示意图

资料来源：根据供应商信息与访谈数据绘制

（三）长三角汽车研发网络

从长三角汽车产业研发执行情况看，基于良好的区位、市场、总部经济效应、跨国公司人才集聚优势，上海成为长三角最大的研发集聚中心。主要汽车集团与同济大学、上海交通大学、上海工程技术大学等建立了长三角最大的汽车研发平台与研发创新中心。在新能源汽车、关键技术、人才培训等方面开展全方位合作。同时，美国、德国、日本等国的汽车行业巨头，均与上海汽车企业有良好的研发合作与投资合作关系。虽然它们在关键技术上进行封锁，但在合作中对促进中方企业的技术创新还是提供了一定的机会。另外，为突破国外汽车巨头在关键技术上的封锁，吉利、奇瑞、海马、比亚迪等自主品牌，正在借力上海的地理中心优势与技术溢出效应，在上海设立研发中心，并与相关企业开展研发合作，这对中国区域生产网络快速融入世界生产网络体系与促进本地生产网络转型升级具有重要意义。综合主要企业与研发中心（基地）的访谈信息，长三角地区汽车企业、研发（创新）中心（或基地）间已形成较密切的协作关系，这些研发网络多与高等学校、研究院所、重点企业形成同区位性空间格局，并通过研发与创新合作、平台建设、人才培养与培训、生产实践等方式形成不同层级的研发网络（图 6-3），其中以上海的研发中心为基础的研发网络最强，其研发产品已辐射到国内主要汽车集团和相关企业。

图 6-3 长三角汽车研发网络关系示意图

资料来源：根据主要汽车集团访谈数据绘制

　　总之，无论从整车生产网络、零部件生产网络，还是从研发网络看，省域内部的分工与协作强度远远大于省际的分工与合作，省际的联系主要通过研发合作、零部件供应关系实现，企业间以供应链为联系方式。根据长三角主要产业分布格局和规划，以及主要汽车零部件企业空间分布，本地区汽车零部件产业分布带与机械工业集中分布区具有同区位性（图 6-4），这样有利于实现长三角地区产业分工与协作，形成紧密的技术关联性，促进生产网络的形成与紧密性区域关系。同时，从三个地区产业结构相似系数看，其相似系数为 60% ～ 75%（表 6-3），16 个主要中心城市间存在较明显的产业同质性重构与同质性竞争现象。因此，按价值链与产业链分工体系，根据优势与比较优势（含竞争优势与比较竞争优势）原则，推进各中心城市间的产业分工与协作，构建合理生产网络，是降低企业生产成本、提升企业绩效的必然路径选择，也是促进产业发展转型与可持续发展的必然要求。同时，促进省际生产网络整合，推进合力研发与创新，对促进长三角汽车产业的持续发展具有重要意义。

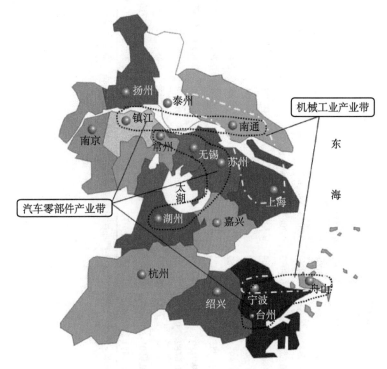

图 6-4　长三角汽车零部件产业带与机械工业产业带空间格局示意图

资料来源：根据长三角产业规划与主要汽车产业空间分布信息绘制

表 6-3　长三角地区中心城市产业相似系数（2012 年）

	上海	南京	苏州	无锡	常州	南通	镇江	泰州	扬州	杭州	宁波	台州	绍兴	舟山	湖州	嘉兴
上海	1.0000															
南京	0.7031	1.0000														
苏州	0.6571	0.6873	1.0000													
无锡	0.6667	0.6935	0.7095	1.0000												
常州	0.6615	0.6906	0.7096	0.7096	1.0000											
南通	0.6472	0.6814	0.7065	0.7055	0.7077	1.0000										
镇江	0.6505	0.6835	0.7093	0.7083	0.7094	0.7088	1.0000									
泰州	0.6432	0.6787	0.7064	0.7050	0.7073	0.7099	0.7088	1.0000								
扬州	0.6481	0.6821	0.7070	0.7060	0.7080	0.7100	0.7091	0.7099	1.0000							
杭州	0.6971	0.7091	0.6952	0.7001	0.6981	0.6908	0.6924	0.7021	0.6913	1.0000						
宁波	0.6755	0.6993	0.7072	0.7089	0.7086	0.7052	0.7064	0.7042	0.7055	0.7047	1.0000					
台州	0.6776	0.7005	0.7048	0.7069	0.7071	0.7048	0.7047	0.7036	0.7051	0.7055	0.7095	1.0000				
绍兴	0.6482	0.6820	0.7088	0.7076	0.7090	0.7092	0.7099	0.7093	0.7094	0.6913	0.7059	0.7044	1.0000			
舟山	0.6856	0.7033	0.6952	0.6990	0.6993	0.6978	0.6955	0.6957	0.6978	0.7063	0.7049	0.7075	0.6953	1.0000		
湖州	0.6501	0.6834	0.7068	0.7060	0.7080	0.7100	0.7089	0.7098	0.7100	0.6924	0.7059	0.7056	0.7092	0.6990	1.0000	
嘉兴	0.6471	0.6813	0.7086	0.7073	0.7088	0.7094	0.7099	0.7095	0.7095	0.6907	0.7056	0.7042	0.7100	0.6951	0.7093	1.0000

资料来源：根据长三角 2012 年产业统计数据，利用联合国工业发展组织国际工业研究中心提出的相似系数模型求解产业相似系数。

（四）长三角汽车生产网络的全球嵌入与本土提升

由汽车产业价值链可知，整车和关键零部件的研发设计、品牌营销处于价值链的高端环节，这两个"非生产性"环节带来的附加价值最多，获利性最高，而零部件的生产制造与整车组装处于价值链的低端，附加价值最少，获利性最低（图6-5）。因此，长三角地区的汽车产业升级，需要通过政府政策引导、创新环境营造、技术更新换代、研发人才培养、产业集群培育和地方社会网络融合等途径，沿着简单零部件生产—配件组装—关键零部件生产和研发—整车设计的方向逐步攀升，积极培育和提升本地汽车生产网络，带动本地产业升级；从长三角汽车产业的整体来说，地方生产网络在全球中的权力地位（positionality）决定了其对全球生产网络的参与程度，但长三角内部，上海、江苏和浙江的学习能力不同，导致它们的分工存在差异，也决定了它们在地方生产网络的不同地位和作用；同时，长三角汽车产业的升级必须依托跨国公司在本地的生产网络，采取合资、合作、战略联盟等形式寻找嵌入机会，同时借助人才流动、技术溢出和管理示范等形式进一步加强自身的学习能力，推动地方生产网络参与和嵌入全球生产网络中，借助外部动力来促进地方生产网络的演化和升级。

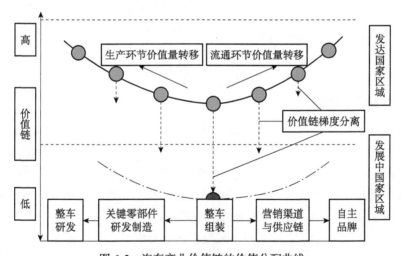

图 6-5　汽车产业价值链的价值分配曲线

图中的圆圈代表价值环节

资料来源：根据周煜（2008）修改绘制

从本地生产网络嵌入全球生产网络这个环节来讲，本土企业与跨国公司在本地子公司的联系尤为关键。以上海的汽车生产网络为例，目前上海的两家最大合资汽车企业是上海大众汽车有限公司和上海通用汽车有限公司，这两家公司作为领导厂商控制着上海乃至长三角的汽车生产网络。作为合资公司，其有双重的身份：一方面，它是地方生产网络的重要组成部分和管理者，具有重要的控制权力；另一方面，它作为全球生产网络的重要节点，根植于地方生产网络。上海汽车生产网络主要是由大众和通用两个巨头，以及众多供应商和服务商构成，上海大众汽车有限公司是一个跨国公司与本地企业通过战略博弈而实现以跨国公司地方根植为主导的企业生产网络演变的典型范例（马丽等，2004）。另外，通过对上海79家零部件企业配套的研究发现，只为通用配套的零部件企业为6家，只为大众配套的零部件企业有30家，同时为两者配套的有33家，都没有配套关系的有10家。上海汽车零部件企业具备为大众和通用两个核心配套的特征（图6-6），也从侧面说明以上海为中心的长三角地方汽车生产网络正在发育，并积极参与到全球生产网络中。

本地企业通过与跨国公司合资、合作，产业链上下游联系及自身的技术创新，不断提高自身研发创新能力，也促进了地方生产网络的整体提升。另外，长三角地区拥有自主品牌的本土企业，也开始不断进军海外，积极在海外实施并购，从外部获取技术和管理经验，这也在一定程度上加速了长三角汽车地方生产网络的技术改进和功能提升。

三、网络与协作分析

（一）密集性分析

2011年，长三角地区共有汽车工业企业2923家，产值10 878亿元，同比增长19.2%，占全国的21.76%；从业人员91.47万人；主营业务收入11 935.8亿元，同比增长16.0%，占全国的51.01%；产量、销量分别占全国的17.80%、17.50%。因此，从全国汽车产业格局层面看，长三角地区是中国汽车产业的高密度分布区，是中国汽车工业发展的核心区域。

从长三角地区层面看，2900多家汽车产业及配套产业中超过57%的企业集中分布于16个主要中心城市及产业园区，主要产业园区为上海的嘉定安亭、浦东金桥、临港新城和金山枫泾四大产业基地，江苏的南京、扬州、盐城、徐州、镇江、苏州等汽车基地，浙江的杭州、台州、温州、宁波、金华等产业集群区，也呈现出明显的空间布局相对密集性特征。

（二）接近性分析

长三角地区地域相邻、文化相融，人员交流和经济往来密切，形成了多层

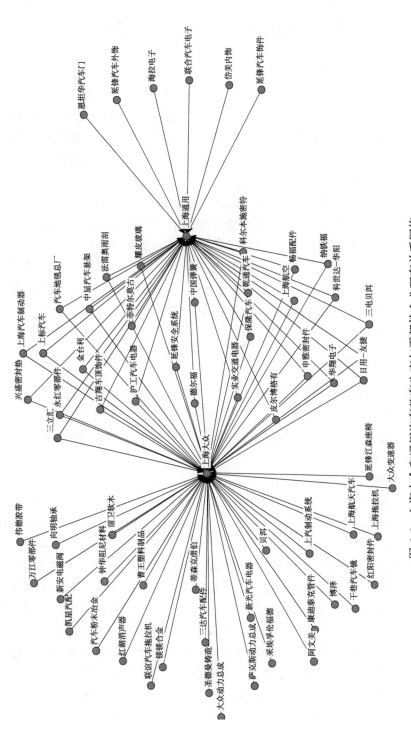

图 6-6　上海大众和通用汽车整车生产与零部件企业配套关系网络

次、宽领域的合作交流机制，为产业一体化提供了良好条件。从长三角地区汽车工业空间格局看，具有明显的空间接近性，这种空间接近性得益于长三角地区快捷的网络化交通运输体系、网络基础设施。从交通运输网络层面讲，长三角地区交通一体化与网络化已经形成，主要中心城市间1小时直达的经济圈已经形成；从信息网络层面讲，长三角地区有高速互联互通网络平台、市长联席机制、金融协同机制与服务管理体系，为产业一体化与协作发展提供了体制机制与整合平台；从物流服务网络层面讲，长三角地区正在形成现代商贸物流网络，为汽车产业物流提供了良好支撑，目前，已基本形成以上海为中心，以宁波港、舟山港为南翼，以洋口港为北翼，以及其他港口为支持的长三角港口群，年货物吞吐量占全国的1/3以上；从教育培训网络层面讲，长三角地区汽车产业基地与教育培训机构呈明显的同区位性，并已形成教学、实训、再教育三位一体的协作关系，目前已形成的上汽-同济、大众-同济、南汽-东南大学、南汽-江苏大学、吉利汽车研究院等产学研与教育培训协作网络，这些网络的形成与企业、大学的同区位性空间格局，校企合作息息相关。

（三）延展性分析

长三角地区位于亚太经济区、太平洋西岸的中间地带，处于西太平洋航线要冲，具有成为亚太地区重要门户的优越条件。地处我国东部沿海地区与长江流域的结合部，拥有面向国际、连接南北、辐射中西部的密集立体交通网络和现代化港口群，经济腹地广阔，对长江流域乃至全国发展具有重要的带动作用，辐射影响范围逐年扩大。因此，长三角地区可依托产业基地、交通网络和港口优势，形成全国的汽车产业核心区，并通过新基地、新工厂、研发的外扩实现产业功能的区域外延展，一方面带动长三角地区汽车产业生产网络的优化与整合，长三角内部汽车集团、相关企业间已形成密切的供应关系，实现了区域内部产业间的良性互动，如吉利上海研发中心就是利用上海的创新与研发平台、企业协作，为吉利提供支持服务。另一方面带动全国汽车产业生产网络的空间大优化，可形成全国汽车物流网络中心、走向亚太与世界的窗口，如根据访谈得知，吉利集团已在兰州、湘潭、济南、成都等地建立汽车整车和动力总成制造基地，形成产业空间扩散与联动效应，并初步形成汽车行业战略联盟，在整车开发、动力总成、关键零部件、研发资源、节能与新能源汽车、生产制造管理等领域开展合作。延展性也表现在以4S店与服务网点为基础的企业服务协作网络方面，是企业空间扩散的重要表现形式，一定程度上反映了企业的技术与服务溢出效应。

（四）溢出性分析

溢出主要是指知识与技术在长三角地区汽车产业发展中的溢出：一是基于技术与研究的人才流动、教育培训与投资性溢出；二是基于 FDI 的接收企业溢出；三是基于知识型员工与科学管理型人才的人力资本性溢出；四是地方产业政策的溢出。

长三角地区资料显示，汽车产业在机械制造业中所占的比重大大提升。2012 年，上海机械工业对工业发展的贡献率为 66%，江苏机械工业对工业发展的贡献率为 57%，浙江机械工业对工业发展的贡献率为 52%；同期，上海汽车产业产值占机械制造业产值的比重为 20.8%，江苏汽车产业产值占机械制造业产值的比重为 13.04%，浙江汽车产业产值占机械制造业产值的比重为 18.5%。在空间格局上，长三角主要汽车产业集群区与机械工业园区表现为明显的同区位性，表现为以上海为龙头，沿沪宁、沪杭甬线及沿江、沿湾和沿海集聚发展。因此，长三角地区机械工业主要从技术关联、人力资本关联角度为汽车工业的发展提供技术、人力与市场等支撑与服务。

从 FDI 来源与进入领域看，根据中国汽车供应商网资料，长三角汽车工业 FDI 主要来源于美国的德尔福、伟世通、博格华纳、江森、辉门、康明斯，德国的博世、采埃孚、贝洱、马勒、曼·胡默尔，日本的电装、东洋、住友、旭硝子、松下、矢崎、普利司通，英国的皮尔金顿，瑞士的乔治·费歇尔，瑞典的斯凯孚等，其投资领域涉及发动机零部件、底盘零部件、车身零部件、电子电器零部件及汽车通用件等，主要包括技术入股、铸造、制动系统、转向系统、驱动系统、喷射系统、燃油系统、电子电器产品、发动机部件、仪表、车载通信与电子系统、传感系统、精密器件及汽车用品等。从 FDI 与汽车制造业的产出关系看，2012 年长三角地区汽车工业吸纳 FDI 占本地制造业吸纳总额的 37.45%、地区吸纳总额的 11.67%，较上年度分别提高 1.3 个、0.97 个百分点，FDI 对汽车工业的有效贡献度增大。

四、政策对汽车产业发展影响

政策对产业基地、产业链等的形成与发展具有重要作用。上海汽车产业围绕"创新方式提内涵、创造纪录上台阶、创新体制谋长远"的工作要求，加快自主创新，提升质量保证能力、开发能力和新能源汽车产业化能力，不断增强企业核心竞争力和国际经营能力，打造支撑中高端定位的产品质量，树立上海商用车自主品牌国际形象，合理布局战略资源，实现服务贸易全新突破。江苏汽车产业走保重点、调结构、促创新之路。重点企业发展良好，东风悦达起亚、南汽集团、南京长安、苏州金龙等骨干企业已形成规模化发展，初步形成较强核心竞争力。空间上实现区域聚集和集约化发展，形成南京、扬州、盐城三大乘用车基地，南京、扬州、徐州、镇江、苏州专用汽车基地；新能源汽车研发已全面展开，已有4家企业8款车列入国家节能与新能源汽车示范推广应用工程推荐车型目录。浙江汽车产业走块状经济布局模式，大力发展汽车产业园区形成产业集群，如金华汽车产业集聚区重点发展豪华大型客车、经济型轿车、休闲娱乐特种车、重型载货车等汽车制造与汽配产业。浙江在新能源汽车发展方面出台了《浙江省新能源汽车产业发展规划（2010）》，划定杭州、金华为两大新能源汽车集聚区，并把汽车工业作为战略性新兴产业，着力提升整车和改装车企业研发能力，2010年实现具有自主知识产权、自主品牌基本型与改进型汽车新产品达308项。从产业空间区位选择角度讲，政策导向性作用明显，如上海安亭国际汽车城就是政策指向作用的结果，政府给予企业土地开发、产业准入等方面的优惠政策，建立产业园区，安亭镇利用汽车工业发展的机会，捕捉相关产业发展机会，建设镇属汽车产业园，发展汽车零部件及配套产业、供应商交易平台，与国际汽车城实现就地对接，实现了产业的快速发展与结构优化。

从进出口结构看，全国汽车零部件进出口增长明显（表6-4），对汽车工业的发展起到重要推动作用。长三角地区零部件进出口（图6-7）受政策影响，也呈增长的态势，虽然增长速度有波动，这与国内零部件及配套产业的快速发展、同内相关企业技术能级的提升、产品质量等有关，总体上进出口结构与长三角地区汽车工业生产网络的融合日益优化，进口依赖性降低，国内自主创新能力的提升对长三角汽车工业的发展起到良好作用。

表6-4　2011年全国汽车零部件进出口情况

项目	进口总额/亿美元	进口增速/%	出口总额/亿美元	出口增速/%
发动机整机	31.0	18	17.7	80
发动机零部件	44.4	25	48.7	33
车身附件、零件	63.6	18	55.2	18
汽车照明及信号装置	13.3	26	23.3	29
汽车电子电器	20.1	23	86.5	18
制动系统	12.4	4	36.9	23
轿车自动变速器	62.0	19	3.1	29
变速箱及零件	88.6	19	10.1	33

续表

项目	进口总额 / 亿美元	进口增速 /%	出口总额 / 亿美元	出口增速 /%
驱动桥及堆部件	5.0	38	5.0	46
传动系统	99.5	19	25.2	28
车轮及零件	2.3	46	43.3	25
汽车轮胎	5.8	33	132.1	42
悬挂系统及零件	7.6	16	15.6	29
行驶系统	0.2	1.7	0.5	77
转向系统	16.0	29	9.6	37
其他	22.6	10	32.7	12

资料来源：根据《中国汽车工业年鉴》、中国汽车供应商网资料整理

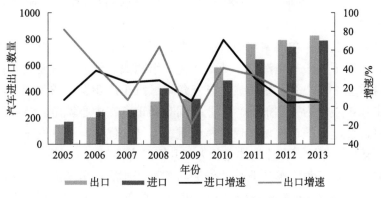

图 6-7　2005 ～ 2013 年长三角地区汽车零部件进出口演化

由此可见，政策是汽车产业集群、产业关系链、品牌战略、产品结构形成与发展的重要动力源，也是促进汽车产业转型与升级的重要机制，同时受汽车产业政策引导，长三角地区汽车产业生产网络、供应链网络、研发与校企合作网络已初步形成，跨区域汽车产业分工与协作关系日益紧密化，以汽车生产网络、产品供应网络与研发网络为核心的长三角区域共生协作模式逐渐成为长三角地区城市－区域体系与区域协调与可持续发展的重要动力源之一。

第四节　本章小结

汽车产业已成为长三角地区重要的战略性支柱产业，并对长三角城市－区

域经济发展起到良好推动作用，并以汽车相关产业生产网络为基础形成了长三角集研发、生产、营销、服务于一体的生产体系，基于一体化协作的价值体系与供应体系是长三角地区汽车产业生产网络形成与发展的重要动力，也是长三角城市空间重构与优化的重要基础。由于多中心制度门槛、利益博弈等因素制约，长三角地区内部供应商结构与价值体系优化还需要政策上的突破，也需要完全共享的基础设施网络与市场网络提供支撑，这样才能实现完全意义上的一体化生产网络。

从生产网络角度看，基于价值链整合与供应链优化，长三角汽车产业关联性日益增强，包括整车生产、零配件生产在内的生产网络系统越来越完善，产业价值链关系得到优化，企业效益得到了较大提升，上海是长三角汽车产业生产网络核心，杭州、南京是重要的区域中心，并以三个城市为中心形成了三个主要的汽车产业生产网络。三大生产网络通过供应链、服务链形成整合生产网络。

从演化角度看，在国家与地方战略性新兴产业政策、企业自主创新与市场需求多轮驱动下，长三角汽车产业集团化、组团式发展成为重要模式，通过集团式整合重组，核心企业集团成为长三角地区汽车产业发展的关键，产业创造能力与市场扩展能力得到加强，产业空间布局重点在中心城市、节点城市或交通运输基础优越的城市区域，通过整合重组与结构优化，虽然汽车企业总体数量上有所减少，但汽车产业整体竞争力与升级能力得到大大提升。

总之，从长三角汽车产业持续发展与长远产业战略角度讲，今后应在产业转型与升级进程中，重发展与驱动动力培育、重产业链整合与核心产业链培育、重行业内涵发展与创新流程，着力提升核心企业与关键企业的引领功能、着力拓展产业链与空间优化布局、着力打造集团内部与集团间公共服务平台，以价值链重构与地方生产网络为平台提升汽车产业整合功能体系，实现长三角汽车产业发展的核、链、网融合，从而提升长三角汽车产业整合竞争力、创造与创新能力，并通过汽车产业发展带动长三角地区及关联区域的发展。在生产网络与产业治理体系上应坚持一元多极共治的产业空间治理模式，即坚持汽车产业价值链体系与区域共享一体化产业综合体为主线，以上海汽车产业城为核心，以杭州、南京、宁波、徐州、金华等区域性中心城市为产业集群基地的多极增长模式，在共同的价值体系下，形成产业多中心整合的协同管理体系。

@ 第七章 ⌒

基于价值链－生产性服务业融合视角的中国城市网络研究

生产性服务业是制造业外部化的结果，而制造业价值链的研究并未将外部化的生产者服务纳入其研究框架。目前，生产性服务业是世界城市网络研究的主要依据，而从价值链或生产网络视角对世界城市网络的研究也逐步兴起。生产性服务业视角的世界城市网络研究更加侧重世界城市体系中少数世界城市所形成的封闭网络的研究，而从价值链视角的世界城市网络研究则侧重制造业价值链内城市之间的网络关系。本章从价值链与生产性服务业相互联系的视角出发，将生产性服务业作为价值链的外部延伸及支持活动来建立完整的价值链体系，进而建立生产性服务业－价值链体系下的完整的城市网络图景。

第一节 生产性服务业：定义、类型和一般作用

一、生产性服务业界定

生产性服务业范畴的理论渊源可追溯到早期配第－克拉克定律及库兹涅茨定律，但这些理论都没对生产性服务业进行明确的界定（李江帆和毕斗斗，2004）。随着服务业日益发展，对生产性服务业的定义也在发生变化。对生产性服务业的研究始于 20 世纪 60 年代，学者主要从产品属性或需求的角度揭示了生产性服务业的内涵，由于研究对象不同，对生产性服务业往往有不同的定义。进入 20 世纪 80 年代以后，大部分学者对生产服务业的界定有了统一的认识，即生产性服务业是生产过程的中间投入产业（Grubel and Walker，1989；

Hansen，1994）。从生产者服务的商品属性讨论可以看出，生产性服务业作为一个产业有其共同特征，即为一种中间投入且主要服务于生产者而非消费者，这是其与传统服务业的主要区别。也有学者从产业需求角度认为生产性服务业是依靠制造部门并为其提供所需服务的产业（Juleff，1996）。而我国学者钟韵和闫小培（2005）认为生产性服务主要是为生产、商务活动和政府管理提供的服务；生产者服务间接服务于整个生产过程却不直接参与生产或物质转化，是任何工业生产环节不可或缺的外部支持活动。总体上看，国内外学者对生产性服务业定义达成的一个基本共识是：它是一种中间投入，是一种生产过程的中间需求性服务业，并且具有专业性和知识性等特点。而对生产性服务业所包括的具体活动的外延还没有形成一致意见（表7-1）。

表7-1　学者对生产性服务业的定义

年份	作者	定义
1982	Hubbard	生产性服务业是服务业中排除消费者服务业的部分
1987	Marshall	生产性服务业是支持市场中交易的信息服务业
1990	Stull	主要协助其他企业或组织生产产品或劳务的服务业
1990	Noyelle	生产性服务业是外部化于一般企业的服务集合，是企业为降低其内部生产成本而形成的具有生产性功能的服务业
1991	Reid	生产性服务业就是商业服务业
1999	Hill	生产性服务业是生产厂商的中间成本投入

资料来源：高春亮，2005，作者修改

二、生产性服务业的类型

对于生产性服务业的概念，学术界逐步达成共识，但在生产性服务业涉及哪些部门上仍然存在不同见解。对于生产性服务业的分类，学者主要从拓展生产服务概念外延的角度来概括和描述生产性服务业所涵盖的服务业类型。譬如，Browning 和 Singelman（1975）在对服务业进行功能分类时，认为生产性服务业主要包括金融保险、工商法律服务及经纪等为客户提供专门服务的知识密集型服务行业。Daniels（1985）则认为生产性服务业主要包括消费性服务业以外的所有服务领域，并将货物储存与分配、安全服务、办公清洁等也划分在生产性服务业之内。在分析生产性服务业的行业类型时，除从专业行业上考察以外，也有学者根据服务内容的不同对生产性服务业进行分类。Marshall（1987）认为生产性服务业包括与信息服务相关的行业（如流程处理、研发设计、广告、市场研究、传媒等）、与商品销售相关的服务业（如销售和储存、设备安装、维护和修理、废物回收等）、与生产外部支持相关的服务业（如工人福利服务、场所保洁等）。Martinelli（1991）根据生产性服务业所服务生产环节将生产性服务业划分为与生产资料分配和流通相关的行业（如与资本相关的金融服务、与劳动力相关的猎头和培训服务等）、与产品设计和创新相关的行业（如研发设计服务等）、与生产组织和管理相关的行业（如财务、法律、信息咨询处理服务等）、与生产本身相关的行业（如质量控制、后勤保障服务等）、与产品销售相关的活动（如运输、市场营销、广告服务等）。我国学者钟韵（2007）则将生产性服务业划分为五个大类：金融保险业、信息咨询服务业、房地产业、计算机应用服务业及科学研究与综合技术服务业。

出于行业统计需要，不同国家或地区对生产性服务业的门类划分也有所不同。英国主要将生产性服务业划分为批发分配业、金融保险辅导业、货运业、广告业、研究与发展、贸易协会、废弃物处理业等类型；美国将生产性服务业主要划分为金融业、保险业、不动产开发与咨询业、商业服务业、法律服务业、会员组织和其他专业服务等；加拿大对生产性服务业的划分主要包括金融与保险业、商业服务业（主要包括法律、广告、会计和计算机服务等）、不动产、建筑业（主要包括土地利用和项目管理等）及人员培训等几个类别；中国香港规定的生产者服务业主要包括金融保险服务业、专业服务业（会计、法律、广告等）、信息和中介服务业，以及与贸易相关的服务行业等。中国（不含港澳台地区）则将生产性服务业主要分为交通运输业、现代物流业、金融服务业、信息服务业和商务服务业等五个类别。

三、生产性服务业的一般作用

生产性服务业作为生产的中间投入，其主要作用是推动其他产业特别是制造业的发展，是其他产业部门发展和便于部门间经济交易的黏合剂，可以提高制造业各生产环节的价值产出和运营效率（Riddle，1985）。Francois（1990）认为生产性服务业对实现制造业的规模经济有着至关重要的作用。Gruble 等（1993）则认为生产者服务的核心功能在于积累人力资本和知识资本，深化生产的迂回过程和生产的专业化程度，可以提高产品的资本和知识增加值，提高制造业的盈利水平和竞争力。程大中（2006）借鉴 Francois 有关生产性服务业在专业化生产分工体系中的连接与协调作用的研究成果，利用不完全竞争与收益递增的理论分析生产者服务与专业化生产之间的相互促进关系。

陶继铭（2006）则认为生产性服务业是市场外部性功能和市场网络功能起作用的重要媒介。生产性服务业的外部性功能主要指促进制造业生产实现规模报酬递增，生产性服务业的网络功能主要表现为其是知识和技术创新外溢的主要传导媒介。在外部性和网络媒介两种功能的作用下，生产性服务业一方面通过人力资本和知识资本（研发、培训等）提高生产效率；另一方面通过现代信息通信技术（交通、通信技术等）及专业化知识（会计、法律、广告等）的应用降低企业的交易成本，同时随着生产性服务业的全球扩张与区域集聚强化了其所具有的知识技术溢出效应和网络效应，各种生产要素如资本、劳动力及物质资源在信息、技术和知识等生产者服务的作用下构建了整体协调的经济系统，促进经济从传统规模扩张向新经济增长模式转变。

随着研究的深入，学者们意识到生产性服务业对工业化和城市化具有更深层次的影响，工业化需要利用发达的生产者服务以支撑和促进工业的信息化和产业融合，城市化的进程也同服务业的集聚和扩张紧密地联系在一起（周振华，2003）。譬如，从全球城市的形成机制及发展模式来看，其城市功能和地位来自于以先进生产性服务业为基础和支撑的跨国公司总部集聚所产生的全球控制力和支配力（Sassen，1991）。

第二节　生产性服务业——价值链的"黏合剂"

生产性服务业的产生与发展是产业分工不断深化的结果。生产性服务业最初是制造业企业内部的支持价值生产的辅助活动，随着制造业内部分工的加剧，内部生产者服务功能从制造业企业内部分离出来，外部化的专业化生产性服务业能够有效节约企业成本（高春亮，2005）。但传统全球价值链理论仅关注制造业产业内各价值环节的相互关系，缺乏对生产性服务业在建立和维系全球价值链中所起关键作用的理解（周振华，2007）。早期尽管有学者呼吁要发掘服务业对全球价值链的纽带作用（Rabach and Kim，1994），但全球价值链研究一直没有深入这一领域之中。

在企业价值链方面，波特将制造业企业的价值链划分为基本活动和辅助活动两个部分（图7-1）。其中基本活动是企业价值链的主要组成部分，是价值生产的主要环节，辅助活动主要为基本活动的价值生产提供服务支持。在全球化时代，随着企业特别是跨国公司在世界范围内的扩张，企业的空间组织形式由单一国家集中布局向多国分散化布局发展。为了降低劳动力成本、提高生产效率及协调位于不同区位部门的生产，企业也更愿意通过外部市场来购买专业化的生产者服务，而不愿意进行内部自我提供（Abraham and Taylor，1996）。可见，外部生产者服务对企业内部价值链的连接作用，也是企业价值链价值创造的外部延伸。

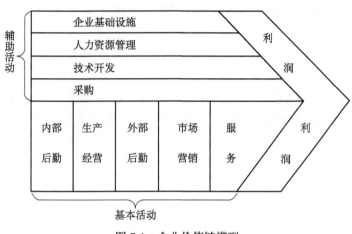

图 7-1　企业价值链模型

资料来源：Porter，1985

　　传统企业价值链，其基本构成要素大部分来自企业内部，而生产性服务业则被看作企业价值链活动的外部构成要素。全球价值链是在产品内分工基础上形成的，是由某一产业，或者生产某一产品的一系列生产区段或模块的公司所构成的生产链条。产业或产品全球价值链不同区段之间的交易的实现需要各种类型的生产者服务的支持。而且，全球价值链在空间上主要通过跨国公司对外直接投资与生产外包呈现出全球分散化生产格局，跨国界的生产与交易导致对生产服务业具有更为强烈的需求。正是全球价值链的这种复杂的企业间组织模式和空间分散化格局，使得生产性服务业成为全球价值链不同生产区段或模块相互联系的"黏合剂"。生产性服务业在促进全球价值链整个链条的连接与价值创造过程中，自身也成为全球价值链的不可或缺的价值创造环节。

　　Jones 和 Kierzkowski（1990）正是基于生产性服务业的"黏合剂"作用，提出了"生产区段和服务链"（production blocks and service links）理论，描绘了融入生产性服务业环节的完整的全球价值链模型（图 7-2），也有学者将其定义为全球制造－服务价值链（Ma and Su，2010）。服务链是由一系列诸如银行、保险、法律、广告、交通运输等专业化的生产性服务业所组成的服务纽带，当生产过程由分散到位于不同国家和区域的生产区段合作进行时，生产区段对生产者服务纽带的需求就会上升。图 7-2（a）描述了生产过程的分散化过程。图 7-2（a）表示单一生产区段，服务投入的影响在这一阶段并不明显，仅仅参与生产区段的内部协调、联结厂商和消费者的营销活动。图 7-2（b）中的两个生产区段需要通过服务来协调和联结，这种协调和联结必然需要成本，比如运输服务成本。图 7-2（c）表示生产区段的垂直分工，各个生产区段通过生产者服务链形成一个完整的生产链。如果说图 7-2（b）和图 7-2（c）反映了生产区段的"串联"即上下游关系的话，那么图 7-2（d）则显示了一种新的生产组织模式，当生产链的某一生产区段发生水平分工，将出现有关生产区段的"并联"，即平行运行。

　　"生产区段和服务链"理论刻画了全球价值链在劳动分工不断深化的情况下生产者服务对产业链条中不同生产区段的组织所起到的"黏合剂"作用。

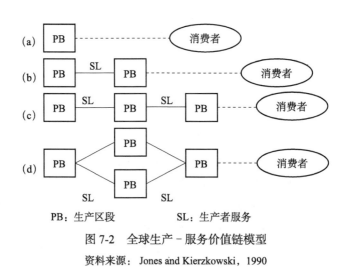

PB：生产区段　　　　　　SL：生产者服务

图 7-2　全球生产 – 服务价值链模型

资料来源：Jones and Kierzkowski，1990

第三节　生产性服务业的空间配置及其连接城市网络的作用

　　当代全球价值链的片断化及空间分离是导致价值链作为城市网络经济联系的内在动力。而生产性服务业作为维持全球价值链连续性的必要中间价值投入，也成为城市网络联结的一种力量。特别是高级生产性服务业（APS）在世界城市网络层级中对维系城市间联系的作用表现最为突出。

一、生产性服务业的空间配置

生产者服务业的空间布局模式一直是地理学界研究的热点，主要包括对生产性服务业在大区域内的布局研究及生产性服务业在城市内部的布局研究。本书主要关注生产性服务业在全球、国家及城市区域层面等大区域内的空间布局。

从全球或国家层面看，生产性服务业主要集聚在大都市或全球城市区域，尤其是北美和欧洲等发达国家的大都市。Drennan（1992）研究发现，在纽约、洛杉矶、芝加哥、旧金山四个大都市区尤其是它们的中心城市，生产性服务业具有高集聚性和专业化。Gillespie 等（1987）和 Coffey（1990）等分别对英国和加拿大进行的研究同样表明，生产性服务业在大都市区具有高度集聚特征，如英国生产性服务业主要集中分布于以伦敦为核心的东南部大都市区。Thompson（2004）通过对就业份额分析发现，21 世纪初美国大都市区生产性服务业就业份额一般是非都市区的两倍以上。Illeris 等（1995）对北欧各国生产性服务业空间布局进行了实证研究，通过计算区位熵发现大都市区生产性服务业的集聚度明显高于非大都市。而亚洲地区生产性服务业也主要集中在大城市，即城市网络中的重要节点和门户城市（Connor and Hutton，1998）。

在城市区域或大都市区内部层面，生产性服务业呈现"集中式分散"的多核心模式，但中心城区或城市 CBD 依然是生产性服务业核心功能的主要集聚空间。Marshall（1994）分析了英国的大都市区商业服务业的布局，结果显示大都市区主要集中了总部管理、高级商业服务、金融等生产性服务业功能，而日常行政管理功能则布局在大都市腹地，且生产者服务公司在大都市区的服务功能片断化和空间布局分散化加剧。Bailly（1995）研究发现，高级生产性服务业（APS）主要集中在全球城市，如纽约、伦敦、巴黎、法兰克福、阿姆斯特丹等。这些城市的生产性服务业通过公司网络在城市体系内实现功能分工和空间扩张，总部功能和高水平生产性服务业一般集聚分布于城市核心，而"后台管理"等低水平非核心日常活动布局于周边较小城市。Fujita 和Hartshorn（1995）在生产性服务业空间演化的实证研究中发现，亚特兰大郊区商业中心正在成为除城市 CBD 之外的生产性服务业集聚场所，生产性服务业在大都市区呈现多核心和分散化布局模式。Illeris（1997）认为，能够实现标准化的生产者服务功能分散布局于城市郊区或边缘城市，而不能实现标准化的复杂的专业化生产者服务功能会选择在中心城市集聚，以获取与客户的地理临近性优势。

二、生产服务业主导下的城市网络

生产性服务业与城市网络存在紧密的联系。Sassen（1991）认为全球化时代生产的地理分散性推动了向布局于全球的各种经济空间提供生产服务的集中性服务节点（世界城市）的成长。跨国公司的海外扩张与分散布局使得管理、协调、服务和金融等成为公司网络运行的复杂的战略中心功能；这种复杂性必然导致跨国公司需要各种专业化的金融、法律、会计、广告及信息传输等生产者服务公司来维系跨国企业网络的高效运作；专业化的生产者服务公司在全球化市场区位集聚并遵循规模经济原则促使世界城市形成；由于文化、社会、制度上的空间差异，实行全球化生产的跨国公司无法在世界各地获得标准化的专门化生产服务，这种由跨国公司带来的新的全球性生产服务业的需求，有效而迅速地推动了专门化的服务公司在世界范围的扩张；与此同时，在集聚经济的驱动下，专门化的生产性服务在全球化过程中，体现出在大城市区的集聚特征；这种伴随跨国公司全球化生产、专门化生产服务业的分散性空间聚居，最终形成了以专门化生产者服务公司集聚为特征、以生产者服务跨界交易为联系的"流的空间"的连锁网络——世界城市网络。英国拉夫堡大学世界城市研究小组（GaWC）根据高级生产性服务业机构的全球网络勾勒出了世界城市网络的空间模型（Taylor et al., 2001；2004；2010）。Taylor 认为先进生产者服务公司正是世界城市网络的连接者，其构成世界城市网络的连接包括三个层次：世界经济的网络层次、由网络信息工作发生的城市组成的节点层次、由整个过程发生的服务型公司组成的准节点层次。其中，高级生产性服务业是世界城市连接的基础。

在全球层面，对于先进生产性服务业构造下的世界城市网路，世界城市研究小组进行了一系列的实证研究，主要选取金融、保险、会计、法律、广告等生产性服务业全球机构布局数据建立了城市 – 生产性服务业矩阵来分析世界城市网络的联系度。结果表明，生产性服务业联系下的世界城市网络是一个具有层级结构且不断变化的动态城市系统，城市网络的联系度不断增强。根据 Taylor（2010）的研究成果，伦敦、纽约是世界城市网络的核心，其在世界城市网络中的地位无可动摇；香港、巴黎、新加坡、东京的地位也比较稳固。随着世界经济重心的转移，发达国家其他城市在世界城市网络中的联系度不断下降；而发展中国家和新兴市场国家的世界城市在世界城市网络中的地位不断上升，网络连接度明显增强，其中以上海、北京等世界城市变化最为明显（表7-2）。

在城市区域层面，以 Hall 为首的 POLYNET 项目组根据生产性服务业的城市区域尺度布局数据对欧洲区域城市体系的组织模式进行了分析，建立了生产性服务业主导下的区域城市网络——巨型城市区模式。POLYNET 项目组对欧洲八大巨型城市区城市网络的研究表明，巨型城市区内部存在以中心城市（世界城市）为核心的多中心网络组织模式，中心城市具有较高的连接度，而其他城市连接度比较平均；而在全球连接上，巨型城市区中心城市一般充当该城市区域的门户，具有较高的全球连接度（表 7-2）。

　　生产性服务业在全球尺度和城市区域尺度的空间布局，是世界城市网络与区域城市网络构建的主要力量之一；世界城市网络与区域城市网络通过生产者服务流可实现全球、国家、城市区域各个地理尺度城市网络的"无缝对接"。

表 7-2　2000 年、2004 年、2008 年主要世界城市网络连接度排名

排名	2000 年	2004 年	2008 年
1	伦敦	伦敦	伦敦
2	纽约	纽约	纽约
3	香港	香港	香港
4	巴黎	巴黎	巴黎
5	东京	东京	新加坡
6	新加坡	新加坡	东京
7	芝加哥	多伦多	悉尼
8	米兰	芝加哥	米兰
9	洛杉矶	马德里	上海
10	多伦多	法兰克福	北京
11	马德里	米兰	马德里
12	阿姆斯特丹	阿姆斯特丹	莫斯科
13	悉尼	布鲁塞尔	首尔
14	法兰克福	圣保罗	多伦多
15	布鲁塞尔	洛杉矶	布鲁塞尔
16	圣保罗	苏黎世	布宜诺斯艾利斯
17	旧金山	悉尼	孟买
18	墨西哥城	墨西哥城	吉隆坡
19	苏黎世	吉隆坡	芝加哥
20	台北	布宜诺斯艾利斯	华沙

资料来源：Taylor，2010

第四节　价值链 – 生产性服务业联系下的中国城市网络
——以 ICT 产业为例

目前城市网络研究仅采用跨国公司网络数据、生产性服务业机构网络数据、航空网络数据等单一视角的现状，使得从价值链视角的公司网络基础上形成的城市网络研究与从生产者服务视角的服务网络基础上形成的城市网络研究相互割裂。因此，有必要从价值链 – 生产者服务业的交互视角来考察中国城市网络的空间结构，以期形成完整的城市网络图谱。

一、研究方法与数据

（一）研究方法

本节从价值链 – 生产性服务业角度出发，选取 ICT 企业及为其服务的生产性服务业公司的地理联系来分析中国城市网络的空间结构。通过对在上海证券交易所和深圳证券交易所上市的 216 家 ICT 企业①的年报等公开资料的分析，提取为其提供会计、法律和金融②三种高级服务的生产者服务公司的地理信息，通过 ICT 企业所在城市与生产者服务公司所在城市的点与点的联系，分析由 ICT 产业价值链 – 生产性服务业所构成的中国城市网络结构。

（二）数据处理

本节所采用数据为在上海证券交易所和深圳证券交易所上市的 216 家 ICT 企业空间分布数据和为上述 216 家 ICT 企业提供会计、法律和金融服务的生产者服务公司空间分布数据。首先，根据 ICT 企业的空间布局数据确定 ICT 产业价值链所涉及的城市布局，即某个城市拥有 ICT 公司的数量；其次，根据为 ICT 企业提供会计、法律和金融服务的生产者服务公司所在城市确定服务型城市的分布。本节根据研究目标的需要，对服务型城市的界定依据城市生产者服务企业为 ICT 公司所提供的服务值大小来进行，如一个城市的会计、法律和金融

---

① 本节根据证监会行业分类选取的 216 家 ICT 企业主要包括制造业中的电子行业和信息技术行业。

② 金融类高级生产者服务公司指的是为 ICT 企业 IPO 提供服务的金融类公司，以证券公司为主。

三类生产者服务公司中任一公司为一家 ICT 企业提供服务，则可为该城市赋值 1 分；赋值总分超过 10 分，本节则认为该城市为服务型城市。最后，建立服务型城市与 ICT 企业所在城市的联系矩阵，服务型城市为 ICT 公司所在城市提供 1 个服务值，即可认定服务型城市与该城市具有 1 个联系，以此分析以服务型城市为核心的城市网络空间结构。

二、中国 ICT 上市企业的空间分布

根据对在上海证券交易所和深圳证券交所上市的 ICT 企业的总部所在地的统计发现，216 家 ICT 公司总部分布于全国 63 个城市；其中深圳、北京、上海和杭州四个城市拥有的 ICT 公司总部数量均超过 10 个，分别为深圳 38 个、北京 29 个、上海 18 个、杭州 11 个；ICT 公司总部数量在 5 ～ 10 个的城市，苏州 9 个、福州 9 个、武汉 7 个、广州 6 个、成都 6 个；其余城市 ICT 公司总部除宁波和长沙为 4 个外，均不超过 3 个（图 7-3）。由此可见，中国 ICT 公司总部主要集中于深圳、北京、上海、杭州及东部经济发达城市，中西部主要中心城市也有少量分布。

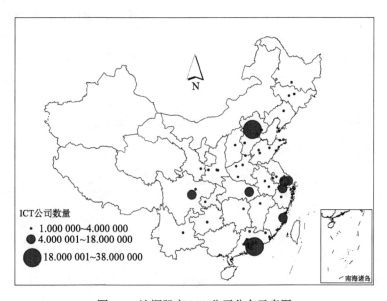

图 7-3　沪深股市 ICT 公司分布示意图

三、中国服务型城市空间分布

当代世界城市的产业结构已经由工业主导的产业结构向以服务业为主导的产业结构转换，世界城市已经由工业型城市转化为服务型城市。对服务型城市内涵的界定虽然学术界探讨不多，但一个基本公式就是服务型城市即以服务业为主导产业的城市发展模式（张伟，2011）。根据对216家在沪深股市上市的ICT企业所对应的会计、法律、金融三类服务公司所在城市的统计数据进行分析，共有10个城市具有服务型城市的特征，分别为北京、深圳、上海、杭州、广州、南京、福州、成都、武汉和合肥（表7-3）。

（一）服务型城市总体服务值与分类服务值分析

从服务型城市会计、法律及金融三类生产者服务的总体服务值来看，北京、深圳和上海处于中国服务型城市的顶端，总服务值分别达到218分、150分和97分；杭州、广州和南京处于中国服务型城市的第二集团，总服务值分别为30分、24分和18分；福州、成都、武汉和合肥处于中国服务型城市的第三集团，总体服务值均小于15分。

从会计服务分析来看，北京的服务值达到109分，一枝独秀；深圳、上海和杭州的服务值分别为27分、26分和20分，处于第二集团；其他六个城市会计服务值都低于10分，处于第三层次。在法律服务方面，其他城市与北京、深圳和上海具有明显的差距，北京、深圳和上海的服务质量分别为80分、40分和26分；而其他7个城市的法律服务值均小于10分；在金融服务方面，北京、深圳和上海的服务质量均远远大于其他城市，但北京的金融服务值仅为29分，而深圳和上海分别为83分和45分，其他城市的金融服务值除广州为10分外，均小于10分。

表7-3　中国主要服务型城市的服务值　　（单位：分）

城市	会计	法律	金融	合计
北京市	109（28）	80（29）	29（6）	218（63）
深圳市	27（22）	40（31）	83（26）	150（79）
上海市	26（11）	26（13）	45（9）	97（33）
杭州市	20（8）	9（7）	1（0）	30（16）
广州市	6（4）	8（4）	10（0）	24（8）
南京市	6（1）	6（2）	6（0）	18（3）
福州市	7（6）	4（4）	3（2）	14（12）

续表

城市	会计	法律	金融	合计
成都市	2（2）	6（4）	4（0）	12（6）
武汉市	5（3）	4（3）	3（1）	12（7）
合肥市	1（1）	5（2）	4（3）	10（6）

注：括号内数据为该城市为本市 ICT 企业提供生产性服务的个数

（二）服务型城市对外服务度分析

　　尽管服务型城市的基本特征是服务业在产业结构中占有主要地位，但服务型城市的服务对象却各不相同。因此本节构建服务型城市对外服务度指数来衡量服务型城市的服务空间特征。

$$X_i = \frac{M_i - N_i}{M_i} \qquad (7\text{-}1)$$

式中，X_i 表示 i 城市的对外服务度；M_i 表示 i 城市的总服务值；N_i 表示 i 城市的对内服务值。

　　如表 7-4 所示，处于顶端的服务型城市北京和上海，主要为其他城市的 ICT 公司提供会计、法律和金融服务，对外服务度分别达到 0.71 和 0.66；而深圳的对外服务度仅为 0.47，这主要是由于深圳本地 ICT 公司较多，所以为本市 ICT 提供生产者服务占其总服务值的二分之一强，但对外提供服务的服务值在绝对量上也超过其他低层次服务型城市；可见，北京、深圳和上海的生产性服务业主要以对外服务功能为主。处于第二集团的服务型城市杭州、广州和南京三市的对外服务度也较高，特别是南京和广州的对外服务度分别达到 0.83 和 0.67，而杭州的对外服务度也达到 0.47，说明三市的生产性服务业具有一定的对外服务功能。低级别的服务型城市福州、成都、武汉和合肥，成都的对外服务度达到 0.5，武汉和合肥的对外服务度均在 0.4 左右，而福州的对外服务度仅为 0.14，说明低层次的服务型城市其生产者服务对象主要以本市 ICT 企业为主，对外服务功能还比较低。

表 7-4　服务型城市对外服务度

北京	深圳	上海	杭州	广州	南京	福州	成都	武汉	合肥
0.71	0.47	0.66	0.47	0.67	0.83	0.14	0.5	0.42	0.4

四、生产性服务业 -ICT 产业塑造下的中国城市网络

　　正如上文论述，价值链内企业所在城市与生产性服务业企业所在城市的集

聚区位并不相同，产业价值链内企业与生产性服务业公司的区位错位使得价值链内公司所在城市与服务型城市联系在一起，构造了复杂的城市网络关系。本文根据 ICT 产业价值链与会计、法律及金融三类生产性服务业的联系来探讨中国城市网络的空间网络构造。

（一）基于会计类生产者服务 –ICT 企业的中国城市网络结构

从会计类生产者服务公司与 ICT 企业的联系来看，形成了以北京为首要服务型城市，以上海、深圳、杭州为次级服务型城市，以南京、广州、武汉和福州为低层次服务型城市的城市网络结构。北京向全国 44 个城市的 ICT 企业提供会计服务；其中北京与深圳和上海联系最紧密，向深圳和上海提供的会计服务值分别为 14 分和 6 分；其次与武汉、福州、长沙、贵阳联系也比较紧密，向武汉提供的会计服务值为 4 分，向其他三市提供的会计服务值均为 3 分；而向其他 38 个城市提供的服务值均小于 3 分。上海向全国 11 个城市的 ICT 公司提供会计服务，其中除深圳、吉林、重庆和太原外均为长三角城市；其中上海与苏州联系最为紧密，向苏州提供的服务值为 4 分；向杭州提供的服务值为 2 分，联系也较为紧密；上海向其他城市提供的服务值均为 1 分。深圳主要向成都、佛山、广州、梅州和中山提供会计服务，服务值均为 1 分。杭州主要向长沙、上海、宁波、惠州、金华、嘉兴、台州 7 个城市提供会计服务，其中向省内城市提供的服务值均为 2 分，向省外城市提供的服务值均为 1 分。而南京、广州、武汉和福州的生产者服务公司也主要向省内城市提供服务。从会计类生产者服务与 ICT 公司所构成的城市网络（图 7-4）分析可以得出，北京具有全国性的网络联系，上海的网络联系仅限长三角范围，深圳、杭州、南京等其他几个服务型城市的网络联系基本局限在其所在的省份。

（二）基于法律类生产者服务 –ICT 企业的中国城市网络结构

从法律类生产者服务公司与 ICT 企业的联系来看，形成了以北京为核心服务型城市，以上海、深圳为次级核心服务型城市，以杭州、广州、南京、合肥等为低层次服务型城市的网络结构。北京向全国 32 个 ICT 企业所在城市提供法律服务，其中与深圳和上海联系最为紧密，向两个城市 ICT 企业提供的服务值分别为 7 分和 5 分；其次与福州、武汉、杭州、苏州的联系也较为密切，向四个城市输出的法律服务值都为 3 分；北京向其他 25 个城市提供的法律服务值都小于 3 分。上海主要向 9 个城市提供法律服务，其中联系最为紧密的是苏州和杭州，输出的法律服务值为 3 分；向南京、南通、金华、

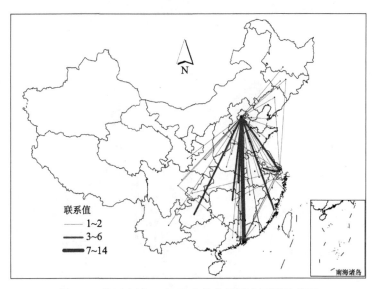

图 7-4 基于会计 -ICT 企业的中国城市网络示意图

嘉兴、福州、合肥和威海提供的法律服务值均为 1 分。深圳主要向 9 个城市提供法律服务，包括佛山、惠州、梅州、中山、韶关、福州、成都、武汉和西安；向各个城市输出的法律服务值均为 1 分。杭州、广州、南京和合肥四个低层次服务型城市主要向所在省的少数几个城市提供法律服务，如南京主要为镇江和南通提供法律服务；广州主要向汕头、江门、清远和东莞输出法律服务。综上所述，在法律类生产者服务与 ICT 企业所构建的城市网络（图7-5）中，北京具有全国性的网络联系特征，上海主要与长三角区域内城市具有网络联系；而其他几个低层次的服务型城市，如南京、广州等主要与所在省的城市具有网络联系。

（三）基于金融类生产者服务 ICT 企业的中国城市网络结构

从金融类生产者服务公司与 ICT 企业的联系来看，形成了北京、上海、深圳三足鼎立的城市网络格局（图 7-6）。北京与全国 19 个城市具有金融服务联系，但提供的金融服务值均不大于 3 分。上海向全国 23 个城市提供金融服务，其中与深圳、杭州、北京、苏州的联系最为密切，向上述 4 个城市提供的服务值北京为 5 分、深圳和杭州为 4 分、苏州为 3 分；上海对其他 19 个城市输出的服务均小于 3 分。深圳向全国 30 个城市提供金融服务，其中向北京输出的服务值达到 13 分，说明深圳与北京的网络联系高度密切；深圳向广州、上海、苏州、宁波和武汉输出的服务值均为 3 分；深圳向其他 25 个城市输出的服务值均为 2 分或 1 分。广州、南京、杭州、长沙等服务型城市对外联系较少，所提供金融服务值也较小。

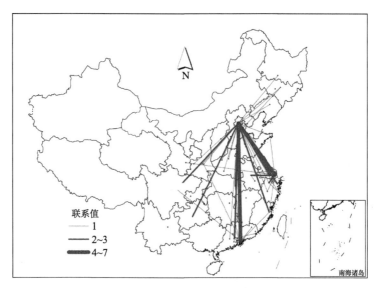

图 7-5　基于法律 -ICT 企业的中国城市网络示意图

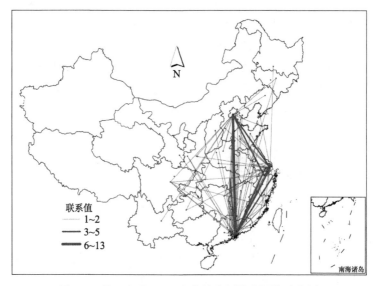

图 7-6　基于金融 -ICT 企业的中国城市网络示意图

根据上述分析可得，金融类生产者服务公司与 ICT 企业所构建的城市网络以北京、上海、深圳为服务核心，且三市相互联系较为密切；广州、南京、杭州、长沙等低层次服务型城市主要与省内城市联系，与省外城市联系较少。

五、服务型城市的网络案例分析——北京、上海、深圳

（一）北京

以北京为服务型城市核心的城市网络中，共有 52 个城市的 ICT 企业与北京具有生产者服务联系，占拥有 ICT 企业城市总数的 82.5%。在此城市网络中，北京与深圳和上海联系最为紧密，向上述两个城市输出的服务值分别为 24 分和 13 分；向武汉、福州、贵阳、成都和杭州输出的服务值超过 5 分；向天津和广州输出的服务值均为 4 分；向其他城市输出的服务值均不大于 3 分。

北京向 52 个城市输出的服务值总量为 155 分，其中向京津冀城市群中天津、唐山、石家庄输出的服务值总和仅为 7 分，占北京服务值总量的 4.5%；向深圳和上海输出的服务值之和为 37 分，占北京服务值总量的 23.9%。除京津冀区域城市与深圳、上海外，北京向其他城市输出的服务值占其对外服务值总量的 71.6%。从对外服务的城市数量、占总城市数量的比例及对外服务值得空间分布来看，北京是具有全国影响力的服务型城市，以北京为核心的城市网络具有最为广泛的网络空间联系（图 7-7）。

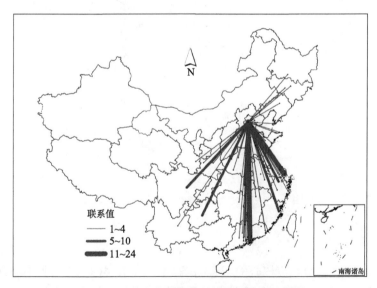

图 7-7　以北京为服务核心的城市网络示意图

（二）上海

以上海为服务型城市核心的城市网络（图 7-8）共有 33 个拥有 ICT 企业总

部的城市，占城市总数量的 52.4%。在此城市网络中，上海与苏州和杭州联系最为紧密，向上述两市输出的服务值分别为 10 分和 9 分；与北京和深圳的联系也较为紧密，向上述两市输出的服务值均为 5 分；向南京输出的服务值为 3 分，向宁波、镇江、福州、贵阳四市输出的服务值为 2 分，向其余各市输出的服务值均为 1 分。

上海向 33 个城市输出的服务值总和为 64 分，向长三角城市苏州、杭州、南京、宁波、镇江、无锡、南通、金华、嘉兴输出的服务值总和为 30 分，占上海对外服务值总量的 46.9%；向北京和深圳输出的服务值之和为 10 分，占上海对外服务值总量的 15.6%；除长三角城市及北京和深圳外，上海向其他城市输出的服务值仅占其服务值总量的 37.5%。从以上分析可知，上海主要向长三角城市提供生产者服务，而与区外城市联系较少，说明长三角城市网络内部网络化程度较高。

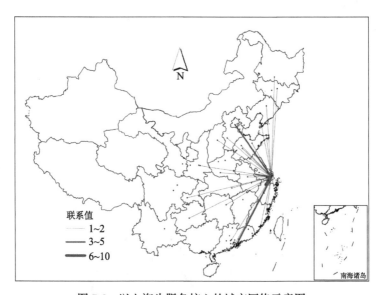

图 7-8　以上海为服务核心的城市网络示意图

（三）深圳

以深圳为服务型城市核心的城市网络（图 7-9），共有 36 个拥有 ICT 企业总部的城市，占 ICT 企业总部所在城市总数的 57.1%。在此城市网络中，深圳与北京联系最为紧密，深圳向北京输出的服务值为 13 分，向广州和武汉输出的服务值分别为 4 分，向成都、上海和宁波输出的服务值为 3 分，而深圳向其他城市输出的服务值基本为 2 分或者 1 分。

深圳向 36 个城市输出的服务值总和为 71 分，其中向珠三角城市广州、珠海、江门、佛山、惠州、梅州、中山、肇庆、韶关输出的服务值总和为 15 分，占深圳对外服务值总量的 21.1%；向北京和上海输出的服务值之和为 16 分，占深圳对外服务值的 22.5%；除珠三角城市群及北京、上海外，深圳向其他城市输出的服务值占其对外服务值总量的 56.4%。综上所述，深圳是兼具珠三角城市网络服务核心及区域外服务能力的服务型城市。

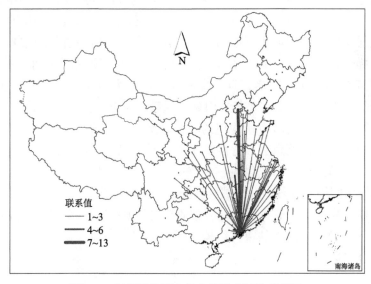

图 7-9 以深圳为服务核心的城市网络示意图

第五节　本章小结

生产性服务业作为生产过程的中间品投入，促进了制造业价值链各环节生产效率的提高和价值产出的增加，是外部化于制造业价值链的一个价值生产环节。对于生产性服务业的类别，众多学者与研究机构虽然没有统一的结论，但基本认为生产性服务业是具有知识密集型和专业型特点的服务部门，主要包括金融、会计、法律、广告等商业服务业。外部化与制造业价值链的生产性服务业不仅在企业层面为企业内生产环节提供服务，而且在价值链高度分工的产业结构中将不同环节企业联系起来，降低企业间的交易成本，提高价值链生产效率与价值产出。

　　本章节正是基于生产性服务业与价值链的融合视角分析城市网络的空间结构。通过对 ICT 上市公司与生产性服务业的空间网络联系分析，发现中国城市网络形成了以北京、深圳、上海为核心的服务型城市，另外杭州、广州、南京、福州、武汉、成都、合肥也具有一定服务型功能。在会计类生产者服务与 ICT 公司所构成的城市网络中，北京具有全国性的网络联系，上海的网络联系仅限长三角范围，深圳、杭州、南京等其他几个服务型城市的网络联系基本局限在其所在的省份。在法律类生产者服务与 ICT 企业所构建的城市网络中，北京具有全国性的网络联系特征，上海主要与长三角区域内城市具有网络联系；而其他几个低层次的服务型城市，如南京、广州等主要与所在省的城市具有网络联系。金融类生产者服务公司与 ICT 企业所构建的城市网络形成了北京、上海、深圳为服务核心的城市网络，且三市相互联系较为密切；广州、南京、杭州、长沙等低层次服务型城市主要与省内城市联系，与省外城市联系较少。对北京、上海和深圳三座服务型城市所构建的城市网络分析发现，北京是具有全国影响力的服务型城市，以北京为核心的城市网络具有最为广泛的网络空间联系；上海主要向长三角地区城市提供生产者服务，而与区外城市联系较少；深圳是兼具珠三角城市网络服务核心及区域外服务能力的服务型城市。

　　本书仅关注 ICT 产业与生产性服务业塑造的 63 个城市组成的城市网络，并未完全揭示中国城市网络的整体结构，还有待根据其他产业价值链与生产性服务业的结合来进一步研究价值链 - 生产性服务业所塑造的城市网络图景。

第八章

多元世界城市网络重构——基于 ICT 跨国公司全球价值链的分析

在经济全球化背景下，跨国公司成为全球经济的塑造者，跨国公司企业网络成为全球生产网络的实现载体（Dicken，2003）。由于跨国公司价值链内部价值环节对生产要素需求的不同及不同区域的资源禀赋优势的差异性，跨国公司价值链不同价值环节在空间上具有不同的最优区位，在利用不同区域优势资源实现内部价值最大化时必然导致跨国公司价值链不同价值环节的经济活动在全球范围内的空间分散（Kaplinsky，2000）。同时，随着经济全球化的发展及市场竞争日益加剧，跨国公司剥离价值链中非核心价值（如将生产外包给合同制造商或东道主公司），利用全球资源与区位优势所形成的全球生产网络进行组织生产，而跨国公司主要从事价值链高端最具优势的核心环节（如研发、品牌销售等），以此提升公司的核心竞争力。

城市作为经济活动的主要空间载体，是跨国公司价值链环节（研发、零件生产、装配、市场营销及售后服务等）的主要集聚场所。跨国公司根据城市资源禀赋，将各价值环节集中布局在该增值活动的最佳地点，如跨国公司的大规模生产装配基地等低端价值环节主要配置于劳动力成本较低的发展中国家城市；而将价值链的高端价值增值环节如研发，主要配置于拥有较多研发资源，如大学、研究机构密集的科技城市；将总部管理、信息中心等高增值环节布局在较高能级的世界城市。同时，不同区位的城市通过跨国公司价值链相互联系，各自承载跨国公司价值增值环节，组成以生产为主要功能的生产型城市、以研发为主要功能的研发型城市，以总部管理、销售为主要功能的世界城市等多元城市网络。因此，本章基于 ICT 公司价值链布局考察中国城市网络的等级体系与价值生产的空间组织。

第一节　跨国公司价值链及其在城市网络研究中的应用

早期有关跨国公司全球价值链空间特征的研究，主要关注跨国公司的对外直接投资。随着全球价值链功能分工成为全球经济的主要组织方式，学者们开始关注跨国公司价值链功能片断化及分散化生产模式下不同价值生产环节的区位模式。Defever（2006）利用微观企业数据考察了影响跨国公司生产活动不同功能环节在欧盟国家内部的分布情况及其影响因素。结果表明研发和生产活动有较为明显的地域协同性特点。而总部活动则对企业其他价值环节布局没有显著吸引力。国内学者主要关注跨国公司在华投资区位分布研究，如于方涛和吴志强（2005）对世界 500 强企业在华（长三角、珠三角地区）投资的时空演变、行业演变及内在机制进行了分析，但并未深入讨论跨国公司全球价值链在地方空间的区位特征。近年来，学者们开始关注跨国公司内部价值链的全球性转移问题，李新中（2009）应用概率分布模型从理论上证明了跨国公司在中国的空间集聚特征。贺灿飞等（2010）研究发现跨国公司在华投资在功能上逐渐从价值链生产单一功能向研发、生产、运营等整条价值链拓展，其不同功能的空间布局与中国的城市等级结构相对应。徐康宁和陈健（2008）则进一步对跨国公司价值链环节在中国的空间布局中区位选择影响因素进行了深入分析。发现跨国公司不同价值环节的区位选择因素具有明显的差异，如市场规模、交通条件等对制造环节的影响较大，研发环节对城市的技术基础、人力资本等较为敏感，营运环节则与地理区位、制度环境和服务业发达程度等关联紧密。张春来（2007）对于长三角城市网络的企业产业价值链所做研究表明汽车产品各价值链增值环节具有不同的要素区位偏好，体现了长三角各城市拥有的要素优势和据此所承担的城市功能。跨国公司价值链具体环节特别是跨国公司总部的区域选择问题也是学者研究的重点，如 Birkinshaw 等（2005）通过实证研究分析了跨国公司总部在全球的分布状况及其区位影响因素，而我国学者武前波和宁越敏（2010）则具体研究了中国制造业 500 强企业总部的区位特征，其主要受到城市经济、生产服务业、基础设施和生活环境等因素的影响。

利用跨国公司的企业空间组织网络来探求世界城市网络的空间组织结构也是学术界研究的热点问题。Alderson 和 Beckfield（2004）基于 2000 年全球 500 强公司在 3692 个城市的布局数据对世界城市网络进行了分析，结果发现世界城市网络呈现偏态分布，即"核心–边缘"结构，少数城市垄断了"权力"和"声望"，伦敦、巴黎、纽约、东京等城市构成了相互紧密联系的中心，其余城市则构成相互联系较弱的外围。Wall 等（2009a，2009b）运用世界 500 强跨国公司的企业组织数据分析了世界城市的网络联系，认为企业组织中的层级结构决定了世界城市网络的层级组织模式。赵新正（2011）利用跨国公司 500 强及其分支机构的空间布局信息，分析了长三角城市网络体系的中心度与派系关系。以上研究虽然在一定程度上分析了跨国公司价值链对维系城市网络联系的作用，但并未验证和体现跨国公司价值链在城市网络中的功能分工及联系。

第二节　跨国公司价值链的空间组织与空间布局

一、跨国公司价值链的组织模式

典型跨国公司价值链一般采取垂直一体化的组织模式，主要由研发、生产和市场营销等几个部门组成。在经济全球化时代，随着跨国公司在全球的扩张与发展，跨国公司发展战略出现了分化，如日韩企业在全球主要采取跨国直接投资的垂直一体化组织模式，而美国企业则普遍采用跨国生产外包的模块化生产组织模式。Sturgeon（2002）在对美国电子产业生产网络的研究中提出了三种跨国公司生产网络组织模式（图 8-1）：日韩企业为代表的领导型组织模式，以意大利、德国企业为代表的关系型组织模式，以美国企业为代表的网络型组织模式。日本跨国公司一般注重生产环节特别是核心零部件生产及最终产品的装配，而将其非核心制造环节及零部件生产外包给专业供应商。在这一生产网络中，领导厂商具有较强的控制能力，供应商高度依赖一个或几个领导厂商。关系型组织模式中的跨国公司生产，一般由生产网络中的参与者的社会关系来维系。这种模式能够适应灵活多变的市场需求，对市场变化做出快速反应。美国跨国公司更专注于研发与品牌营销两个环节，领导企业（品牌商）专注的业务领域是产品设计、市场营销、分配，而将制造环节完全外包给合同制造商，如鸿海、伟创力、捷普、和硕等跨国公司。合同制造商一般拥有大规模的生产制造能力及部分设计功能，能够完成价值链内零部件设计、制造及最终产品大规模组装等生产环节，并建立自己的次级全球生产网络，为领导厂商提供"交钥匙服务"。如苹果、思科、惠普等美国 ICT 公司仅关注研发及市场销售等价值环节，而将其生产环节完全外包给鸿海、和硕、捷普等合同制造商。

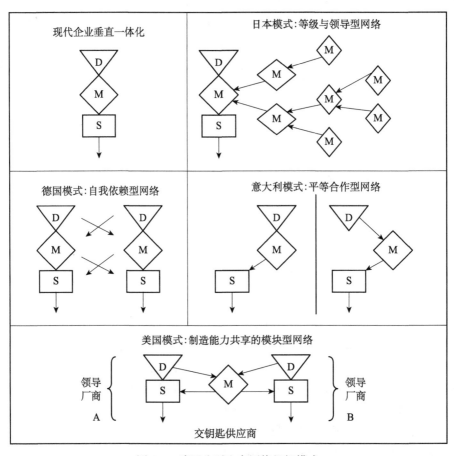

图 8-1 跨国公司生产网络组织模式

D 代表研发设计，M 代表生产，S 代表市场销售

资料来源：Sturgeon，2002

二、跨国公司价值链的空间布局

（一）公司总部及区域总部

公司总部是跨国公司的控制中心，主要负责跨国公司的发展战略。总部办公室是企业内部部门及外部高层次机构之间信息来往的操纵者、传送器和处理

器。区域性总部在跨国公司组织机构中处于中间层次，是公司总部与区域性总部所负责区域内的关联企业之间的媒介，主要负责和控制母公司在某一区域的整体运作，即协调某一区域内企业关联单位，诸如生产部门和销售部门的生产经营活动（Dicken，2003）。

　　跨国公司总部和区域总部在空间上主要集聚于全球少数的高等级城市，即世界城市。从 2009 年《财富》世界 500 强企业总部的分布来看，跨国公司总部主要集中在东京、巴黎、北京、伦敦、纽约、首尔等世界城市，如东京有 51 个，巴黎有 27 个，北京有 26 个（表 8-1），超过伦敦、纽约等城市，这也说明随着新一轮经济长波的开始，亚太地区特别是中国的世界 500 强企业不断出现。而跨国公司区域总部也主要位于世界城市，如跨国公司亚太区域总部一般布局于新加坡，大中华区域总部则一般布局于北京或上海，中东及非洲区域总部则布局于迪拜。

表 8-1　2009 年世界 500 强企业总部分布城市（前 20 位）

排名	城市	所属国家	世界 500 强企业总部个数 / 个	世界 500 强企业收入总和 / 百万美元
1	东京	日本	51	2 237 560
2	巴黎	法国	27	1 399 172
3	北京	中国	26	1 361 407
4	伦敦	英国	15	994 772
5	纽约	美国	18	869 150
6	首尔	韩国	11	519 351
7	慕尼黑	德国	7	485 386
8	欧文	美国	3	484 592
9	海牙	荷兰	2	479 734
10	休斯敦	美国	6	434 484
11	马德里	西班牙	9	434 393
12	本顿维尔	美国	1	405 607
13	莫斯科	俄罗斯	7	380 530
14	阿姆斯特丹	荷兰	5	349 068
15	杜塞尔多夫	德国	4	329 388
16	库伯瓦	法国	2	298 783
17	罗马	意大利	4	298 519
18	大阪	日本	7	291 492
19	圣拉蒙	美国	1	263 159
20	斯图加特	德国	3	252 516

注：以世界 500 强企业收入总和排名

资料来源：《2009 世界 500 强企业分布城市排行榜（前 20 位）》，财富中文网

（二）研发环节

研发部门是跨国公司组织机构中的重要组成部分，研发机构是跨国公司在全球范围内保持竞争力和获取最大利润的主要保证（Dicken，2003）。研发环节一般被认为是跨国公司价值链价值产出的主要部分，处于价值链微笑曲线的左高端位置，是跨国公司价值产出的高端环节。

一般来说，跨国公司在发展初期其研发机构基本位于其公司总部或公司母国之内，从其区位选择来看主要集中于经济中心城市、专业化工业城市及科技工业城市等。如在美国，跨国公司研发机构在国内主要布局于硅谷、研究三角园区（罗利、杜兰和查佩尔希三城之间）、波士顿等城市和科技园区，以及纽约、芝加哥、洛杉矶等经济中心城市（杜德斌，2001；武前波，2009）。法国的研发机构集聚地主要为巴黎及科技园索菲亚·安蒂波利斯，英国的研发机构主要集聚在伦敦及科技城市剑桥。随着跨国公司向全球扩展，其研发机构也开始在海外布局。有学者研究发现跨国公司海外研发机构一般布局在东道主科技资源（如大学、研究机构）集聚的科技中心城市（杜德斌，2005）。

（三）生产环节

在经济全球化时代，跨国公司价值链中生产环节在全球范围内表现出在全球尺度上趋于分散、在区域尺度上趋于集中的趋势。Dicken（2003）将跨国公司生产环节的空间组织模式总结为四种类型（图8-2）。一是集中生产模式，这种生产模式主要在跨国公司发展初期或受制于国际贸易壁垒才会出现，主要指跨国公司生产环节主要集中在一个地理区位内，如国内集中生产或某一区域（欧盟、北美自由贸易区等）的内部集中生产，产品主要通过跨国贸易进行出口。二是东道主生产模式，即跨国公司生产单元主要布局于其主要的东道主市场，主要是规避所在地市场的关税壁垒，如全球主要汽车跨国企业基本都采取这种生产布局模式。三是专业化生产模式，即跨国公司在全球多个区域具有生产单元，每个生产单元由于资源禀赋具有较大差异而集中生产特定的产品，生产单元所在区域之间贸易壁垒较小，而大规模制造所带来的规模效益可以抵消产品相互流通所提升的运输成本。四是跨国垂直一体化生产模式，即生产过程的技术革新使得某些生产环节成为独立的生产单元，从而使得这些独立生产单元实现大规模、高水平、标准化生产，跨国公司可以根据不同区域的资源禀赋在全球尺度布局其生产环节，使得原材料、零部件、半成品、组装等不同生产单元在全球布局，最终产品由组装地再出口到全球市场。

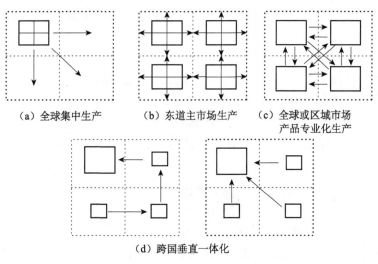

（a）全球集中生产　　（b）东道主市场生产　　（c）全球或区域市场
　　　　　　　　　　　　　　　　　　　　　　　　产品专业化生产

（d）跨国垂直一体化

图 8-2　跨国公司生产单元的空间组织

资料来源：Dicken，2003；刘卫东等译，2007

第三节　基于 ICT 跨国公司价值链的多元世界城市网络等级体系与网络结构

　　本节选取 2010 年《财富》世界 500 强和《福布斯》世界 2000 强企业排行榜中 ICT 制造业公司，其中涉及 52 家硬件及半导体企业。以 ICT 制造业企业价值链中研发、生产和销售环节所在城市来分析多元世界城市网络的空间结构。

　　在城市的选取上，本节以 ICT 制造业企业价值链中各价值环节在城市中的数量为依据，即总部、区域总部、国家总部（或销售办公室）总和不小于 10 个，研发环节机构数量不小于 5 个，生产环节机构数量不小于 3 个。其中，如果跨国公司在一个国家多个城市布局有营销运营机构且在该国具有国家级总部，本书仅认为跨国公司在该国总部所在城市为其唯一的销售机构。如果某跨国公司在某一城市具有多个研发机构或生产机构，本书认定该跨国公司在该城市仅具有一个研发机构或生产机构。另外，由于跨国公司市场范围基本包括全球所有国家和地区，国家总部（或营销办公室）在全球范围内分布，所以本书根据国家（地区）GDP 排名，所涉及的城市主要为 GDP 排名全球前 60 位的国家（地区）的城市。

对于多元世界城市网络组织的等级结构分析，本书主要根据 GaWC 有关世界城市的研究方法，根据 52 家 ICT 跨国公司的机构的空间分布并对其进行赋值。其中，企业总部赋值 5 分，区域性总部赋值 3 分，研发环节赋值 2 分，生产环节赋值 1 分，国家总部或销售办公室赋值 1 分。根据评分可知，多元世界城市网络不仅包含大部分高等级的世界城市，而且包含少数专业化的以研发为主要功能的研发型城市、以生产为主要功能的生产型城市。根据以上评分标准，全球共有 78 个城市入选基于 ICT 跨国公司价值链所主导的多元世界城市网络体系。

一、多元世界城市网络的等级结构

（一）基于 ICT 跨国公司价值链的世界城市

跨国公司总部、区域总部一般位于世界城市及国家经济中心城市，其数量是世界城市评定的主要指标。本书将跨国公司总部、区域总部及销售运营机构的数量作为多元世界城市网络的标准，共有 54 个城市成为多元世界城市网络的世界城市。

1. 传统世界城市

从总部、地区总部及销售运营机构分布来看，其基本位于传统的世界城市。如新加坡、东京、台北、北京、迪拜、纽约、伦敦等是跨国公司总部及区域总部的主要集聚地，而跨国公司在全球范围内的销售运营机构主要位于各国的首都或经济中心城市，一般都为低级别的世界城市。西方发达国家世界城市在多元世界城市网络中整体排名较低：一是因为西方产业结构空间分工较为成熟，世界城市的主要产业以高级生产性服务业为主，而 ICT 跨国公司分支机构主要位于发达国家的科技中心城市；二是 ICT 跨国公司总部或分支机构越来越向世界城市大都市区的外围迁移，如跨国公司在英国的总部或分支机构很大一部分都布局于伦敦大都市区的外围。

2. 新兴科技城市

ICT 产业作为新兴高科技产业，其跨国公司总部、区域总部及销售运营机构与传统产业有所不同，大部分 ICT 跨国公司总部、地区总部或销售运营机构也位于科技中心城市，由此催生了一批具有世界城市特征的科技城市，如硅谷、班加罗尔、深圳等（表 8-2）。硅谷是 ICT 产业的主要集聚地，一批 ICT 跨国公司在此诞生，如英特尔、惠普、思科、苹果等，同时也是海外 ICT 跨国公司在美国的主要销售运营机构集聚地。班加罗尔是印度科技中心，不仅集聚了跨国公司大量的研发机构，也是其销售运营机构的所在地。深圳作为全球 ICT 产业最重要的生产基地，不仅拥有华为、中兴等跨国公司总部，而且深圳作为 ICT 最终产品产地也是价值链上游的众多半导体类跨国公司的销售运营机构所在地，同时深圳也是代工类跨国公司的销售、运输等价值环节的重要据点。

表 8-2　基于 ICT 跨国公司价值链的世界城市

城市	总部	地区总部	研发	生产	销售	总得分
硅谷	7	1	29	4	17	117
新加坡	1	11	14	11	28	105
上海	1	0	24	23	26	102
北京	0	6	23	9	24	97
台北	8	0	12	0	24	88
东京	6	1	11	1	30	86
班加罗尔	0	0	20	0	16	56
首尔	2	0	7	1	27	52
深圳	2	0	6	13	12	47
莫斯科	0	5	4	0	23	46
香港	1	0	2	2	34	45
伦敦	0	6	2	0	23	45
纽约	1	4	5	0	15	42
圣保罗	0	4	1	4	23	41
巴黎	1	0	3	0	28	39
迪拜	0	8	0	0	14	38
新德里	0	2	4	3	19	36
吉隆坡	0	2	1	5	22	35
悉尼	0	0	2	1	26	31
曼谷	0	0	0	5	26	31
多伦多	0	0	1	1	27	30
斯德哥尔摩	1	0	3	0	18	29
约翰内斯堡	0	4	0	0	15	27
墨西哥城	0	0	0	0	27	27
马尼拉	0	0	0	3	23	26
米兰	0	0	0	0	26	26
阿姆斯特丹	1	1	0	1	17	26

城市	总部	地区总部	研发	生产	销售	总得分
维也纳	0	0	2	1	20	25
华沙	0	0	1	0	22	24
雅加达	0	0	0	0	23	23
布拉格	0	0	1	0	20	22
伊斯坦布尔	0	0	0	0	21	21
布宜诺斯艾利斯	0	0	0	0	21	21
布达佩斯	0	0	0	0	21	21
慕尼黑	0	0	2	0	15	19
埃斯波	1	0	1	1	10	18
雅典	0	0	1	0	16	18
都柏林	0	0	1	1	15	18
马德里	0	0	1	0	16	18
布鲁塞尔	0	0	1	0	15	17
圣迭戈	0	0	0	0	16	16
布加勒斯特	0	0	1	0	14	16
河内	0	0	0	4	12	16
哥本哈根	0	0	1	0	13	15
奥斯陆	0	0	0	0	15	15
苏黎世	0	0	0	0	15	15
开罗	0	1	0	0	11	14
波哥大	0	0	0	0	13	13
奥克兰	0	0	0	0	13	13
赫尔辛基	0	0	1	0	11	13
巴塞罗那	0	0	1	0	10	12
里斯本	0	0	0	0	11	11
杜塞尔多夫	0	0	0	0	10	10

（二）基于 ICT 跨国公司价值链的研发型城市

研发型城市主要是指跨国公司研发机构集聚，主要承担价值链中附加值高的研发功能的城市。本书认定至少具有 5 家跨国公司研发机构的城市为研发型城市。本书将研发型城市分为专业化研发型城市和多功能研发型城市，专业化研发型城市指该城市研发机构数量大于其他价值环节机构数量，多功能研发型城市指该城市研发机构数量较大但价值链其他环节机构数量也较多的城市。

1. 专业化研发型城市

专业化研发型城市主要是指在 ICT 产业价值链中主要承担研发功能，此类城市一般规模较小，在区位上靠近世界城市。以硅谷、新竹、欧文、剑桥、布里斯托尔等城市为代表的专业化研发型城市在 ICT 产业价值链中主要承担研发功能。这些城市的一个主要特点就是科技及教育中心。除布里斯托尔外，专业化研发型城市一般是 ICT 跨国公司的总部集聚地，也是研发总部所在地。如硅谷是美国 ICT 跨国公司主要集聚地，英特尔、思科、苹果等知名企业的研发总部。新竹是中国台湾的科技中心，特别是在半导体领域，大量的台资 ICT 跨国企业（如联发科、台积电、台联电、日月光等）的研发中心都位于此地。欧文是美国重要的半导体产业基地，是博通、西部数据等跨国公司的总部及研发中心所在地。剑桥则凭借其雄厚的科技实力集聚了大量 ICT 跨国公司研发机构，如日立、东芝、飞利浦、诺基亚、高通等跨国公司都在此地设立研发机构。

2. 多功能研发型城市

多功能研发型城市是指该类城市在跨国公司价值链上承担多种功能，其中研发是其重要价值生产功能之一，这类城市一般为世界城市，也是全球重要的科技、教育中心，主要以上海、北京、新加坡、台北、东京、首尔、奥斯汀、纽约、班加罗尔、波士顿、圣迭戈、特拉维夫、横滨、深圳等城市为代表（表 8-3）。位于发达国家或地区的多功能研发型城市一般为跨国公司总部及研发总部集聚地，如东京集聚了索尼、日立、佳能、理光等跨国公司的研发总部，首尔是三星、LG 的研发总部所在地。台北是中国台湾主要 ICT 企业的总部所在地，也集聚了其大部分研发中心，如鸿海、仁宝、华硕、宏碁等。新加坡、纽约、奥斯汀、波士顿、圣迭戈等也都具有一个以上跨国公司总部及研发总部，如奥斯汀有戴尔、波士顿有 ADI、圣迭戈有高通，而阿尔卡特朗讯的主要研发中心则位于纽约。发展中国家的多功能研发型城市包括上海、北京、深圳、南京和班加罗尔，中国的上海和北京、印度的班加罗尔是中印两国最主要的高等教育及科研中心，是两国研发资源和科技人才的主要集聚地，成为跨国公司在全球最为重要研发机构集聚地，该类研发机构可以理解为人才和资源利用型。深圳、南京作为中国区域经济中心城市也具有一定研发资源及科技人才，但在 ICT 全球价值链中主要充当跨国公司主要的生产基地，跨国公司在此建立的研发机构主要是生产支撑型的，以促进生产技术及产品的升级换代。

表 8-3　基于 ICT 跨国公司价值链的研发型城市

城市	总部	地区总部	研发	生产	销售	总得分
硅谷	7	1	29	4	17	117
上海	1	0	24	23	26	102
北京	0	6	23	9	24	97
班加罗尔	0	0	20	0	16	56
新加坡	1	11	14	11	28	105
台北	8	0	12	0	24	88
东京	6	1	11	1	30	86
圣迭戈	1	0	9	0	6	29
波士顿	1	0	8	2	4	27
特拉维夫	0	0	8	0	7	23
首尔	2	0	7	1	27	52
深圳	2	0	6	13	12	47
新竹	5	0	6	2	3	42
奥斯汀	2	0	6	3	7	32
横滨	0	0	6	2	1	15
剑桥	0	0	6	0	1	13
纽约	1	4	5	0	15	42
欧文	2	0	5	0	3	23
南京	0	0	5	5	1	16
布里斯托尔	0	0	5	0	1	11

（三）基于 ICT 跨国公司价值链的生产型城市

在基于跨国公司价值链的多元世界城市网络中，仍然存在大量以生产为主要功能的城市通过价值链生产环节融入到世界城市网络体系当中。生产型城市主要位于发展中国家，如亚洲的中国、泰国、越南等，以及美洲的墨西哥、巴西等（表 8-4）。欧洲的生产型城市则主要分布于东欧的捷克、波兰等国家。由于跨国公司生产环节企业集聚数量较小，并未纳入本书的研究范围。发展中国家生产型城市主要承担附加值较低的低端零部件制造及大规模的装配制造环节。在发达国家或区域，一些城市仍然保留一定的生产功能，但主要承担 ICT 生产环节附加值高的核心部件制造功能，如新加坡、硅谷、奥斯汀等城市主要从事半导体制造。

表 8-4 基于 ICT 跨国公司价值链的生产型城市

城市	总部	地区总部	研发	生产	销售	总得分
苏州	0	0	4	24	1	33
上海	1	0	24	23	26	102
深圳	2	0	6	13	12	47
天津	0	0	4	12	0	20
槟城	0	0	0	12	2	14
新加坡	1	11	14	11	28	105
北京	0	6	23	9	24	97
重庆	0	0	0	9	0	9
无锡	0	0	0	8	0	8
胡志明市	0	0	0	7	8	15
成都	0	0	2	7	0	11
玛瑙斯	0	0	0	6	1	7
华雷斯	0	0	0	6	0	6
吉隆坡	0	2	1	5	22	35
曼谷	0	0	0	5	26	31
南京	0	0	5	5	1	16
蒂华纳	0	0	0	5	1	6
东莞	0	0	0	5	0	5
厦门	0	0	0	5	0	5
硅谷	7	1	29	4	17	117
圣保罗	0	4	1	4	23	41
河内	0	0	0	4	12	16
大连	0	0	1	4	0	6
钦奈	0	0	0	4	1	5
新德里	0	2	4	3	19	36
奥斯汀	2	0	6	3	7	32
马尼拉	0	0	0	3	23	26
杭州	0	0	3	3	0	9

1. 专业化生产型城市

在多元世界城市网络中，专业化生产型城市主要承担价值链中大规模的零配件制造及装配功能，很少涉及跨国公司价值链的管理、研发和销售等高等级价值环节。在本书所涉及的 28 个生产型城市中，跨国公司生产环节机构数量大于其他价值环节数量之和的城市被认定为专业化生产型城市，主要包括苏州、天津、槟城、重庆、无锡、成都、玛瑙斯、华雷斯、蒂华纳、东莞、厦门、大连、钦奈。可以看出，专业化生产型城市主要位于中国、墨西哥、马来西亚、印度等发展中国家。专业化生产型城市主要集聚了大量的代工类 ICT 跨国公司的零配件制造及装配环节企业，如位于长三角的苏州集聚了富士康、广达、仁宝、英业达、和硕等代工类企业，成为世界 ICT 产业的制造中心。位于中北美及南美的玛瑙斯、华雷斯、蒂华纳等城市因临近世界最大的 ICT 产品消费市场，成为日韩垂直一体化企业及代工类跨国公司的生产基地，如三星、LG、索尼、松下等跨国公司都将其生产工厂布局于这些城市。马来西亚槟城由于优越的地理环境而成为半导体企业封装测试等低端价值环节的生产基地，集聚了诸如英特尔、AMD、英飞凌、日月光等半导体类跨国公司。

2. 多功能生产型城市

多功能生产型城市主要是指生产机构数量小于总部、区域总部、研发和销售机构数量总和的城市，生产功能仅是这些城市功能之一。多功能生产型城市主要位于发展中国家的经济中心城市、区域中心城市及少数发达国家城市，主要包括上海、深圳、新加坡、北京、胡志明、曼谷、南京、吉隆坡、圣保罗、新德里、马尼拉、奥斯汀、杭州。其中，上海集聚了 23 家 ICT 跨国公司的生产机构，不仅包括伟创力、广达、英业达、和硕、富士康等代工类企业的大规模装配制造类企业，而且在半导体晶圆制造与封装测试等高附加值制造环节也具有一定规模，集聚了英特尔、台积电、中芯国际、日月光等半导体企业。深圳是跨国公司在全球重要的生产基地，集聚了诸如三星、松下、东芝、佳能、飞利浦、华为、中兴等跨国公司的生产机构，同时也是全球最大的代工类跨国公司富士康在全球最主要的生产中心。南京、杭州等区域经济中心城市也是跨国公司生产环节的主要集聚地。发展中国家的首都或经济中心城市诸如新德里、吉隆坡、河内、胡志明市等也成为跨国公司生产功能主要的空间载体。而发达国家的新加坡、硅谷、奥斯汀等城市，主要从事 ICT 产业制造环节中拥有高附加值的半导体晶圆制造及封装测试等。

综上所述，基于跨国公司价值链的多元世界城市网络，不仅包括高等级的世界城市，也包括一定数量的专业化生产型城市和专业化研发型城市。在这一多元城市网络结构中，发达国家世界城市主要承担价值链中总部控制及销售功能，发展中国家世界城市不仅承担跨国公司在当地的区域管理及销售功能，还承担价值链中价值产出较低的生产功能，少数发展中国家世界城市，如上海、北京、班加罗尔等也承担价值链中重要的研发功能。

二、基于 SNA 的多元世界城市网络研究

社会网络指的是由多个节点和节点之间的连线组合而成的网络组织结构。节点表示社会行动者，它可以是个体或社会单位，也可以是一个社会组织、城市、国家等。连线表示社会行动者之间的关系，关系是行动者之间资源传送或流动的通道，资源可以是物质的，也可以是非物质的（如知识或信息符号）。线与线的相互交织则构成网络。社会网络研究主要是对复杂社群中人际关系的探讨（魏巍和刘仲林，2009），是对社会关系结构，以及其属性相互关系进行分析的一套规范和方法，其主要分析的是不同社会单位（个体、群体或社会）所构成的关系结构及相应属性（赵蓉英，王静，2011）。

中心性是社会网络分析的重点，节点的中心性反映了节点对网络中资源流动实施控制的能力，也就反映了该节点在网络中的权力（张凡，2012）。SNA 对网络的中心性分析一般包括节点中心度（degree）、中间中心度（betweenness）、接近中心度（closeness）及对外联系强度等。本书主要通过 SNA 方法对城市网络的点度中心度及对外联系强度进行分析，并运用 UCINET 软件的 NetDraw 功能对城市网络进行可视化分析。

（1）点度中心度：城市网络中一个城市的点度中心度，指的是城市网络中与该城市具有联系的城市的总数量。相对点度中心度，即点度中心度与城市总数比值再乘以 100。

（2）对外联系强度：点度中心度仅仅反映了城市之间的网络联系状态，并没有考虑节点城市间发生联系交换的规模与强度。因此，还需要利用多值网络数据来进一步考察城市节点的对外联系强度，可以用某城市节点与网络内其他城市节点间发生联系值的总和来表示，计算公式如下：

$$C_i = \sum_j R_{ij} \tag{8-1}$$

$$P_i = \frac{C_i}{\sum_j C_j} \tag{8-2}$$

式中，C_i 是节点城市 i 的对外联系强度值；R_{ij} 是节点城市 i 和 j 之间的联系次数；P_i 是相对联系度，是城市 i 对外联系强度占所有城市对外联系强度之和的比重。城市的对外联系强度越大，说明该城市节点的对外联系规模越大，那么该城市在网络中就拥有更大的影响力与控制力。

（一）基于总部、分部、销售机构的城市网络结构

跨国公司销售运营机构数量众多，使得总部、区域总部及销售运营机构的

城市网络联系相对比较密集，在计算此城市网络的点度中心度时将其二值化设置为9，即两个城市之间的联系次数超过10才认定彼此之间具有联系。从点度中心度的排序来看，新加坡、东京、香港居前三位，点度中心度都超过50。点度中心度为40～50的有莫斯科、首尔、巴黎、多伦多、圣保罗等17个城市，点度中心度为30～50的有布达佩斯、伦敦、新德里、圣迭戈等15个城市，说明这些城市在次城市网络中具有较为密切的网络联系。点度中心度为20～30的有纽约、苏黎世、都柏林、河内、布鲁塞尔等8个城市，点度中心度小于20的有哥本哈根、里斯本、波哥大、班加罗尔等11个城市。与点度中心度排序相比较，此城市网络的对外联系强度排名变化不大。其中，新加坡的对外联系强度最大，达到991。东京、香港、巴黎、首尔、莫斯科、曼谷、墨西哥城的对外联系强度为800～900，多伦多、悉尼、马尼拉、米兰、北京等10个城市的对外联系强度为700～800，而布达佩斯、伦敦、台北、维也纳等17个城市对外联系强度为500～700，说明这些城市在此城市网络中也具有较为密集的网络联系。纽约、布鲁塞尔、都柏林等11个城市对外联系强度为400～500，慕尼黑、班加罗尔、埃斯波等5个城市对外联系强度为400以下，说明这些城市在此城市网络中的联系密度较低（表8-5）。

表 8-5 世界城市网络的点度中心度及对外联系强度

城市	点度中心度	相对点度中心度	城市	对外联系强度	相对联系强度
新加坡	52.000	100.000	新加坡	991.000	0.031
东京	50.000	96.154	东京	894.000	0.028
香港	50.000	96.154	香港	881.000	0.027
莫斯科	49.000	94.231	巴黎	846.000	0.026
巴黎	48.000	92.308	首尔	840.000	0.026
首尔	48.000	92.308	莫斯科	835.000	0.026
多伦多	46.000	88.462	曼谷	835.000	0.026
圣保罗	46.000	88.462	墨西哥城	815.000	0.025
曼谷	46.000	88.462	多伦多	794.000	0.025
墨西哥城	45.000	86.538	悉尼	783.000	0.024
悉尼	45.000	86.538	马尼拉	773.000	0.024
吉隆坡	44.000	84.615	米兰	760.000	0.024
马尼拉	44.000	84.615	北京	758.000	0.024

续表

城市	点度中心度	相对点度中心度	城市	对外联系强度	相对联系强度
北京	43.000	82.692	圣保罗	756.000	0.024
米兰	43.000	82.692	吉隆坡	749.000	0.023
布宜诺斯艾利斯	43.000	82.692	华沙	720.000	0.022
布拉格	41.000	78.846	雅加达	713.000	0.022
维也纳	41.000	78.846	布宜诺斯艾利斯	706.000	0.022
华沙	41.000	78.846	布达佩斯	689.000	0.021
雅加达	40.000	76.923	伦敦	674.000	0.021
布达佩斯	39.000	75.000	台北	669.000	0.021
伦敦	38.000	73.077	维也纳	669.000	0.021
新德里	38.000	73.077	布拉格	665.000	0.021
圣迭戈	37.000	71.154	新德里	654.000	0.020
约翰内斯堡	37.000	71.154	伊斯坦布尔	646.000	0.020
雅典	36.000	69.231	迪拜	642.000	0.020
伊斯坦布尔	36.000	69.231	约翰内斯堡	631.000	0.020
迪拜	35.000	67.308	斯德哥尔摩	614.000	0.019
斯德哥尔摩	35.000	67.308	雅典	576.000	0.018
台北	33.000	63.462	圣迭戈	564.000	0.018
阿姆斯特丹	33.000	63.462	上海	540.000	0.017
布加勒斯特	32.000	61.538	马德里	531.000	0.017
马德里	32.000	61.538	阿姆斯特丹	521.000	0.016
奥斯陆	31.000	59.615	布加勒斯特	513.000	0.016
上海	30.000	57.692	奥斯陆	512.000	0.016
纽约	29.000	55.769	纽约	488.000	0.015
苏黎世	25.000	48.077	苏黎世	480.000	0.015
都柏林	25.000	48.077	布鲁塞尔	479.000	0.015
河内	22.000	42.308	都柏林	479.000	0.015
布鲁塞尔	22.000	42.308	硅谷	457.000	0.014
硅谷	21.000	40.385	哥本哈根	447.000	0.014
开罗	21.000	40.385	奥克兰	444.000	0.014
奥克兰	20.000	38.462	开罗	436.000	0.014

续表

城市	点度中心度	相对点度中心度	城市	对外联系强度	相对联系强度
哥本哈根	19.000	36.538	波哥大	434.000	0.014
波哥大	17.000	32.692	河内	434.000	0.014
里斯本	15.000	28.846	里斯本	401.000	0.012
班加罗尔	12.000	23.077	慕尼黑	380.000	0.012
慕尼黑	12.000	23.077	班加罗尔	364.000	0.011
深圳	7.000	13.462	埃斯波	346.000	0.011
巴塞罗那	5.000	9.615	赫尔辛基	333.000	0.010
埃斯波	4.000	7.692	杜塞尔多夫	318.000	0.010
赫尔辛基	4.000	7.692	巴塞罗那	317.000	0.010
杜塞尔多夫	1.000	1.923	深圳	302.000	0.009

　　跨国公司以全球为市场，在主要国家或地区设有市场销售运营机构，尤其是 ICT 品牌类跨国公司，如三星、索尼、诺基亚等在全球主要国家市场都有销售运营机构，由此形成了复杂的世界城市网络结构（图 8-3）。由上文的城市网络点度中心度和对外联系强度可知，这一城市网络具有较高网络联系，网络的"核心－边缘"结构不是很明显，东亚的新加坡、香港、东京、首尔等城市及发展中国家的曼谷、墨西哥城、马尼拉等城市的网络联系较为突出。而除巴黎外的西方发达国家主要世界城市，如伦敦、纽约、慕尼黑等网络联系较低，主要在于 ICT 跨国公司在西方发达国家的机构布局较为分散，主要布局于科技中心城市，如跨国公司在美国的销售部门很多都布局于硅谷、奥斯汀、波士顿等。还有一部分企业将其销售机构布局于主要世界城市周边的中小城市。而在发展中国家，跨国公司销售运营机构则主要布局于世界城市，这也是发展中国家世界城市在网络中联系紧密的主要原因。

（二）基于研发的城市网络结构

　　研发型城市网络的点度中心度二值化设置为 0，即两个城市之间有一个联系即可认定彼此之间具有联系。从点度中心度计算结果来看，研发型城市网络具有较高的网络联系密度。其中，硅谷、北京、上海都为 19，说明者三个城市与其他所有研发型城市都具有联系。新加坡、东京、班加罗尔的点度中心度都为 18，在此城市网络中也具有较高的联系。台北、首尔、波士顿的点度中心度为 17，圣迭戈、深圳、欧文三个城市的点度中心度为 16，特拉维夫、布里斯托尔、剑桥、纽约的点度中心度为 15，说明这几个城市在此城市网络中也具有

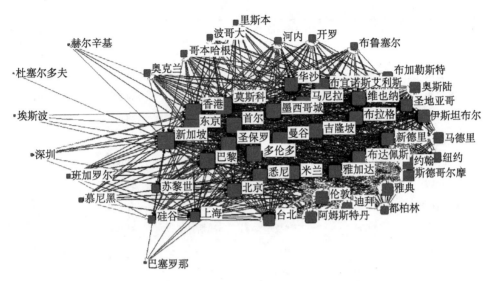

图 8-3 基于总部、分部、销售机构的城市网络

较高的联系。而奥斯汀、新竹和南京的点度中心度则较低，处于研发型城市网络的末端（表 8-6）。

从研发型城市网络（图 8-4）的对外联系强度来看，处于前六位的城市与点度中心度排名相同，其中硅谷的对外联系强度最高，北京和上海的对外联系强度次之，三个城市的对外联系强度都超过 100。班加罗尔、新加坡、东京、圣迭戈、首尔、台北的对外联系强度为 40 ~ 100，其中圣迭戈的对外联系强度排名高于点度中心度排名，说明其网络联系密度稍强。特拉维夫、深圳、剑桥、纽约等 8 个城市的对外联系强度为 30 ~ 40，其中特拉维夫的排名有所上升，欧文的排名则出现下降，而奥斯汀、新竹和南京依然排在末尾，对外联系强度都小于 30。

表 8-6 研发型城市网络的点度中心度及对外联系强度

城市	点度中心度	相对点度中心度	城市	对外联系强度	相对联系强度
硅谷	19.000	100.000	硅谷	119.000	0.114
北京	19.000	100.000	北京	111.000	0.106
上海	19.000	100.000	上海	111.000	0.106
班加罗尔	18.000	94.737	班加罗尔	99.000	0.095
新加坡	18.000	94.737	新加坡	72.000	0.069
东京	18.000	94.737	东京	55.000	0.053
台北	17.000	89.474	圣迭戈	53.000	0.051

续表

城市	点度中心度	相对点度中心度	城市	对外联系强度	相对联系强度
首尔	17.000	89.474	首尔	47.000	0.045
波士顿	17.000	89.474	台北	41.000	0.039
圣迭戈	16.000	84.211	特拉维夫	38.000	0.036
深圳	16.000	84.211	波士顿	38.000	0.036
横滨	16.000	84.211	深圳	36.000	0.034
欧文	16.000	84.211	剑桥	36.000	0.034
特拉维夫	15.000	78.947	纽约	34.000	0.033
布里斯托尔	15.000	78.947	横滨	32.000	0.031
剑桥	15.000	78.947	布里斯托尔	31.000	0.030
纽约	15.000	78.947	欧文	30.000	0.029
奥斯汀	11.000	57.895	奥斯汀	24.000	0.023
新竹	11.000	57.895	新竹	20.000	0.019
南京	10.000	52.632	南京	17.000	0.016

从以上分析可知，研发型城市网络其空间结构具有明显的"核心-边缘"空间结构，形成了以硅谷、北京、上海、班加罗尔、东京、新加坡为核心，以其他城市为边缘的网络结构。核心研发型城市之间具有较高的联系强度，边缘研发型城市中波士顿、圣迭戈、首尔、台北在城市网络中与核心研发型

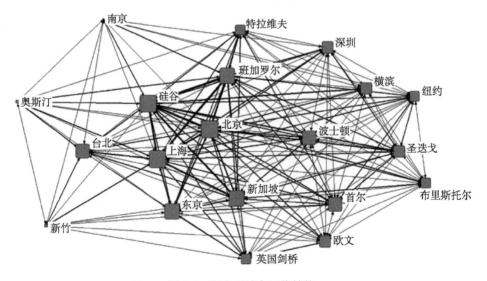

图 8-4　研发型城市网络结构

城市的网络连接度也较高，其中台北与硅谷、上海联系较为紧密，首尔与硅谷、北京和上海联系强度较高，波士顿、圣迭戈与硅谷联系最为紧密，同时彼此之间也有较高的网络联系强度。其他边缘研发型城市则在此网络中网络联系强度较低。

（三）生产型城市网络结构

生产型城市网络的点度中心度二值化设置为 0，即两个城市之间有一个联系即可认定彼此之间具有联系。在跨国公司生产机构所组成的城市网络里，苏州的点度中心度最高，与所有生产型城市都具有联系，上海、深圳、天津的点度中心度次之，分别与 26 个城市具有联系。点度中心度为 20～25 的城市有玛瑙斯、蒂华纳、胡志明市、杭州、南京、槟城、无锡、北京、成都等，这些城市在此城市网络中也具有比较广泛的联系；点度中心度为 10～20 的城市有东莞、圣保罗、河内、厦门等 14 个城市，说明其在生产型城市网络中联系较低，而马尼拉的点度中心度仅为 8，在整个城市网络中最低（表 8-7）。

从生产型城市网络的对外联系强度来看，苏州、上海排在前两位，对外联系强度都超过 100，其中苏州对外联系强度达到 127，相对联系强度为 0.109。深圳、天津、槟城、胡志明市和玛瑙斯的对外联系强度为 50～70，相对联系强度也较高。无锡、北京、蒂华纳、新加坡等 11 个城市的对外联系强度为 30～50，东莞、曼谷、河内等 7 个城市的对外联系强度为 20～30，说明其对外联系的网络密度较低。新德里、奥斯汀和马尼拉的对外联系强度都小于 20，说明其在整个生产型城市网络中的联系最少。

生产型城市网络也具有典型的"核心-边缘"结构（图 8-5）。在此城市网络中，苏州、上海、深圳和天津作为此城市网络的核心，在城市网络中具有最广泛的联系，且彼此联系最为紧密；而槟城、新加坡、无锡和胡志明市在此城市网络中居于次核心的地位，四个城市彼此之间联系也较为紧密，而且与核心城市之间也具有比较高的网络联系，如槟城与上海、苏州联系频率最高，新加坡与深圳联系比较密切。处于生产型城市网络边缘的城市有北京、新德里、吉隆坡、玛瑙斯、蒂华纳等 20 个城市，其中北京与上海具有较高的联系密度，而巴西的玛瑙斯与圣保罗相互联系较高，说明跨国公司生产单元在地理上具有临近布局的特征。硅谷与槟城和新加坡基本相同，则主要是因为三者都是半导体类跨国公司的重要生产地。

表 8-7　生产型城市网络的点度中心度及对外联系强度

城市	点度中心度	相对点度中心度	城市	对外联系强度	相对联系强度
苏州	27.000	100.000	苏州	127.000	0.109
上海	26.000	96.296	上海	110.000	0.095
深圳	26.000	96.296	深圳	70.000	0.060
天津	26.000	96.296	天津	67.000	0.058
玛瑙斯	24.000	88.889	槟城	63.000	0.054
蒂华纳	23.000	85.185	胡志明市	50.000	0.043
胡志明市	22.000	81.481	玛瑙斯	50.000	0.043
杭州	22.000	81.481	无锡	49.000	0.042
南京	21.000	77.778	北京	48.000	0.041
槟城	21.000	77.778	蒂华纳	41.000	0.035
无锡	20.000	74.074	新加坡	39.000	0.034
北京	20.000	74.074	南京	38.000	0.033
成都	20.000	74.074	成都	38.000	0.033
东莞	17.000	62.963	重庆	33.000	0.028
圣保罗	17.000	62.963	圣保罗	32.000	0.028
河内	17.000	62.963	吉隆坡	31.000	0.027
厦门	16.000	59.259	华雷斯	31.000	0.027
曼谷	16.000	59.259	杭州	31.000	0.027
吉隆坡	15.000	55.556	东莞	29.000	0.025
新加坡	15.000	55.556	曼谷	27.000	0.023
华雷斯	15.000	55.556	河内	27.000	0.023
大连	15.000	55.556	大连	24.000	0.021
重庆	14.000	51.852	钦奈	24.000	0.021
钦奈	14.000	51.852	厦门	22.000	0.019
硅谷	13.000	48.148	硅谷	21.000	0.018
新德里	13.000	48.148	新德里	18.000	0.015
奥斯汀	11.000	40.741	奥斯汀	12.000	0.010
马尼拉	8.000	29.630	马尼拉	10.000	0.009

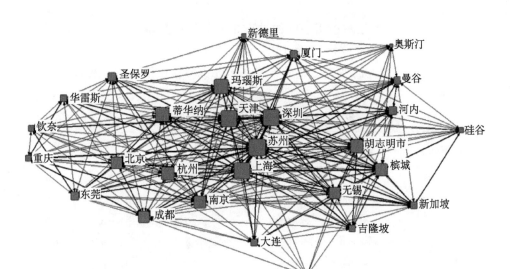

图 8-5 生产型城市网络结构

（四）多元世界城市网络结构

在分析多元世界城市网络的空间结构时，本节对数据进行了进一步处理，即当一个城市既具有跨国公司研发机构、生产机构及总部或分部、销售运营机构时，本节都按照该城市具有一个分支机构来处理。

在由跨国公司价值链不同环节联系的世界城市、研发型城市和生产型城市所构建的多元世界城市网络结构中，由于跨国公司分支机构数量众多，城市网络联系相对比较密集，所以在计算多元世界城市网络的点度中心度时将其二值化设置为 9，即两个城市之间的联系次数超过 10 才认定彼此之间具有联系。如表 8-8 所示，在多元世界城市网络中，世界城市的点度中心度均较高，点度中心度超过 50 的有新加坡、香港、东京、莫斯科、硅谷、上海等 14 个城市，点度中心度为 40～50 的有班加罗尔、马尼拉、米兰、吉隆坡、布宜诺斯艾利斯等 18 个城市，点度中心度为 20～40 的城市主要为排名较低的世界城市，但也包括生产型城市苏州，起点度中心度达到 31，点度中心度小于 20 的主要为研发型城市和生产型城市，其中南京、布里斯托尔、剑桥、杭州、欧文等 16 个城市的点度中心度为 0。多元世界城市网络中各个城市的对外联系强度与点度中心度较为相似，世界城市的对外联系强度均较高，其中，新加坡、东京、上海等 11 个城市的对外联系强队超过 1000，对外联系强度为 500～1000 的城市墨西哥城、悉尼、圣保罗、米兰等 39 个城市，其中唯一的非世界城市苏州其对外联系强度达到 724。对外联系强队小于 500 的城市主要为生产型城市和研发型城市。从点度中心度和对外联系强度分析可知，研发型城市和生产型城市在多元世界城市网络中联系较少，但生产型城市苏州在多元世界城市网络中具有较高的对外联系强度。

表 8-8　多元世界城市网络的点度中心度及对外联系强度

城市	点度中心度	相对点度中心度	城市	对外联系强度	相对对外联系强度
新加坡	61.000	78.205	新加坡	1313.000	0.027
香港	57.000	73.077	东京	1142.000	0.023
东京	56.000	71.795	上海	1139.000	0.023
北京	54.000	69.231	香港	1118.000	0.023
莫斯科	54.000	69.231	北京	1102.000	0.022
硅谷	54.000	69.231	硅谷	1053.000	0.021
上海	54.000	69.231	首尔	1051.000	0.021
首尔	53.000	67.949	曼谷	1030.000	0.021
多伦多	52.000	66.667	莫斯科	1029.000	0.021
曼谷	52.000	66.667	巴黎	1028.000	0.021
巴黎	52.000	66.667	多伦多	1006.000	0.020
墨西哥城	51.000	65.385	墨西哥城	998.000	0.020
圣保罗	50.000	64.103	悉尼	974.000	0.020
悉尼	50.000	64.103	圣保罗	973.000	0.020
班加罗尔	49.000	62.821	米兰	944.000	0.019
马尼拉	49.000	62.821	马尼拉	943.000	0.019
米兰	49.000	62.821	吉隆坡	935.000	0.019
吉隆坡	48.000	61.538	台北	929.000	0.019
布宜诺斯艾利斯	48.000	61.538	班加罗尔	901.000	0.018
雅加达	46.000	58.974	华沙	881.000	0.018
维也纳	46.000	58.974	雅加达	863.000	0.018
布达佩斯	46.000	58.974	布宜诺斯艾利斯	853.000	0.017
华沙	46.000	58.974	新德里	839.000	0.017
布拉格	45.000	57.692	布达佩斯	834.000	0.017
新德里	43.000	55.128	布拉格	830.000	0.017
伊斯坦布尔	43.000	55.128	伦敦	823.000	0.017

续表

城市	点度中心度	相对点度中心度	城市	对外联系强度	相对对外联系强度
台北	42.000	53.846	维也纳	813.000	0.017
迪拜	41.000	52.564	迪拜	809.000	0.016
伦敦	41.000	52.564	伊斯坦布尔	800.000	0.016
雅典	41.000	52.564	约翰内斯堡	749.000	0.015
都柏林	40.000	51.282	苏州	742.000	0.015
圣地亚哥	40.000	51.282	斯德哥尔摩	739.000	0.015
马德里	39.000	50.000	雅典	715.000	0.015
约翰内斯堡	39.000	50.000	深圳	704.000	0.014
斯德哥尔摩	39.000	50.000	圣地亚哥	680.000	0.014
布加勒斯特	37.000	47.436	马德里	665.000	0.014
阿姆斯特丹	36.000	46.154	纽约	659.000	0.013
纽约	35.000	44.872	都柏林	659.000	0.013
奥斯陆	35.000	44.872	布加勒斯特	640.000	0.013
苏州	31.000	39.744	阿姆斯特丹	635.000	0.013
深圳	31.000	39.744	布鲁塞尔	609.000	0.012
布鲁塞尔	31.000	39.744	奥斯陆	603.000	0.012
河内	29.000	37.179	苏黎世	577.000	0.012
苏黎世	28.000	35.897	河内	562.000	0.011
开罗	24.000	30.769	哥本哈根	542.000	0.011
哥本哈根	24.000	30.769	奥克兰	528.000	0.011
奥克兰	21.000	26.923	波哥大	525.000	0.011
波哥大	20.000	25.641	开罗	518.000	0.011
胡志明市	19.000	24.359	慕尼黑	513.000	0.010
慕尼黑	17.000	21.795	胡志明市	503.000	0.010
里斯本	16.000	20.513	里斯本	478.000	0.010
槟城	12.000	15.385	圣迭戈	463.000	0.009
巴塞罗那	12.000	15.385	巴塞罗那	434.000	0.009
圣迭戈	11.000	14.103	特拉维夫	426.000	0.009
特拉维夫	10.000	12.821	槟城	423.000	0.009
天津	6.000	7.692	赫尔辛基	411.000	0.008

续表

城市	点度中心度	相对点度中心度	城市	对外联系强度	相对对外联系强度
赫尔辛基	5.000	6.410	埃斯波	408.000	0.008
波士顿	5.000	6.410	天津	405.000	0.008
埃斯波	4.000	5.128	杜塞尔多夫	386.000	0.008
奥斯汀	4.000	5.128	波士顿	377.000	0.008
新竹	3.000	3.846	南京	327.000	0.007
杜塞尔多夫	2.000	2.564	奥斯汀	294.000	0.006
南京	0.000	0.000	成都	269.000	0.005
布里斯托尔	0.000	0.000	欧文	258.000	0.005
剑桥	0.000	0.000	横滨	255.000	0.005
杭州	0.000	0.000	杭州	251.000	0.005
欧文	0.000	0.000	剑桥	251.000	0.005
大连	0.000	0.000	无锡	239.000	0.005
重庆	0.000	0.000	玛瑙斯	224.000	0.005
华雷斯	0.000	0.000	大连	224.000	0.005
钦奈	0.000	0.000	新竹	217.000	0.004
成都	0.000	0.000	蒂华纳	197.000	0.004
玛瑙斯	0.000	0.000	东莞	195.000	0.004
蒂华纳	0.000	0.000	钦奈	183.000	0.004
东莞	0.000	0.000	布里斯托尔	172.000	0.003
无锡	0.000	0.000	重庆	157.000	0.003
横滨	0.000	0.000	厦门	151.000	0.003
厦门	0.000	0.000	华雷斯	73.000	0.001

运用 UCINET 软件的"核心－边缘"分析工具可知多元世界城市网络具有典型的"核心－边缘"结构。如图 8-6 所示，在多元世界城市网络中，世界城市处于此网络的核心位置，尤其是新加坡、东京、上海、香港、北京、硅谷等城市，而巴黎、多伦多、伦敦等城市处于次核心位置；以纽约、慕尼黑、苏黎等为代表的世界城市，以波士顿、圣迭戈、特拉维夫等为代表等研发型城市，以及以苏州为代表的生产型城市处于多元世界城市网络的边缘；以横滨、布里斯托尔、南京、剑桥为代表的研发型城市，以及以重庆、华雷斯、东莞等为代表的生产型城市处于多元世界城市网络的最外围。由此可见，多元世界城市网络

是一个包含世界城市、研发型城市及生产型城市的具有"核心 - 边缘"特征的网络结构，世界城市依然在此网络中占有主导地位，而生产型城市及研发型城市依附于世界城市而存在。

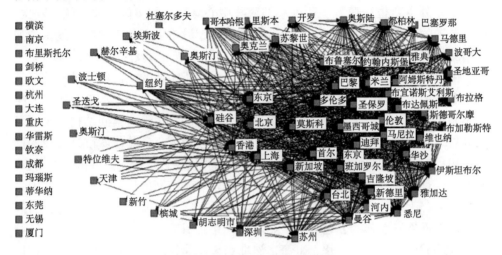

图 8-6　多元世界城市网络结构

此结构采用二值化处理数据，横滨、南京等城市未显示联系

第四节　本章小结

　　在经济全球化时代，跨国公司成为全球经济的主要实现载体。跨国公司价值链在世界范围内根据生产要素需求差异寻求资源禀赋的最佳区位。而城市作为跨国公司价值链环节的主要空间载体，根据自身资源禀赋承接跨国公司不同价值环节。因此，跨国公司价值链成为不同城市相互联系的主要通道之一，将世界范围承接不同价值功能的城市连接起来，成为研究城市网络空间结构与功能分工的分析工具。

　　在基于 ICT 制造业跨国公司价值链的多元世界城市网络，其组成要素不仅包括高等级的世界城市，也包含一定数量的专业化生产型城市和专业化研发型城市。在这一多元城市网络结构中，发达国家世界城市主要承担价值链中总部控制及销售功能，发展中国家的世界城市不仅承担跨国公司在当地的区域管理及销售功能，还承担价值链中价值产出较低的生产功能，少数发展中国家的世界城市，如上海、北京、班加罗尔等也承担着价值链中重要的研发功能。西方发达国家由于城市产业及功能分工成熟，诸如纽约、伦敦等世界城市并非 ICT 企业的主要集聚地，在多元世界城市网络中的地位较低。专业化研发型城市除班加罗尔外主要位于西方发达国家的科技中心城市，如美国的波士顿、欧文，以及英国的剑桥、布里斯托尔等。专业化生产型城市主要位于发展中国家，如中国的苏州、无锡、东莞，墨西哥的华雷斯、蒂华纳，以及巴西的玛瑙斯等。

由跨国公司总部、地区总部及销售运营机构所塑造的城市网络具有较高的网络联系密度，网络点度中心度和对外联系强度都较高，但"核心－边缘"结构不是很明显。研发型城市网络具有明显的"核心－边缘"空间结构。形成了以硅谷、北京、上海、班加罗尔、东京、新加坡为核心，其他城市为边缘的网络结构。核心研发型城市之间具有较高的联系强度，边缘研发型城市中波士顿、圣迭戈、首尔、台北与城市网络中的核心研发型城市网络连接也较高，其中台北与硅谷、上海联系较为紧密，首尔与硅谷、北京和上海联系较高，波士顿、圣迭戈与硅谷联系最为紧密。生产型城市网络也具有典型的"核心－边缘"结构。在此城市网络中，苏州、上海、深圳和天津作为此城市网络的核心，在城市网络中具有最广泛的联系；而槟城、新加坡、无锡和胡志明市在此城市网络中居于次核心的地位。处于生产型城市网络边缘的城市有北京、新德里、吉隆坡、玛瑙斯、蒂华纳等 20 个城市。在多元世界城市网络的整体结构中，世界城市依然占有主导地位，是多元世界城市网络的核心，生产型城市和研发型城市处于多元世界城市网络的边缘。

本章节的研究结果反映了多元世界城市网络的基本结构，弥补了世界城市网络仅关注高等级世界城市的单一研究模式，具有一定的创新性。但仅根据 ICT 跨国公司价值链的空间分布分析了多元世界城市网络的等级及网络结构，不能完全解释多元城市网络的等级及内部价值分工与联系的整体图景。且由于数据的不易获取性而简化了分析方法，如在确定跨国公司研发及生产环节在某一城市的数量时，采用了定性数据即有或没有，并没有考虑其数量，对城市网络的等级和网络联系分析的精确性具有一定的误差，有待后续研究进一步完善。

第九章

基于公司价值链的中国城市网络研究
——以 ICT 公司价值链为例

在跨国公司价值链塑造的世界城市网络中，价值链各环节通过空间集聚形成了世界城市、研发型城市、生产型城市，在以价值功能专业化为特征的城市体系中，不同城市间通过企业间、企业内贸易等价值流相互连接，形成以价值链为纽带的城市网络体系。近年来，中国参与全球一体化程度不断深化，加入WTO 使中国经济与全球经济进一步融合。大量跨国公司在中国设立研发、制造及销售运营机构。这些生产活动大大提高了中国城市网络的价值链功能分工，促进了中国城市与全球城市网络之间的联系。同时，随着中国经济的快速发展，大量本土企业，如华为、联想加入跨国公司行列进行海外投资，进一步加深了中国城市融入全球城市网络的程度。针对我国城市发展过程中所面临的全球化和地方化的机遇和挑战，需要从全球与地方价值链的辩证角度出发，理解不同的中国城市空间单元在全球价值实现过程中的地位与表征，进而构建我国城市网络中各级城市参与全球化的模式与机制。

本节通过跨国公司及中国本土公司价值链的空间分布来分析中国城市网络的体系结构，以期理清中国城市网络的发展脉络。

第一节 数据来源

一、ICT 公司样本及城市样本的选取

本节选取 2014 年《财富》世界 500 强和中国企业 500 强企业排行榜中 ICT

制造业公司，其中涉及 22 家中国本土 ICT 企业、22 家跨国 ICT 企业。以 ICT 制造业企业价值链中研发、生产和销售环节所在城市来分析中国城市网络的空间结构。

在城市的选取上，本节以 ICT 企业价值链中各价值环节在城市中的数量为依据，即中国总部与销售运营机构总和不小于 5 个，研发环节机构数量不小于 3 个，生产环节机构数量不小于 3 个。其中，如果某公司在一个城市既布局有总部又布局有销售运营机构，本节仅认为该公司在该城市具有一个销售机构。如果某公司在某一城市具有多个研发机构或生产机构，本节认定该跨国公司在该城市仅具有一个研发机构或生产机构。

二、基于 ICT 公司价值链的中国城市网络研究方法

主要基于跨国 ICT 公司和本土 ICT 公司价值链的空间布局数据，运用社会网络分析（SNA）方法对中国城市网络的空间结构进行分析。在基于研发机构的城市网络分析方面，城市的选取标准为其拥有的研发机构数量不小于 3 个；在基于生产机构的城市网络分析方面，城市的选取标准为其拥有的生产机构数量不小于 3 个；在基于销售机构的城市网络分析方面，城市的选取标准为其拥有的总部和销售机构数量不小于 3 个；在基于跨国公司、本土及跨国公司 + 本土公司价值链分布的中国城市网络分析方面，城市选取的标准为其拥有的总部、研发机构、生产机构、销售机构的总和不小于 5 个。

第二节　ICT 公司价值链的空间分布

一、中国公司价值链的空间布局

在总部分布方面，深圳和北京分别有 8 家和 6 家 ICT 企业总部，上海、杭州各有两家，武汉、厦门、惠州各有一家。

在研发机构分布方面，深圳、北京各有 13 家研发机构，上海、成都、武汉、厦门、南京、西安等城市超过 5 家；合肥、杭州、苏州、东莞等拥有 3 家，其

他城市研发机构数量都不足 3 家。

在生产机构分布方面，深圳有 14 家生产机构，北京拥有 9 家，上海、武汉、厦门分别有 6 家，成都、苏州分别拥有 5 家，其他城市都不足 5 家。

在销售机构分布方面，深圳与北京销售机构数量最多，分别达到 52 家和 43 家；上海、成都、武汉有 10～20 家；厦门、南京、西安、合肥、杭州、苏州、福州和厦门有 10～20 家；其他城市的销售机构数量都小于 10 家。

从中国 ICT 公司价值链总体分布（表 9-1）来看，深圳、北京是中国 ICT 企业价值链机构分布数量最多的城市，分别达到 52 家和 43 家；其次为上海、成都和武汉，其 ICT 企业分支机构数量为 20～30 家；武汉、南京、西安、合肥、杭州、苏州、福州和无锡分支机构数量为 10～20 家；其他城市 ICT 企业价值链分支机构数量都少于 10 家。

表 9-1　中国 ICT 企业价值链分布　　　　　（单位：家）

城市	总部	研发	生产	销售	合计
深圳	8	13	14	17	52
北京	6	13	9	15	43
上海	2	8	6	12	28
成都	0	7	5	10	22
武汉	1	5	6	10	22
厦门	1	5	6	5	17
南京	0	6	3	7	16
西安	0	5	3	8	16
合肥	0	3	4	8	15
杭州	2	3	3	5	13
苏州	0	3	5	5	13
福州	0	1	3	7	11
无锡	0	2	3	6	11
惠州	1	2	4	2	9
沈阳	0	2	2	5	9
重庆	0	2	3	4	9
广州	0	2	1	5	8
南昌	0	1	2	5	8

续表

城市	总部	研发	生产	销售	合计
东莞	0	3	3	1	7
哈尔滨	0	2	0	5	7
呼和浩特	0	1	1	4	6
济南	0	1	0	5	6
青岛	0	1	1	4	6
天津	0	0	2	4	6
长春	0	1	1	4	6
昆明	0	1	0	4	5
兰州	0	0	1	4	5
乌鲁木齐	0	0	0	5	5
长沙	0	0	0	5	5

二、跨国公司价值链的空间布局

在总部分布方面，跨国 ICT 公司中国总部主要集中布局于北京，在 22 家跨国公司中北京有 17 家；在剩余的 5 家公司中，上海和深圳各有两家，苏州拥有一家。

在研发机构分布方面，跨国 ICT 公司研发中心主要位于上海和北京，数量分别达到 12 家和 14 家；深圳、苏州、南京、西安研发机构数量为 5～10 家；大连、天津、广州、成都和武汉研发机构数量为 3～4 家，其他城市都少于 3 家。

在生产机构分布方面，上海和苏州是跨国 ICT 公司生产机构最为集中的城市，分别达到 16 家和 15 家。深圳、北京、天津、成都、大连、杭州、南京、无锡、广州、东莞、重庆生产机构数量为 5～10 家；其他城市都小于 5 家。可见，跨国 ICT 公司生产机构主要分布于长三角和珠三角城市群，北京、天津及中西部经济中心城市。

跨国 ICT 企业销售机构分布比较分散，其中北京、上海、广州的销售机构数量为 15～20 家，深圳、成都、大连、西安、杭州、重庆的销售机构数量为 10～20 家；南京、天津、武汉、沈阳、无锡、济南、郑州、长沙、合肥、昆明等销售机构数量为 5～10 家，其他城市的销售机构数量都小于 5 家。

　　从总体上来看，跨国 ICT 企业价值链机构分布最多的城市为北京和上海，机构数量都为 51 家；深圳、苏州、广州、成都、大连、南京和西安为 20 ～ 30 家；杭州、天津、重庆、武汉、沈阳、无锡、青岛、济南为 10 ～ 19 家；其他城市都小于 10 家（表 9-2）。

表 9-2　跨国 ICT 企业价值链分布　　　　　（单位：家）

城市	总部	研发	生产	销售	合计
北京	17	12	7	15	51
上海	2	14	16	19	51
深圳	2	6	9	13	30
苏州	1	6	15	4	26
广州	0	3	5	15	23
成都	0	3	6	13	22
大连	0	4	6	10	20
南京	0	6	5	9	20
西安	0	5	3	12	20
杭州	0	3	6	10	19
天津	0	4	7	6	17
重庆	0	2	5	10	17
武汉	0	3	2	9	14
沈阳	0	0	3	9	12
无锡	0	2	5	5	12
济南	0	0	2	8	10
青岛	0	0	3	7	10
郑州	0	0	2	6	8
东莞	0	0	5	2	7
长沙	0	1	1	5	7
合肥	0	0	1	5	6
惠州	0	0	4	2	6
烟台	0	1	2	3	6
珠海	0	0	4	2	6
佛山	0	0	2	3	5
福州	0	0	1	4	5
昆明	0	0	0	5	5

城市	总部	研发	生产	销售	合计
南宁	0	1	1	3	5
南通	0	1	3	1	5
厦门	0	0	3	2	5
石家庄	0	0	0	5	5

从中国本土 ICT 企业和跨国 ICT 企业价值链的空间布局的异同来看，在总部的空间分布方面，国内公司主要分布于深圳和北京，而跨国公司总部主要布局于北京；在研发机构方面，国内公司和跨国公司的布局较为相似，多选择北京、上海和深圳等城市；在生产机构方面，跨国公司和国内企业主要布局于长三角、珠三角、沿海城市及中西部经济中心城市；在销售机构布局方面，跨国公司与国内公司除北京、上海、深圳等几个城市外，在其他城市都呈现分散布局的态势。整体上来看，跨国公司价值链和国内公司价值链在空间上呈现比较相似的布局态势。

第三节　基于企业部门的城市网络分析

本节依据 ICT 企业（包过跨国公司与本土企业）价值链不同区段机构的空间联系来分析中国城市网络的空间结构。

一、研发机构构造的城市网络

研发机构构造的城市网络共包括 17 个城市，主要为北京、天津，以及长三角、珠三角的核心城市，以及部分中西部经济及科技中心城市（图 9-1）。

从点度中心度来看，在研发机构所构造的城市网络中，北京、上海、深圳排名居前，点度中心度都超过了 70；其次为南京、成都、西安，点度中心度为 50～70；武汉、苏州、杭州的点度中心度都为 30～50；天津、广州、无锡等 8 个城市的点度中心度都小于 30（表 9-3）。

从接近中心度来看，上海、北京、深圳、南京和成都的接近中心度都为 16，处于该城市网络的核心位置；西安、苏州、武汉三个城市的接近中心度都为 17；

杭州、广州、天津、无锡、厦门五个城市的接近中心度为 18 或 19；大连、东莞、重庆、合肥四个城市的接近中心度大于或等于 20（表 9-4）。

从中间中心度来看，上海、北京、深圳、南京、成都处于领先位置，中间中心度都为 2.831；武汉、西安、苏州、杭州的中间中心度都为 1～2，处于次城市网络的中间位置；厦门、广州、无锡、东莞、天津五个城市的中间中心度为 0～1；而大连、合肥、重庆三个城市的中间中心度都为 0（表 9-5）。

表 9-3 研发型城市点度中心度

城市	绝对中心度	相对中心度	占总联系比重
北京	96.000	37.500	0.134
上海	83.000	32.422	0.116
深圳	72.000	28.125	0.101
南京	65.000	25.391	0.091
成都	60.000	23.438	0.084
西安	56.000	21.875	0.078
武汉	47.000	18.359	0.066
苏州	39.000	15.234	0.054
杭州	34.000	13.281	0.047
天津	27.000	10.547	0.038
广州	27.000	10.547	0.038
无锡	25.000	9.766	0.035
大连	23.000	8.984	0.032
厦门	21.000	8.203	0.029
重庆	15.000	5.859	0.021
合肥	14.000	5.469	0.020
东莞	12.000	4.688	0.017

表 9-4 研发型城市接近中心度

城市	接近中心度	相对接近中心度
上海	16.000	100.000
南京	16.000	100.000
北京	16.000	100.000
深圳	16.000	100.000
成都	16.000	100.000

续表

城市	接近中心度	相对接近中心度
西安	17.000	94.118
苏州	17.000	94.118
武汉	17.000	94.118
杭州	18.000	88.889
广州	19.000	84.211
无锡	19.000	84.211
天津	20.000	80.000
厦门	20.000	80.000
大连	21.000	76.190
东莞	23.000	69.565
重庆	23.000	69.565
合肥	24.000	66.667

表 9-5　研发型城市中间中心度

城市	中间中心度	相对中间中心度
上海	2.831	2.360
南京	2.831	2.360
北京	2.831	2.360
深圳	2.831	2.360
成都	2.831	2.360
武汉	1.956	1.630
西安	1.671	1.392
苏州	1.671	1.392
杭州	1.244	1.036
厦门	0.875	0.729
广州	0.852	0.710
无锡	0.393	0.327
东莞	0.091	0.076
天津	0.091	0.076
大连	0.000	0.000
合肥	0.000	0.000
重庆	0.000	0.000

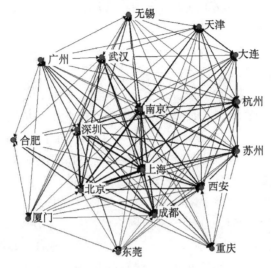

图 9-1   研发型城市网络结构

二、生产机构构造的城市网络

在生产机构所构造的城市网络（图 9-2）中共有 27 个城市，主要以京津冀、长三角、珠三角三大城市群的城市为主，也包括大连、青岛、厦门等沿海经济发达城市，以及成都、重庆、西安、沈阳、合肥等区域中心城市。

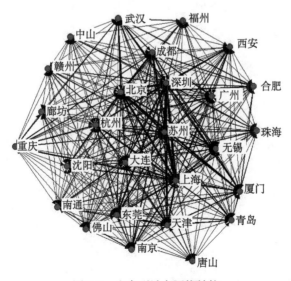

图 9-2   生产型城市网络结构

从点度中心度（表 9-6）来看，上海、深圳、苏州、北京居于前列，点度中心度都超过 100；杭州、成都、天津、东莞等 11 市的点度中心度为 50～100；南通、青岛、西安等 7 市的点度中心度为 40～50；而赣州、廊坊、中山、福州、唐山 5 市的点度中心度均小于 40。

从接近中心度（表 9-7）来看，上海、北京、深圳、苏州、大连、杭州六个城市的接近中心度都为 27，处于城市该城市网络的中心位置；成都、天津、无锡、沈阳、东莞、佛山六市等接近中心度均为 28，处于该城市网络的第二集团，广州、南京、武汉、南通四市紧随其后，接近中心度达到 29；廊坊、中山、厦门、西安等 11 个城市的接近中心度均小于或等于 30，处于该城市网络的最外围。

从中间中心度（表 9-8）来看，上海、北京、深圳、苏州、大连、杭州六市的中间中心度都为 2.291，处于该城市网络的前列；其次为佛山、沈阳、无锡、天津和东莞，其中间中心度为 1.8～2.1；而成都、南通、廊坊、广州等七市的中间中心度为 1～1.7；西安、中山、珠海等九市的中间中心度均小于 1。

表 9-6　生产型城市点度中心度

城市	绝对中心度	相对中心度	占总联系比重
上海	126.000	38.889	0.075
深圳	124.000	38.272	0.074
苏州	115.000	35.494	0.069
北京	113.000	34.877	0.068
杭州	80.000	24.691	0.048
成都	78.000	24.074	0.047
天津	77.000	23.765	0.046
东莞	69.000	21.296	0.041
大连	66.000	20.370	0.040
厦门	63.000	19.444	0.038
南京	61.000	18.827	0.037
无锡	59.000	18.210	0.035
广州	57.000	17.593	0.034
武汉	56.000	17.284	0.034
沈阳	53.000	16.358	0.032
南通	46.000	14.198	0.028
青岛	43.000	13.272	0.026
西安	42.000	12.963	0.025

续表

城市	绝对中心度	相对中心度	占总联系比重
佛山	42.000	12.963	0.025
重庆	41.000	12.654	0.025
合肥	40.000	12.346	0.024
珠海	40.000	12.346	0.024
赣州	38.000	11.728	0.023
廊坊	35.000	10.802	0.021
中山	32.000	9.877	0.019
福州	31.000	9.568	0.019
唐山	21.000	6.481	0.013

表 9-7　生产型城市接近中心度

城市	接近中心度	相对接近中心度
上海	27.000	100.000
大连	27.000	100.000
杭州	27.000	100.000
深圳	27.000	100.000
北京	27.000	100.000
苏州	27.000	100.000
成都	28.000	96.429
天津	28.000	96.429
无锡	28.000	96.429
沈阳	28.000	96.429
东莞	28.000	96.429
佛山	28.000	96.429
广州	29.000	93.103
南京	29.000	93.103
武汉	29.000	93.103
南通	29.000	93.103
廊坊	30.000	90.000
中山	31.000	87.097
西安	31.000	87.097

城市	接近中心度	相对接近中心度
厦门	31.000	87.097
赣州	31.000	87.097
珠海	32.000	84.375
青岛	32.000	84.375
重庆	33.000	81.818
合肥	33.000	81.818
福州	34.000	79.412
唐山	37.000	72.973

表 9-8   生产型城市中间中心度

城市	中间中心度	相对中间中心度
上海	2.291	0.653
大连	2.291	0.653
杭州	2.291	0.653
深圳	2.291	0.653
北京	2.291	0.653
苏州	2.291	0.653
佛山	2.078	0.592
沈阳	1.948	0.555
无锡	1.936	0.552
天津	1.883	0.536
东莞	1.883	0.536
成都	1.618	0.461
南通	1.611	0.459
廊坊	1.457	0.415
广州	1.419	0.404
武汉	1.346	0.383
南京	1.281	0.365
厦门	1.185	0.338

续表

城市	中间中心度	相对中间中心度
西安	0.984	0.280
中山	0.977	0.278
珠海	0.929	0.265
赣州	0.856	0.244
青岛	0.830	0.236
福州	0.650	0.185
合肥	0.615	0.175
重庆	0.575	0.164
唐山	0.145	0.041

三、销售机构构造的城市网络

销售机构构造的城市网络（图 9-3）由 44 个城市组成，主要包括北京、上海、天津、重庆四个直辖市，各省会城市，以及深圳、宁波、青岛、大连等经济发达城市。

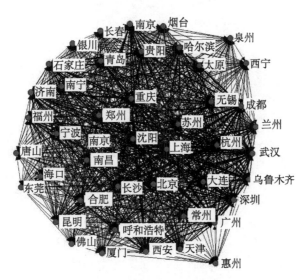

图 9-3　销售型城市网络结构

从点度中心度（表9-9）来看，上海、成都、北京、广州、西安、武汉、深圳、杭州等8个城市的点度中心度均超过300，在此城市网络中居于前列；济南、南京、重庆、沈阳等18个城市的点度中心度为200～300，处于此城市网络的中间位置；太原、贵阳、兰州、西宁等11个城市的点度中心度为100～200，而佛山、西宁、东莞等六个城市的点度中心度均小于100，处于此城市网络的最底层。

从接近中心度（表9-10）来看，上海、大连、广州、乌鲁木齐等19个城市的接近中心度均为43，在此城市网络中具有较高的控制力；天津、郑州、长春、昆明等18个城市的接近中心度为44，说明其在此城市网络中的控制力稍弱；而佛山、海口、东莞等7个城市的接近中心度均大于或等于45，在此城市网络中控制力最弱，处于从属地位。

从中间中心度（表9-11）来看，上海、大连、广州、乌鲁木齐等19个城市的中间中心度均为1.208，在此城市网络中居于前列，说明其具有较高的控制其他城市的能力；厦门、昆明、佛山、天津等19个城市的中间中心度为0.2～1.1，说明其在此城市网络中具有较弱的控制其他城市的能力；海口、西宁、泉州、唐山等六市的中间中心度都小于0.2，说明其控制其他城市的能力最弱。

表 9-9　销售型城市点度中心度

城市	绝对中心度	相对中心度	占总联系比重
上海	362.000	33.674	0.039
成都	358.000	33.302	0.039
北京	352.000	32.744	0.038
广州	351.000	32.651	0.038
西安	345.000	32.093	0.038
武汉	328.000	30.512	0.036
深圳	310.000	28.837	0.034
杭州	301.000	28.000	0.033
济南	296.000	27.535	0.032
南京	290.000	26.977	0.032
重庆	280.000	26.047	0.030
沈阳	280.000	26.047	0.030
合肥	275.000	25.581	0.030
长沙	259.000	24.093	0.028
福州	242.000	22.512	0.026

续表

城市	绝对中心度	相对中心度	占总联系比重
哈尔滨	234.000	21.767	0.025
石家庄	229.000	21.302	0.025
郑州	227.000	21.116	0.025
天津	225.000	20.930	0.024
昆明	215.000	20.000	0.023
大连	207.000	19.256	0.023
无锡	206.000	19.163	0.022
青岛	205.000	19.070	0.022
南昌	205.000	19.070	0.022
呼和浩特	203.000	18.884	0.022
乌鲁木齐	201.000	18.698	0.022
太原	191.000	17.767	0.021
贵阳	191.000	17.767	0.021
兰州	181.000	16.837	0.020
南宁	177.000	16.465	0.019
长春	169.000	15.721	0.018
宁波	154.000	14.326	0.017
海口	134.000	12.465	0.015
苏州	133.000	12.372	0.014
烟台	131.000	12.186	0.014
银川	131.000	12.186	0.014
厦门	101.000	9.395	0.011
佛山	99.000	9.209	0.011
西宁	85.000	7.907	0.009
东莞	78.000	7.256	0.008
唐山	78.000	7.256	0.008
泉州	59.000	5.488	0.006
惠州	32.000	2.977	0.003

表 9-10 销售型城市接近中心度

城市	接近中心度	相对接近中心度
上海	43.000	100.000
大连	43.000	100.000
广州	43.000	100.000
乌鲁木齐	43.000	100.000
成都	43.000	100.000
常州	43.000	100.000
无锡	43.000	100.000
长沙	43.000	100.000
沈阳	43.000	100.000
苏州	43.000	100.000
兰州	43.000	100.000
北京	43.000	100.000
杭州	43.000	100.000
武汉	43.000	100.000
合肥	43.000	100.000
西安	43.000	100.000
呼和浩特	43.000	100.000
深圳	43.000	100.000
南昌	43.000	100.000
天津	44.000	97.727
郑州	44.000	97.727
长春	44.000	97.727
昆明	44.000	97.727
太原	44.000	97.727
石家庄	44.000	97.727
哈尔滨	44.000	97.727
青岛	44.000	97.727
南宁	44.000	97.727
宁波	44.000	97.727
银川	44.000	97.727
济南	44.000	97.727

续表

城市	接近中心度	相对接近中心度
厦门	44.000	97.727
重庆	44.000	97.727
贵阳	44.000	97.727
福州	44.000	97.727
烟台	44.000	97.727
南京	44.000	97.727
佛山	45.000	95.556
海口	45.000	95.556
东莞	46.000	93.478
唐山	46.000	93.478
西宁	48.000	89.583
泉州	49.000	87.755
惠州	64.000	67.188

表 9-11 销售型城市中间中心度

城市	中间中心度	相对中间中心度
上海	1.208	0.134
大连	1.208	0.134
广州	1.208	0.134
乌鲁木齐	1.208	0.134
成都	1.208	0.134
常州	1.208	0.134
无锡	1.208	0.134
长沙	1.208	0.134
沈阳	1.208	0.134
苏州	1.208	0.134
兰州	1.208	0.134
北京	1.208	0.134
杭州	1.208	0.134
武汉	1.208	0.134
合肥	1.208	0.134

续表

城市	中间中心度	相对中间中心度
西安	1.208	0.134
呼和浩特	1.208	0.134
深圳	1.208	0.134
南昌	1.208	0.134
厦门	1.051	0.116
昆明	1.021	0.113
佛山	0.864	0.096
天津	0.245	0.027
太原	0.245	0.027
郑州	0.245	0.027
长春	0.245	0.027
青岛	0.245	0.027
南宁	0.245	0.027
宁波	0.245	0.027
石家庄	0.245	0.027
银川	0.245	0.027
哈尔滨	0.245	0.027
济南	0.245	0.027
贵阳	0.245	0.027
重庆	0.245	0.027
烟台	0.245	0.027
福州	0.245	0.027
南京	0.245	0.027
海口	0.107	0.012
西宁	0.054	0.006
泉州	0.026	0.003
唐山	0.000	0.000
惠州	0.000	0.000
东莞	0.000	0.000

第四节　基于企业类别的城市网络分析

本节分别依据跨国公司 ICT 公司与本土 ICT 公司价值链不同区段机构的空间联系来分析中国城市网络的空间结构。

一、本土企业所构造的城市网络

中国本土 ICT 企业价值链构造的城市网络（图 9-4）由 29 个城市组成，主要由京津冀、长三角、珠三角三大城市群部分城市及其他省会城市组成。

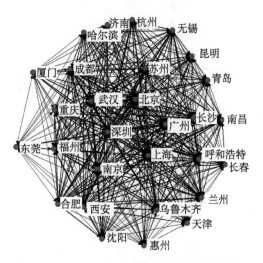

图 9-4　本土 ICT 公司价值链构造的城市网络

从点度中心度（表 9-12）来看，北京、深圳、上海、成都、武汉、南京居于前列，点度中心度均为 150 ～ 200，处于城市网络的核心位置；合肥、西安、广州、福州、南昌等 16 个城市的点度中心度为 100 ～ 150，居于城市网络的中间位置；昆明、天津、长春、青岛等 7 个城市的点度中心度均小于 100，处于城市网络的最外围。

从接近中心度（表 9-13）来看，北京、上海、深圳、成都、西安、福州等12 个城市的接近中心度都为 28，说明其在此城市网络中具有较高的控制力；无锡、长沙、哈尔滨、沈阳等 9 个城市的接近中心度为 29，说明其在此城市网络中的控制力较弱；兰州、呼和浩特、长春、南昌等 8 个城市的接近中心度均大于或等于 30，其在此城市网络中的控制力最弱。

而由中间中心度（表 9-14）分析可知，北京、上海、深圳、西安、苏州等 12 个城市的中间中心度均为 0.925，处于城市网络的核心位置，具有较高的控制力和对外联系能力；惠州、杭州、哈尔滨等 10 个城市的中间中心度为 0.5～0.8，控制其他城市的能力和对外联系强度较低；而厦门、东莞、兰州等 7 个城市的中间中心度均小于 0.4，控制能力和对外联系能力均最弱。

表 9-12　本土企业所构造的城市网络点度中心度

城市	绝对中心度	相对中心度	占总联系比重
北京	200.000	39.683	0.060
深圳	186.000	36.905	0.056
上海	179.000	35.516	0.054
成都	170.000	33.730	0.051
武汉	168.000	33.333	0.051
南京	154.000	30.556	0.047
合肥	139.000	27.579	0.042
西安	134.000	26.587	0.040
广州	132.000	26.190	0.040
福州	129.000	25.595	0.039
南昌	116.000	23.016	0.035
苏州	114.000	22.619	0.034
无锡	113.000	22.421	0.034
沈阳	112.000	22.222	0.034
哈尔滨	108.000	21.429	0.033
重庆	107.000	21.230	0.032
杭州	107.000	21.230	0.032
兰州	101.000	20.040	0.031
乌鲁木齐	101.000	20.040	0.031
呼和浩特	101.000	20.040	0.031
长沙	101.000	20.040	0.031
济南	100.000	19.841	0.030
昆明	78.000	15.476	0.024

续表

城市	绝对中心度	相对中心度	占总联系比重
天津	77.000	15.278	0.023
长春	75.000	14.881	0.023
青岛	73.000	14.484	0.022
厦门	59.000	11.706	0.018
惠州	47.000	9.325	0.014
东莞	29.000	5.754	0.009

表 9-13　本土企业所构造的城市网络接近中心度

城市	接近中心度	相对接近中心度
北京	28.000	100.000
成都	28.000	100.000
西安	28.000	100.000
福州	28.000	100.000
广州	28.000	100.000
南京	28.000	100.000
苏州	28.000	100.000
合肥	28.000	100.000
上海	28.000	100.000
深圳	28.000	100.000
武汉	28.000	100.000
重庆	28.000	100.000
无锡	29.000	96.552
长沙	29.000	96.552
哈尔滨	29.000	96.552
沈阳	29.000	96.552
昆明	29.000	96.552
乌鲁木齐	29.000	96.552
青岛	29.000	96.552
杭州	29.000	96.552
济南	29.000	96.552
兰州	30.000	93.333

续表

城市	接近中心度	相对接近中心度
呼和浩特	30.000	93.333
长春	30.000	93.333
南昌	30.000	93.333
天津	30.000	93.333
惠州	32.000	87.500
厦门	35.000	80.000
东莞	36.000	77.778

表 9-14　本土企业所构造的城市网络中间中心度

城市	中间中心度	相对中间中心度
北京	0.925	0.245
成都	0.925	0.245
西安	0.925	0.245
福州	0.925	0.245
广州	0.925	0.245
南京	0.925	0.245
苏州	0.925	0.245
合肥	0.925	0.245
上海	0.925	0.245
深圳	0.925	0.245
武汉	0.925	0.245
重庆	0.925	0.245
惠州	0.758	0.201
杭州	0.758	0.201
哈尔滨	0.758	0.201
沈阳	0.758	0.201
济南	0.758	0.201
乌鲁木齐	0.580	0.153
长沙	0.580	0.153

续表

城市	中间中心度	相对中间中心度
昆明	0.512	0.135
无锡	0.512	0.135
青岛	0.512	0.135
厦门	0.317	0.084
东莞	0.262	0.069
兰州	0.167	0.044
呼和浩特	0.167	0.044
长春	0.167	0.044
南昌	0.167	0.044
天津	0.167	0.044

二、跨国公司所构造的中国城市网络

跨国公司构造的城市网络（图9-5）由31个城市组成，与中国公司构造的城市网络较为相似，组成城市主要为以北京、上海、深圳为核心的京津冀、长三角、珠三角区域城市及省会城市，以及东部沿海经济发达城市。

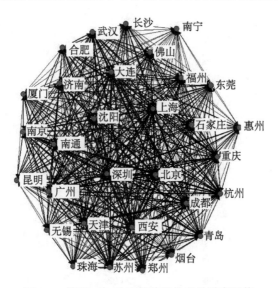

图 9-5　跨国 ICT 公司价值链构造的城市网络

从点度中心度（表9-15）分析可知，上海、北京、广州、深圳等10个城市处于城市网络的核心位置，点度中心度为200～280；武汉、重庆、沈阳、天津等16个城市的点度中心度为100～200，处于该城市网络的中间位置；而珠海、烟台、南通、南宁、惠州五市的点度中心度均小于100，处于城市网络的最外围。

　　从接近中心度（表9-16）分析可知，城市网络中各城市的区别不大，北京、上海、深圳、广州等26个城市的接近中心度为30；厦门、珠海、南宁、昆明的接近中心度为31，仅惠州一个城市的接近中心度为32。

　　从中间中心度（表9-17）分析可知，北京、上海、深圳、广州等26个城市的接近中心度相同，均为0.106，珠海、南宁两个城市的中间中心度为0.071，惠州、昆明、厦门的中间中心度为0.034。说明此城市网络内部联系比较均匀，各城市均具有相近的控制力。

表9-15　跨国公司所构造的中国城市网络点度中心度

城市	绝对中心度	相对中心度	占总联系比重
上海	280.000	51.852	0.056
广州	266.000	49.259	0.053
北京	263.000	48.704	0.052
深圳	253.000	46.852	0.050
西安	244.000	45.185	0.048
杭州	228.000	42.222	0.045
成都	220.000	40.741	0.044
大连	219.000	40.556	0.043
南京	216.000	40.000	0.043
苏州	215.000	39.815	0.043
武汉	192.000	35.556	0.038
重庆	180.000	33.333	0.036
沈阳	178.000	32.963	0.035
天津	175.000	32.407	0.035
济南	173.000	32.037	0.034
青岛	162.000	30.000	0.032
郑州	146.000	27.037	0.029
无锡	134.000	24.815	0.027
东莞	133.000	24.630	0.026
合肥	130.000	24.074	0.026

续表

城市	绝对中心度	相对中心度	占总联系比重
长沙	114.000	21.111	0.023
石家庄	114.000	21.111	0.023
佛山	107.000	19.815	0.021
昆明	103.000	19.074	0.020
福州	101.000	18.704	0.020
厦门	100.000	18.519	0.020
珠海	94.000	17.407	0.019
烟台	83.000	15.370	0.016
南通	80.000	14.815	0.016
南宁	72.000	13.333	0.014
惠州	67.000	12.407	0.013

表 9-16 跨国公司所构造的中国城市网络接近中心度

城市	接近中心度	相对接近中心度
北京	30.000	100.000
成都	30.000	100.000
大连	30.000	100.000
东莞	30.000	100.000
佛山	30.000	100.000
福州	30.000	100.000
广州	30.000	100.000
杭州	30.000	100.000
合肥	30.000	100.000
武汉	30.000	100.000
济南	30.000	100.000
烟台	30.000	100.000
南京	30.000	100.000
郑州	30.000	100.000
南通	30.000	100.000
青岛	30.000	100.000
无锡	30.000	100.000

续表

城市	接近中心度	相对接近中心度
上海	30.000	100.000
深圳	30.000	100.000
沈阳	30.000	100.000
石家庄	30.000	100.000
苏州	30.000	100.000
天津	30.000	100.000
重庆	30.000	100.000
长沙	30.000	100.000
西安	30.000	100.000
厦门	31.000	96.774
珠海	31.000	96.774
南宁	31.000	96.774
昆明	31.000	96.774
惠州	32.000	93.750

表 9-17　跨国公司所构造的中国城市网络中间中心度

城市	中间中心度	相对中间中心度
北京	0.106	0.024
成都	0.106	0.024
大连	0.106	0.024
东莞	0.106	0.024
佛山	0.106	0.024
福州	0.106	0.024
广州	0.106	0.024
杭州	0.106	0.024
合肥	0.106	0.024
武汉	0.106	0.024
济南	0.106	0.024
烟台	0.106	0.024

续表

城市	中间中心度	相对中间中心度
南京	0.106	0.024
郑州	0.106	0.024
南通	0.106	0.024
青岛	0.106	0.024
无锡	0.106	0.024
上海	0.106	0.024
深圳	0.106	0.024
沈阳	0.106	0.024
石家庄	0.106	0.024
苏州	0.106	0.024
天津	0.106	0.024
重庆	0.106	0.024
长沙	0.106	0.024
西安	0.106	0.024
珠海	0.071	0.016
南宁	0.071	0.016
惠州	0.034	0.008
昆明	0.034	0.008
厦门	0.034	0.008

三、本土 – 跨国 ICT 企业所构造的中国城市网络

根据以上的分析，我们将中国 ICT 公司及跨国 ICT 公司价值链进行合并，分析其共同构造的中国城市网络。此城市网络由 42 个城市组成，包括三大城市群主要城市、各省会城市、东部沿海发达城市等（图 9-6）。

从点度中心度（表 9-18）分析可知，北京与上海居于此城市网络的最核心位置，点度中心度均大于 500；深圳、广州、成都、西安、南京和武汉六市的点度中心度为 400 ~ 500，位于此城市网络的次核心位置；杭州、苏州、沈阳、

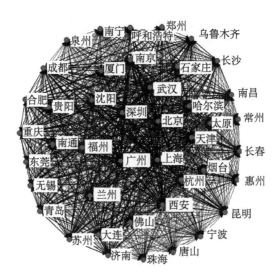

图 9-6　本土与跨国 ICT 公司价值链构造的城市网络

重庆、济南等 19 个城市的点度中心度为 200 ～ 400，说明其位于此城市网络的外围区域；兰州、长春、太原等 15 个城市的点度中心度均小于 200，处于此城市网络的最外围。

　　从接近中心度（表 9-19）分析来看，北京、上海、深圳、广州等 36 个城市的接近中心度均为 42，只有惠州、昆明、南宁等 7 个城市的接近中心度等于或大于 43；而中间中心度（表 9-20）分析与接近中心度分析结构相一致，北京、上海、深圳、广州等 36 个城市的中间中心度均为 0.155，惠州、昆明、南宁等 7 个城市的中间中心度均小于此值。由此可见，此城市网络中城市间的控制力比较均衡。

表 9-18　本土 – 跨国企业构造的城市网络的点度中心度

城市	绝对中心度	相对中心度	占总联系比重
北京	528.000	36.975	0.045
上海	520.000	36.415	0.045
深圳	494.000	34.594	0.043
广州	458.000	32.073	0.039
成都	448.000	31.373	0.039
西安	437.000	30.602	0.038
南京	428.000	29.972	0.037
武汉	417.000	29.202	0.036
杭州	390.000	27.311	0.034

续表

城市	绝对中心度	相对中心度	占总联系比重
苏州	378.000	26.471	0.033
沈阳	340.000	23.810	0.029
重庆	340.000	23.810	0.029
济南	327.000	22.899	0.028
合肥	322.000	22.549	0.028
天津	301.000	21.078	0.026
无锡	295.000	20.658	0.025
大连	284.000	19.888	0.024
青岛	279.000	19.538	0.024
福州	279.000	19.538	0.024
长沙	266.000	18.627	0.023
哈尔滨	253.000	17.717	0.022
郑州	251.000	17.577	0.022
南昌	235.000	16.457	0.020
石家庄	232.000	16.246	0.020
呼和浩特	220.000	15.406	0.019
昆明	219.000	15.336	0.019
乌鲁木齐	207.000	14.496	0.018
兰州	198.000	13.866	0.017
长春	195.000	13.655	0.017
太原	194.000	13.585	0.017
贵阳	194.000	13.585	0.017
东莞	190.000	13.305	0.016
厦门	185.000	12.955	0.016
宁波	180.000	12.605	0.016
南宁	179.000	12.535	0.015
佛山	170.000	11.905	0.015
烟台	140.000	9.804	0.012
惠州	125.000	8.754	0.011
唐山	115.000	8.053	0.010
珠海	107.000	7.493	0.009

续表

城市	绝对中心度	相对中心度	占总联系比重
南通	103.000	7.213	0.009
泉州	77.000	5.392	0.007

表 9-19　本土 – 跨国企业构造的城市网络的接近中心度

城市	接近中心度	相对接近中心度
上海	42.000	100.000
大连	42.000	100.000
广州	42.000	100.000
郑州	42.000	100.000
天津	42.000	100.000
太原	42.000	100.000
无锡	42.000	100.000
长沙	42.000	100.000
长春	42.000	100.000
东莞	42.000	100.000
兰州	42.000	100.000
北京	42.000	100.000
宁波	42.000	100.000
石家庄	42.000	100.000
合肥	42.000	100.000
成都	42.000	100.000
西安	42.000	100.000
佛山	42.000	100.000
沈阳	42.000	100.000
苏州	42.000	100.000
呼和浩特	42.000	100.000
福州	42.000	100.000
杭州	42.000	100.000
武汉	42.000	100.000
重庆	42.000	100.000
青岛	42.000	100.000

续表

城市	接近中心度	相对接近中心度
烟台	42.000	100.000
南京	42.000	100.000
南昌	42.000	100.000
南通	42.000	100.000
哈尔滨	42.000	100.000
贵阳	42.000	100.000
济南	42.000	100.000
厦门	42.000	100.000
深圳	42.000	100.000
常州	42.000	100.000
惠州	43.000	97.674
昆明	43.000	97.674
南宁	43.000	97.674
乌鲁木齐	43.000	97.674
唐山	44.000	95.455
泉州	45.000	93.333
珠海	45.000	93.333

表 9-20 本土 – 跨国企业构造的城市网络的中间中心度

城市	中间中心度	相对中间中心度
上海	0.155	0.018
大连	0.155	0.018
广州	0.155	0.018
郑州	0.155	0.018
天津	0.155	0.018
太原	0.155	0.018
无锡	0.155	0.018
长沙	0.155	0.018
长春	0.155	0.018

续表

城市	中间中心度	相对中间中心度
东莞	0.155	0.018
兰州	0.155	0.018
北京	0.155	0.018
宁波	0.155	0.018
石家庄	0.155	0.018
合肥	0.155	0.018
成都	0.155	0.018
西安	0.155	0.018
佛山	0.155	0.018
沈阳	0.155	0.018
苏州	0.155	0.018
呼和浩特	0.155	0.018
福州	0.155	0.018
杭州	0.155	0.018
武汉	0.155	0.018
重庆	0.155	0.018
青岛	0.155	0.018
烟台	0.155	0.018
南京	0.155	0.018
南昌	0.155	0.018
南通	0.155	0.018
哈尔滨	0.155	0.018
贵阳	0.155	0.018
济南	0.155	0.018
厦门	0.155	0.018
深圳	0.155	0.018
常州	0.155	0.018

城市	中间中心度	相对中间中心度
惠州	0.104	0.012
乌鲁木齐	0.077	0.009
南宁	0.077	0.009
昆明	0.076	0.009
唐山	0.051	0.006
珠海	0.025	0.003
泉州	0.000	0.000

第五节　本 章 小 结

在跨国公司价值链日益成为世界城市网络的主要经济联系方式和经济空间的塑造者的现状下，本章利用中国及跨国 ICT 企业价值链的空间数据来分析中国城市网络的空间结构。其中，跨国公司价值链和国内公司价值链在空间上呈现比较相似的布局态势。在总部分布方面，国内公司主要分布于深圳和北京，而跨国公司总部主要布局于北京；在研发方面，国内公司和跨国公司的布局较为相似，多选择北京、上海和深圳等城市；在生产方面，跨国公司和国内企业主要布局于长三角、珠三角、沿海城市及中西部经济中心城市；在销售部门布局方面跨国公司与国内公司除北京、上海、深圳等几个城市外，在其他城市都呈现分散布局的态势。

根据 ICT 公司研发、生产、销售三个价值环节构造的城市网络分析结果显示，研发机构构造的城市网络共计 17 个城市，主要为北京、天津，长三角、珠三角的核心城市，以及部分中西部经济及科技中心城市，其中北京、上海、深圳处于核心位置。生产机构所构造的城市网络共包括 27 个城市，主要为以京津冀、长三角、珠三角三大城市群城市为主，同时也包括大连、青岛、厦门等沿海经济发达城市，也包括成都、重庆、西安、沈阳、合肥等区域中心城市，由中心性分析可知上海、深圳、苏州、北京居于城市网络的核心位置。销售机构构造的城市网络由 44 个城市组成，主要包括北京、上海、天津、重庆四大直辖市、各省会城市，以及沿海经济发达城市，上海、成都、北京、广州、西安、武汉、深圳、杭州居于核心位置。

根据中国及跨国公司价值链构造的城市网络的分析结果显示，中国 ICT 企业价值链构造的城市网络由 29 个城市组成，主要由京津冀、长三角、珠三角三大城市群部分城市及其他省会城市组成。其中，北京、深圳、上海、成都、武汉、南京居于核心位置；跨国公司构造的城市网络由 31 个城市组成，与中国公司构造的城市网络较为相似，组成城市主要为以北京、上海、深圳为核心的京津冀、长三角、珠三角区域城市及省会城市，东部沿海经济发达城市。其中上海、北京、广州、深圳处于城市网络的核心位置。而将中国 ICT 公司及跨国 ICT 公司价值链进行合并，分析其共同构造的中国城市网络。此城市网络由 43 个城市组成，包括三大城市群主要城市、各省会城市、东部沿海发达城市等。其中，北京与上海居于此城市网络的最核心位置，深圳、广州、成都、西安、南京和武汉六市位于此城市网络的次核心位置。

第十章

中国城市空间治理——土地开发与包容性发展

在国际劳动分工从产业分工向价值链分工演进的当代世界经济空间结构中，价值链分工成为城市之间的重要经济联系方式，并且塑造了大都市区内部的空间组织模式。从已有研究可知，价值链总部管理环节主要布局于大都市区的CBD，研发环节主要位于大都市区内部的科技园区，高端生产环节主要布局于高新技术开发区，而一般生产环节主要集聚于工业开发区。在一定程度上可以说价值链价值生产区段的空间组织方式决定了城市内部特别是大都市内部的空间"组织生境"。可以说，价值链的空间治理对城市网络的治理具有举足轻重的作用。

土地开发作为城市空间生产和价值固化的一种政策方式和经济行为，已经成为地方政府治理城市空间发展和规制价值链布局的重要手段。制定土地开发政策、编制土地开发规划等手段，使得价值链在城市空间上合理布局，通过集聚效应提高价值产出效率。可以说土地开发管制是政府参与价值链空间治理的最有力的政策。

本节从价值链空间治理来探讨城市网络治理的模式，通过对中西方城市土地开发管治的回顾，指出中国城市土地开发管治结构的特点，并对中国现有的土地开发管治模式进行评价，并对中国城市土地开发管治提出有关建议。在此基础上，笔者提出了中国城市的包容性发展战略，以期推动中国新型城市化的持续健康发展。

第一节 从价值链空间治理到城市网络治理

全球价值链治理是指通过价值链来实现公司之间的关系和制度安排，进而实现价值链内部不同经济活动和不同环节间的协调。同理，全球价值链的空间治理则是通过参与到价值链分工中的不同公司的区位选择，决定了不同区位在价值链环节空间中的权利分配与治理关系。在城市网络层面，价值链的空间治理在一定程度上影响城市网络的经济关系，价值链的空间分工更多地取决于参与到价值链的公司内部的功能分工，这种公司价值链功能分工决定了城市网络的权利分配与治理结构。

一、价值链空间治理

（一）价值链治理

全球价值链治理是价值链理论框架的主要组成部分，主要研究价值链内部的组织结构、权力分配，以及价值链中各经济主体之间的协调关系。从价值链治理理论的发展历程来看，学者们对全球价值链治理理论不断完善。从 Sturgeon（2000）对价值链治理的三分法（权威型、关系型和虚拟型治理模式），到 Humphrey 和 Schmitz（2000b）对价值链治理四种模型（纯市场关系、网络、准等级制和等级制）的总结，最终 Gereffi 等（2005）根据价值链中市场主体之间的协调能力的三个变量将全球价值链的治理总结如下：通过价值链各环节之间知识与信息交易的复杂程度、解码交易信息的难度以及供应方满足交易需要的能力三个变量的难易程度和水平高低将全球价值链治理总结为市场型、模块型、关系型、领导型和层级制等五种模式。

（1）市场型治理交易完成较为容易，产品规格较为简单，供应商通常不需要买方的支持就拥有完成合约的能力，价格为主要的协调机制。

（2）模块型治理：复杂信息被编码化和数字化后传递给供应商，供应商具备提供整套模块的能力而无需买方监督和控制生产流程，产品、产业、质量标准为主要的协调机制。

（3）关系型治理：买方提供隐性信息，供应商拥有独特的或不可复制的能力获取买方信息，信任和声誉为主要的协调机制。

（4）领导型治理：供应商能力较弱，完全依赖买方的监督、指导和干预完成生产和交易，协调机制就是买方对供应商实现全局控制。

（5）层级型治理：产品规格无法被编码化，生产过程无法外包，不存在有能力的供应商，所有环节都在公司内部进行，自上而下的管理为主要协调机制。

从以价格为主要协调机制的企业间市场型治理到以权力直接控制和管理的企业内部的层级型治理，全球价值链不同环节的权利不对称程度在不断加深。全球价值链治理的五种模式的区分取决于价值链中参与者之间的权力如何分配。不同产业根据产业组织模式其参与者权利分配方式造成产业价值链治理模式的差异化，即使是同一产业内部，在不同的时间、不同的节点，治理模式也可能发生巨大的变化。当然，对于全区价值链的权利分配，Kaplinsky 和 Morris（2001）将其价值链的参与者总结为治理者和被治理者两个维度，全球价值链的治理者可以从销售份额、增值份额、利润份额、利润率、购买份额、核心技术能力、品牌优势等几个指标加以识别。治理者的权利主要来自研发、设计、品牌及市场渠道等无形竞争力，这些竞争力一般具有高门槛和高回报的特质，被治理者则从事治理者所控制或外包的生产加工等环节，这些价值环节一般具有低门槛和低回报的特质。

（二）价值链空间治理

价值链的空间治理可理解为价值链治理的空间投射，即价值链治理者与被治理者在空间上区位选择所造成的空间权利结构。价值链治理者与被治理者的区位选择在空间上的错位造就了价值链治理权利的空间不平衡，价值链中以品牌、技术企业等治理者所在区位空间一般具有较为价值链的空间治理权，而以生产为核心业务的企业等被治理者所在区位空间一般依附于治理者，在区域竞争中处于从属地位。

在全球化过程中，全球价值链上的权利分布因价值链不同环节的区位选择的巨大差异而呈现空间不平衡现象。从国家尺度来看，发达国家由于跨国公司拥有先进的技术、丰富的市场渠道、充沛的资金和先进的管理经验，往往成为行业中的领导者，西方发达国家通过跨国的巨大优势获取了在全球价值链中的控制权。相应的财富越来越集中在少数发达国家，继而造成全球价值链空间治理中权利分布的不平等。

随着跨国公司的全球扩张，跨国公司世界范围内不同区域组织设计、研发、生产和销售。为了适应全球市场的差异化需要及控制生产成本，领导型的跨国公司的经营活动也逐渐出现了垂直分离，往往更加关注价值链的核心环节，如技术研发、品牌营销等，而将非核心环节生产环节等转移到发展中国家，这个过程虽然在一定程度上提升了发展中国家在全球价值链的中作用和地位，而且发展中国家也通过价值链升级不断提升在全球价值链中的竞争力，但价值链空间权利的不平衡性依然没有改变。

二、基于价值链的城市网络治理

从前文分析可知，价值链分工体系下的城市网络（城市群）由世界城市、研发型城市、生产型城市等多种职能分工城市组成，由于价值链不同环节参与者在价值链治理结构中具有不同的权利分配，所以其所在城市空间也就在价值链所构造的城市网络中具有不同的地位，进而价值链的治理结构在空间上体现为城市网络的空间治理模式。同时，我国从中央到地方制定和颁布了区域城市合作的法律、法规及规划，这些制度设计也成为城市网络（城市群）治理的重要影响因素。例如，"十二五"期间我国颁布了多项区域发展战略规划，同时也建立了诸如长三角城市经济协调市长联席会议等制度机制，这些制度设计成为城市网络（城市群）的治理和促进区域城市网络协调发展的重要保障。

可见，在价值链体系下的城市网络中，参与城市网络治理的主体不仅包括价值链中的参与者（公司），而且包括城市及区域的管理者（政府）。

（一）价值链：自下而上的治理结构塑造者

经济全球化时代，价值链空间功能分工日益成为城市间经济联系的主要方式之一，继而塑造了城市网络的空间结构。价值链在世界范围内根据生产要素需求差异寻求资源禀赋的最佳区位。而城市作为跨国公司价值链环节的主要空间载体，根据自身资源禀赋承接跨国公司不同价值链环节。价值链的内部治理关系在空间上也就变现为城市网络的治理结构。

在全球城市网络层面，从基于 ICT 制造业跨国公司价值链的多元世界城市网络来看，其组成结构不仅包括高等级的世界城市，也包含一定数量具有全球性功能的专业化研发型城市的和专业化生产型城市。在多元城市网络结构中，发达国家的世界城市主要承担价值链中总部控制及销售功能，发展中国家的世界城市不仅承担跨国公司在当地的区域管理及销售功能，还承担价值链中价值产出较低的生产功能，少数发展中国家的世界城市如上海、北京、班加罗尔等也承担价值链中重要的研发功能。西方发达国家由于城市产业及功能分工成熟，诸如纽约、伦敦等世界城市并非 ICT 企业的主要集聚地，所以在 ICT 产业全球价值链构建的多元世界城市网络中的地位较低。专业化研发城市，除班加罗尔外主要位于西方发达国家的科技中心城市，如美国的波士顿、欧文，以及英国剑桥、布里斯托尔等。专业化的生产型城市主要位于发展中国家，如中国的苏州、无锡、东莞，墨西哥的华雷斯、蒂华纳，以及巴西的玛瑙斯等。可见，在全球价值链构造的世界城市网络中，西方发达国家的世界城市处于全球城市网络的中心，是世界城市网络的治理者，广大发展中国家的世界城市和生产型城市则处于被治理者的地位。

在区域城市网络层面，地方价值链同样塑造着区域城市网络的治理结构。以长三角 ICT 产业价值链所构造的城市网络治理结构来看，虽然整体主要承接

ICT 制造业全球价值链的低端生产与装配环节，核心竞争力主要为低成本的劳动力，跨国公司在这一区域主要寻求低成本的劳动力以降低生产成本，进而在全球市场获取较高的利润，整个区域城市网络在全球城市网络中扮演着被治理者的角色。但在长三角城市网络内部，上海也承接大量跨国公司高端的研发与区域管理职能部门等价值环节，并承接核心零部件制造，如半导体制造，苏州、无锡则主要承接跨国公司的低端制造与装配环节价值链转移，南京、杭州则在生产支持性研发及生产制造领域占有一定地位，其他城市则主要从事最为低端的零部件制造环节，长三角城市网络内部基本形成了以价值链分工为主导的城市网络治理关系，上海在长三角城市网络中承担着区域城市网络治理者的角色，是价值链塑造的区域城市网络治理结构的中心，其他城市在区域城市网络中围绕上海展开价值生产过程，处于被治理者的地位。

可见，无论是全球层面的世界城市网络，还是区域层面的区域城市网络，价值链参与者（主要为跨国公司）通过价值链的空间分离寻求价值生产的最大化。在这一自下而上的治理过程中，价值链也塑造了城市网络空间权利的不均衡，拥有总部、研发等价值链高端环节的城市（一般为世界城市）在获取最大利益的同时，也获取利价值链空间生产的控制权，而生产环节所在城市（生产型城市）受制于世界城市的控制，同时也获取较低的利益回报。

（二）政府：自上而下的治理结构塑造者

1. 中央政府：城市网络治理的协调者

区域城市网络（城市群）是我国城市化发展的主要空间载体，而且也是全球化背景下我国参与全球竞争、区域竞争的主要空间形态。在构筑区域城市网络的产业价值链结构、促进区域城市网络协调发展的过程中，中央政府起着极其重要的作用，主要通过各种政策、规划对城市网络治理进行干预，并对城市网络中不同性质的城市的权利进行分配与协调。

首先，中央政府通过宏观规划对我国城市网络尤其是城市群的发展和治理结构产生影响。例如，我国"十二五"规划建议城市化发展应以大城市为依托，以中小城市为重点，逐步形成以城市群为主体的大中小城市和小城镇协调发展的城市发展结构。《国家新型城镇化规划（2014—2020 年）》提出以城市群为主要平台，推动跨区域城市间产业分工，构筑优化提升东部地区城市群，培育发展中西部地区城市群，重点探索建立城市群管理协调模式。通过各种涉及城市网络治理的宏观规划和政策，中央政府可以自上而下地塑造中国城市网络中不同性质城市在经济、产业、基础设施、社会管理等各方面的关系，从整体上为城市网络的治理制定了各种规则，从而确保城市间在各领域的分工与合作。

其次，中央政府也通过各种具体的区域规划对特定的区域城市网络的治理和城市间关系提出具体的要求，如《长江三角洲城市群发展规划》《京津冀协同发展纲要》等。《长江三角洲城市群发展规划》明确提出要促进长三角区域网络的形成。发挥上海的龙头带动作用和区域中心城市的辐射带动作用，依托交通运输网络培育形成多级多类发展轴线，推动南京都市圈、杭州都市圈、合肥都市圈、苏锡常都市圈、宁波都市圈的同城化发展，强化沿海发展带、沿江发展带、沪宁合杭甬发展带、沪杭金发展带的聚合发展，构建"一核五圈四带"的网络化空间格局。同时该规划也对区域内城市的发展做了相应的规定，如上海要打造全球城市，提升其核心竞争力和综合服务功能，加快建设具有全球影响力的科技创新中心，南京都市圈打造成为区域性创新创业高地和金融商务服务集聚区，杭州都市圈要培育发展信息经济等新业态、新引擎，加快建设杭州国家自主创新示范区和跨境电子商务综合试验区、湖州国家生态文明先行示范区，建设全国经济转型升级和改革创新的先行区。《京津冀协同发展纲要》则明确了未来京津冀三省市的定位，北京为"全国政治中心、文化中心、国际交往中心、科技创新中心"，天津为"全国先进制造研发基地、北方国际航运核心区、金融创新运营示范区、改革开放先行区"，河北省为"全国现代商贸物流重要基地、产业转型升级试验区、新型城镇化与城乡统筹示范区、京津冀生态环境支撑区"。

　　中央政府通过各种规划及政策的实施，自上而下地优化全国及不同区域内经济的发展空间，同时也加强了城市网络内部的经济联系，与自下而上的基于价值链空间选择所塑造的城市网络相结合，促进城市间经济和社会的协调发展。通过规划确定了不同城市的经济职能，可以缓解城市间尤其是区域城市网络内部的恶性竞争，避免城市间产业同质竞争所带来的无序发展，实现城市间产业转移和分工合作。可见，中央政府在城市网络治理中扮演协调者的角色，促进了城市网络内部各城市利益共享、相互合作关系的形成，构建了有利于城市网络整体利益增长的合作治理机制的形成。

　　2. 城市政府：城市网络治理的竞争者与合作者

　　城市间的产业竞争与合作是城市网络治理的主要体现。城市政府通过各种优惠政策和平台（如开发区、港口等）来提升自身在城市网络产业价值链中的竞争优势，同时也通过各种制度安排（政府间合作组织、产业链联盟等）进行产业合作，从而构造城市网络的治理结构。

　　在城市网络中，城市政府作为一个城市的管理者必须为本城市的发展和利益与其他城市展开竞争。城市政府可通过自己在产业基础、技术、人才、区位、自然资源等优势来制定产业的发展方向，确保在城市竞争中处于优势地位，实现城市网络治理权利的最大化。例如，在长三角城市网络中，上海以其良好的产业、区位、人才等优势，在区域竞争中确立了领导者的地位，在产业发展中以优先吸引跨国公司总部、研发中心、高级生产者服务业等主导，同时也加快了疏解上海非核心功能、淘汰劳动密集型低端制造业的步伐。而以苏州、无锡为代表的区域制造业核心城市确立了发展具有技术密集型的高新技制造业的产业发展路径。在城市网络竞争过程中，城市治理的结构并非一成不变，具有后发优势的城市往往通过产业价值链升级提升在区域城市网络治理中的地位和权利，如杭州、南京等城市通过产业升级和政策支持，在高新技术研发、生产性服务业等领域中取得了长足进步，从而提升了在区域城市网络中的地位。

当然，在城市网络中，各城市也通过政府间合作实现区域一体化发展，如长江三角洲城市经济协调会、长江流域园区合作联盟等就是区域城市间合作的成功范例。长江三角洲城市经济协调会成立于 1996 年，是以经济为纽带的区域性经济合作组织，现有上海、南京、杭州、合肥、宁波、无锡、舟山、苏州、扬州、绍兴、南通、泰州、常州、湖州、嘉兴、镇江、台州、盐城、马鞍山、金华、淮安、衢州、芜湖、连云港、徐州、滁州、淮南、丽水、宿迁、温州等30 个成员城市。该协会通过每年一次的市长联席会议确定了一系列的城市间合作制度，促进了区域产业一体化发展的进程和区域城市间合作的深化。而长江流域园区合作联盟是长江领域各城市产业园区的合作平台，通过该联盟的成立增强了不同城市产业园区的合作，进一步促进了区域产业协同发展的趋势，为长江经济带城市间产业合作发展奠定了制度基础。

从价值链空间治理到城市网络治理的路径分析，我们可以看到无论是价值链自下而上对城市网络治理的市场化影响，还是各级政府自上而下对城市网络治理的制度性安排，都在塑造着城市网络的治理结构和治理方式。价值链、中央政府、城市政府在城市网络治理中都在起着重要的作用，三者缺一不可，价值链主导的市场化城市网络治理模式容易导致城市间产业恶性竞争与无序发展，政府主导的制度化城市网络治理模式过于强化政府的资源配置权利也会抑制城市间产业发展的活力。因此，在城市网络的治理中，应顺应价值链治理体系下的城市网络治理结构，加强城市政府间合作与制度建设，最终实现城市网络的协调发展。

第二节　中国城市土地开发管治

改革开放以来，中国进行了许多经济制度的变革。其中土地制度的改革，是关系到市场经济转型能否成功的一项非常关键性的突破。土地作为最基本的生产资料，其市场的流动性是建立社会主义市场经济的根本保障。因此土地制度也由改革前的无偿、无限期、无流转，转变为有偿、有限期、可流转。正是这一制度的伟大变革，给中国经济插上了腾飞的翅膀（Lin，2009）。就在中国经济取得重大成就的同时，随着时间的推移，土地开发所导致的问题也开始层出不穷。在现行土地所有制不变的情况下，中国的土地开发管治模式是否还适合当前的社会经济发展，这就迫切需要对现有的中国城市土地开发管治模式来加以评判。国内学术界已往对管治的研究主要集中在城市－区域管治、行政区管治、城市规划和管治等方面（沈建法，2002；刘君德，1996；张京祥，吴缚龙，崔功豪，2004；张庭伟，1999），对城市中地方政府所掌握的最重要资源土地的开发管治却罕有人研究。本书试图通过对中西方土地开发管治进行回顾，从而指出中国城市土地开发管治结构的特点，并对中国现有的土地开发管治模式进行评价和建议。

一、管治的起源

自20世纪70年代，随着福特主义大规模生产向后福特主义专业性灵活生产方式转变，西方社会经济开始产生一系列的变革。凯恩斯那套国家干预理论逐渐被新自由主义思潮替代，政治决策的地方化和分散化、民众的广泛参与，这一切都是推动社会经济事务在行政管理上出现从政府行政命令式管理到多方管治转变的基础。区域与资源管治的产生也正是这种社会经济转变的直接结果（Goodwin and Painter，1996）。进入20世纪90年代，受全球化的冲击，国家控制能力开始减弱，各国都受到了前所未有的挑战，尤其对于广大发展中国家来说，其所面对的外部压力迫使其不得不改变管治方式，这种压力并不能为国家政治所能控制（Boyer，2000）。近年来，随着公民社会的崛起，公众广泛参与的舞台逐渐扩大，各种各样的政治团体通过各种各样的方式来实现自己的政治理想，这些都对管治产生了非常重要的影响（Putnam，1993；Newton，1997）。因此，管治的产生不是经济、政治和社会单方面的结果，而是这三种因素互相交叉、共同作用的结果（罗小龙，2011）。目前关于管治的概念众说纷纭，没有一个公认的定义（Rhodes，1997；Jessop，1998；Stoker，1998；顾朝林等，2003）。全球管治委员会的定义是：管治是各种公共的或私人的，个人和机构管理其共同事务的总和，它是使相互冲突的或不同的利益得以调和并且采取联合行动的持续过程（Senarchlens，1998）。

二、西方城市土地开发管治

在城市土地开发管治上，西方的土地所有制和中国有着本质不同，其土地所有制以私有制为基础，同时，也不存在中国城乡二元土地制度的差别。以美国为例，美国大多数的土地和房产都实行私有制，政府直接管理的城市公共土地十分有限。联邦与州政府拥有美国约 34.7% 的土地，这些土地绝大部分是公园、森林、草地和沼泽，并且主要集中在西部地区。地方政府拥有的公共土地主要为城市道路与基础设施用地。联邦政府通过法律对土地使用起着直接或间接的宏观调控作用，州政府则在法律上具体管理土地的权力。在美国，许多州政府把有关土地使用和管理的全部或部分权限下放给地方政府，也有部分州政府制定州内统一的土地利用规划等方面的法律，地方政府如要获得规划土地使用的权力，必须通过州政府批准。与此同时，许多州政府授予地方政府土地使用监察权力，私人财产所有者的土地使用权利要受到政府监察权力的限制。另外美国宪法的第五条修正案明确指出了政府可以为了公共用地强制征用私人土地，但同时规定必须给土地所有者公正的补偿。

在国家土地开发的决策过程中，土地开发方案由规划部门和规划委员会提出，选举出的地方政府议会官员则负责审议和决定各种规划、地方政府预算及土地利用区划地方条例。政府则是土地市场的重要购买者，土地利用规划中的公共用地往往需要在开发前许多年就要加以储备，政府储备的土地通过整理后卖给开发商进行开发，亦可以自行开发。为防止未被开发土地所有者的损失，土地开发权转移便应运而生。政府通过购买开发权或者土地所有者将开发权转移到自己所有地产或者出售给其他开发商，被转移开发权的地产可以被更大程度的开发，从而较好地协调政府与市场之间的权力平衡。

在西方，大部分的居住用地都是开发商直接通过土地市场从土地所有者手中购买，土地开发项目大多数都由营利性机构提出申请并承建。参与土地开发决策过程的还有开发地区附近可能受影响的居民，关心开发项目的相关人士，这些居民和公众可在规划委员会为土地开发项目召开的各种公开评审会上提出异议或上诉，一旦违反州政府或地方政府的立法，开发商不仅要支付法律费用，还要承受其他经济损失（丁成日，2009）。

从以上分析不难发现，西方土地开发管治的特点首先在于其法理性，土地开发参与者的职责明确、法律条文齐全，土地开发行为规范，以理性土地市场为主，较少出现动用法律程序解决土地开发过程中的矛盾与纠纷等问题。广泛的公众参与是西方土地利用开发管治过程中的又一显著特点。由于法律的保障和多方参与，整个土地开发过程与决策过程都具有很高的透明度，所以社会冲突也较少。

三、中国城市土地开发管治

1949～1986 年，中国土地管理在经历了新中国成立后几年短暂的集中管理之后，就开始以城乡分割、部门分管的多头分散管理体制为主，土地管理权被分散到民政、建设、农业、交通、铁道和林业等相关部门。这一时期也谈不上土地开发，主要是以项目规划为主，但总体规划对城市土地开发所起的作用不大。同时，当时的国家政策是先生产、后生活。正是基于这样的指导思想，土地开发是以行政命令划拨进行的，土地不是商品，住房开发则以单位为主，单位成为土地开发的主力军，也就形成了全国到处是单位大院的格局，旧区与公共用地开发管理则以街道为主，以条块分割为特色。

到 1986 年，随着国家土地资源管理局的成立，确立了城乡土地统一管理体制。土地转让制度的启动、财税分配制度的改革、住房商品化制度的建立，外资与私有经济迅速的崛起、开发区开始大量建设、外来人口也不断涌入，这些都对城市土地管治产生了前所未有的冲击，促使城市土地管治发生根本的变化，所以，从那时起，劳动力、资本和空间开始趋向于城市的企业性经营。在中国，这种企业主义的出现是对政府力量改革后被削弱的正面回应。在地方一级，政府与实业的界限开始模糊。政府通过政治权力扩张到实业，取得经济回报，所以许多企业性行为都是这种扩张欲望的具体表现。通过一个新的机构——土地开发公司，对开发行为进行运作，还成立一些专门从事基础设施的企业，如城建、城开和城投公司等。同时为了维护社会的稳定，政府需要新的控制手段来协调体制外新的状况。多种利益相关者群体的参与、竞争、抗争迫使指令计划性管制开始松动、变化，真正意义上的管制才开始出现。

计划经济时期那种政治经济高度集权转变为政治上集权而经济上分权，城市发展的主动权开始转移到地方。土地作为城市发展和地方政府所掌握的第一资源，当仁不让地被地方政府作为启动经济发展的阀门。通过市场化的运作改变了过去单一的划拨土地模式，促进我国土地使用权出让市场和二级转让市场的发育，土地使用权进入市场流转，推进了城市的土地优化配置和建设。由此国家机器通过地域化过程来加强其对社会的管治能力，市场机制的引入极大地改变了中国社会管治的基础（吴缚龙，2002）。其中还有一个很突出的特征就是撤县并区、撤县建市开始猛增。从表 10-1 可以看出，在 1980 年，还没有县级市这个概念，但到了 1994 年，随着分税制的实行，地方政府面临财权事权不对等，同时又要面对上级政府的政绩考核，土地开发成为解决上述问题的救命稻草，城市化的速度开始突然加快，地级市、市辖区和县级市数目不断增加，只有县的数目在不断减少，这种增速到 2004 年达到高潮，地级市，市辖区和县级市快速增加的背后，隐藏的是盲目的城市扩张所带来的众多城市通过行政级别的提高或名称的改变，大量集体用地快速转化为城市用地。自 2004 年开始，全国范围内逐步建立起土地督察制度，加大了土地的稽查力度。到 2011 年，地级市、市辖区和县级市的增速几乎停滞，增加数量也只有个位数。

表 10-1　全国地级市、市辖区、县级市和县的数目变化表　（单位：个）

年份	地级市	市辖区	县级市	县
1980	118	511	0	1998
1994	206	697	413	1560
2004	283	852	374	1464
2011	284	857	369	1456

资料来源：根据民政部网站资料整理

四、中国城市土地开发管治的特点

自 20 世纪 90 年代以来，伴随着快速的工业化和城市化，中国城市的景观发生了巨大的变化。单位家属院逐渐被新兴小区取代，许多国有企业和集体企业逐渐从中心城区搬迁到郊区，各种各样的开发区和新城越来越多地进入了人们的视野，计划经济留下的城市烙印已越来越少，旧的土地开发管治正在不断被剥离，新的城市土地开发管治的架构正在不断被确立。原有的中央政府统揽一切的现象正逐渐被打破，随着中央的放权和分税制的实行，经济发展的主动权开始转移到地方政府。20 世纪 90 年代的地方政府普遍面临既缺乏资金又缺乏技术的窘境，土地资源无疑是进行土地制度改革后最好的招商引资工具。从图 10-1 可以看出，中央政府在分税制后跟地方政府进行税收分成，根据现有的财税制度，土地出让金收入是预算外收入，土地开发无疑是地方政府增加收入的主要来源，由此形成了政府、开发商、土地使用者和专业机构四者相互作用的土地开发过程与市场。正是政府、开发商、土地使用者和专业机构这四者之间的相互作用形成了土地开发的过程与市场。中央政府即使在自己可掌控的央企也还要与地方政府进行利益分成，因此现行的土地开发管治造就了地方政府主导下的土地开发，并使地方政府成为最大的获利者。

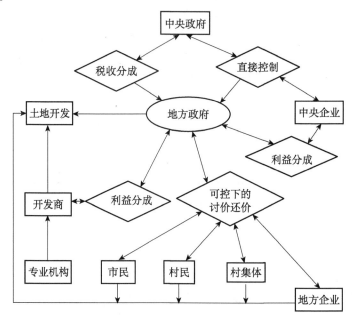

图 10-1　20 世纪 90 年代后土地开发管治结构关系图

五、中国城市土地开发管治评价

改革开放以来，中国的土地开发管治已经取得了长足的进步，但不可讳言，中国的土地开发管治还存在很多问题，大多是与制度设计本身和体制有关，主要表现在以下几个方面。

（一）现有的城市土地开发模式是以国家、地方政府利益为主，国与民争利明显

根据土地管理法的规定，城市土地归国家所有，农村土地归农民集体所有。国家为了公共利益的需要，可以依法对土地实行征用。农地要想转变为非农用地，必须通过国家征地，征地制度是将农地转为非农用地的合法通道。由于对公共目的界定不明，事实上征地权被滥用于非农建设的任何领域，征地过程中对被征用的农民集体土地仅按产值补偿，而不是按照土地的市场价值补偿，这也就意味着在现有快速城市化的同时大量农地有被土地国有化的倾向，形成了政府垄断土地一级市场的局面。在这种制度下，农民根本不是土地的所有者，因而也就缺乏与政府补偿问题的谈判能力（周飞舟，2006）。同时，各类城市还

迅速扩大城市版图，通过大面积的村改居、镇改街、县改区工程和城市区划调整，将大量集体用地转变为国有土地。据国土资源部调查，目前除交通水利设施用地外，全国实际建设用地约有 25 万千米²，其中 7 万多千米²为国有土地，农民集体建设用地约 18 万千米²，占全部建设用地的 72%。2009 年全国土地出让收入达 1.5 万亿元，相当于同期地方财政总收入的 46% 左右。2010 年，全国土地出让金收入突破 2 万亿元。可见，土地财政已成不争的事实，现有土地开发模式严重损害了农民集体的土地权益，国与民争利现象异常明显，地方政府演变成为最大的开发商。

（二）由于现有机制不完善，国家与地方政府利益的分配以内在政治权力的架构为基础，成为腐败的温床

根据现有的规定，国家垄断土地一级市场，土地资源完全靠政府行政配置。同时，政府手中垄断了大批项目的审批权，这些项目要想获得发展就需要土地，获得土地唯一的渠道就是通过政府。现在，中央对地方政府的政绩考核主要基于 GDP，地方政府手中掌握的最大资源就是土地，由于对公共利益界定不明，地方政府打着公共利益的旗号，可以很轻易地从农民手中征得大量低廉的土地，尽管有些征地涉及违法，但司法部门对地方政府违法征地通常不予受理，这就为地方政府官员在土地违规上提供了法律上的庇护。在这种巨大利益的驱使下，地方政府经营土地的冲动加剧，通过土地招商引资，建立各种开发区和大型基础设施。在这些经济活动中，地方政府官员掌握着项目的审批权、土地资源的决定权和定价权，即使是利用招拍挂等市场手段仍然逃脱不了暗箱操作和利益输送的可能。地方政府官员集众多大权于一身。由于现有的科层式的行政管理体制，地方政府官员权力过大，又缺乏相应的监督和制衡机制，所以极易发生腐败。《法制晚报》记者根据新华社、中央电视台、中央人民广播电台等媒体的公开报道，统计整理了 2009 到～ 2010 年发生在土地、建设领域的 30 起腐败案件，涉案人员平均涉案金额超过 870 万元。他们的普遍特点是涉案金额较大，牵涉人员较多，可见土地开发领域正在逐渐成为滋生腐败的温床。

（三）土地储备机制对城市规划的实施有一定作用，但与联合国推崇的好的城市管制相距甚远

城市土地储备制度是自土地出让制度改革后进行的又一项制度上的重要创新，它是针对自 20 世纪 90 年代以来，大量的土地被以低价协议的价格出让而进行的一项重要制度改革。通过征用、收回、置换和转制等方式，从原来分散的土地使用者手中，通过土地储备中心把土地集中起来，经过一系列土地整理工作后，将土地储备起来，再根据城市规划和城市土地出让年度计划，有计划地将土地投入市场。通过土地储备制度的建立，增强了政府对土地市场的宏观调控能力，提高了土地资源配置的市场化程度，这对城市规划来说可以更好地解决原来零散土地历史遗留下来而无力进行整体规划的问题，可以更好地从城市整体出发进行城市的有序开发建设，但是它与联合国所推崇的理想的城市管治相距甚远。在联合国机构中，联合国开发计划署专门有一部门负责推广城市管治和理想管治。虽然联合国开发计划署构思的理想管治有其本身的价值取向，但其所追求的民主管治被认为是能推动普通民众参与决策过程，从而充分行使法定权利，履行义务，减少分歧，改变生活（杨汝万，2003）。表 10-2 是联合国所推崇的理想标准，以及与美国和中国现有土地管治的比较。从表 10-2 可以看出，现有的中国土地储备制度，都更强调的是政府在土地开发管治中的作用，缺乏最基本的广泛参与和透明度，这与联合国所提倡的理想状态格格不入，即使与美国相比，也相差很大。

表 10-2　联合国理想标准下的中美土地管治比较

管治特点	联合国	美国	中国
参与性	利益相关者全部参与	绝大多数利益相关者参与	政府、开发商和土地使用者参与
法治	完全通过法治	法治社会	法治和人治并存
透明度	信息完全公开和共享	信息公开和共享	部分公开
反应度	及时反馈	快	滞后
共识取向	完全达成共识	基本达成共识	官方认可
公平	完全公平	基本公平	不太公平
有效率	高效	一般	低效
问责制	完全负责	官员要对选民负责	几乎没有
战略远见	高瞻远瞩	有一定的远见	短视

资料来源：根据联合国开发计划署网站资料整理

（四）现有土地开发管制模式是造成社会群体事件频发的根本要素

根据现有的土地开发管治模式，我国实行的依然是城乡二元分割，政府垄断城市土地一级市场的制度，广大农民被排斥在工业化和城市化进程之外。不可否认，二元土地制度对于中国这样一个缺乏资金和技术的发展中国家来说显得尤为重要，它为中国 20 世纪 90 年代以来中国经济的高速增长提供保障的同时，也是中国现行经济发展模式中内生的、不可或缺的制度安排（蒋省三等，2010）。但是随着时间的推移，这种发展模式带来的问题也是显而易见的，表现为快速城市化和工业化过程中大量的农地被圈占转变为非农地，造成了耕地资源的急剧减少，与之相伴生的是大量农民失地、失业又失权。据报道，2007年累计失地农民达到 4000 多万人，并且每年以 300 多万人的速度快速增长，成为新的贫困人群。加之征地过程中存在强拆，补偿标准过低，征地补偿费被各级政府及集体经济组织截留，官员中饱私囊等各种现象。2004 年，全国清理出拖欠、截留、挪用农民征地补偿费 147.7 亿元。与此同时，还存在征地范围混乱、征地补偿程序缺乏透明和协商、农民参与度低、征地补偿金欠缺公平和透明、失地农民安置不当及上访通道受阻等后续问题。据调查显示，中国每年民众集体维权的"群体性事件"达十余万起，其中强行征地与补偿不足引发的群体事件占到了 6 成左右。自 20 世纪 90 年代起，中国农村的重大事件中 65% 为侵占土地问题（中国社科院报告）。国家征地的根本缺陷是忽视农民的土地权利，可见现有土地开发管制模式是造成社会群体事件频发的根本要素。

六、中国城市土地开发管治的建议

随着中国政治经济社会的快速发展，当前中国的土地开发管治模式已越来越不适合当前的土地开发，日渐暴露出许多尖锐的问题，因此，有必要对中国土地开发管治模式进行改革和调整。为此，提出如下建议。

（一）借鉴国外经验，发展土地开发权转让制度

土地开发权转让制度是一个基于市场机制来分配和管理土地的一种有效制度，它是通过将土地开发引导到更适合发展的地区来推动和保护具有生态价值地区和农业高产地区的一种制度。开发权转让的核心是将一个地区的开发权转让给另一个地区。通过将发送方对土地开发权的购买，该地块将永远不能被开发。在美国，目前这项制度已经很成熟，这项制度与我国主体功能区划思想基本相同，通过该制度的实施可以更好地配合主体功能区的实行，同时还可以减小中央的转移支付力度，该制度的设立可以更容易被推广和接受，有利于缩小地区差距。土地开发权转让还有一个最大的优点就是基本上不再需要公共资金的投入，就可以让农民以土地的权利分享工业化的成果，而且可以很好地做到平衡地区间土地保护、金融补偿和经济激励。这对于实行最严格土地保护制度但却屡屡控制不住土地快速扩张的中国来说何尝不是一种很好的借鉴。

（二） 健全土地开发的参与制度

在市场经济条件下，市场经济的固有缺陷使土地开发存在诸多问题，而这些问题恰好是缺乏公民与社会的监督和参与导致的。好的城市土地开发管治不再仅仅依赖于地方政府自身的高效廉洁，而更多地取决于各利益相关者的积极参与和协商。根据政体理论，城市是由政府、市场和社会三者共同相互作用来管理这个城市。其中政府掌控着权力，市场掌握着资源，而处于最弱势地位的就是社会和社区，公民缺乏表达自己利益诉求的通道，社区只有把公民组织起来才够强大。中国目前的城市土地开发管治恰好就是这种情况，在土地开发的各个环节都缺乏公民的参与，使得个人和群体的主张得不到保护，土地开发就总会发出强烈的不和谐声音。因此拓宽市民和农民参与的渠道，扩大参与范围，健全土地开发的参与制度有利于城市的基层民主，同时会对政府在土地开发过程中起到制衡作用，也会使土地开发更符合大多数人的要求，城市的发展也就更人性化。

（三） 增加土地开发的透明度

现代国家理论认为主权在民，公民具有知情权。政府信息公开制度是推动民主政治的基础，有利于其自身行政制度的改善，从而将很多问题防患于未然。土地开发制度由于其信息的不公开，产生了诸多问题。如在征地环节中，政府早与用地单位签订供地协议，并不事先告知土地使用者关于所征面积、赔偿金额和安置情况，尤其是缺乏公开的赔偿金标准，这也就给征地过程中的违规违纪创造了条件。由于一系列土地开发程序的不透明，征地的过程已经逐渐演变为政府根据用地需求，以法律为依据，并不是按照市场价值，而是按照政府与土地使用者博弈的价值从土地使用者手里合法强制取得土地的行为，这也就是当前人地矛盾尖锐的主要原因。因此，构建土地开发的信息公开制度，扩大被拆迁或征地农民的知情权，对避免暗箱操作、防止土地腐败的发生、提高行政效率大有裨益。

第三节　中国城市化包容性发展战略

包容发展是新时期提出的区域协调与可持续发展的新理念，即通过包容性发展实现发展红利的惠及，从而形成和谐共赢的发展格局。包容性增长则是寻求社会和经济协调发展、可持续发展的增长模式。两者都强调和谐、共惠的公平理念。本节基于包容性增长的概念，首先阐释了城市化包容性发展的内涵，其次概要式地总结了中国城市化的特点，并就现阶段中国城市化在城乡统筹、城市和农村发展三个层面遇到的挑战进行了剖析，最后根据中国的具体国情，提出了城市化包容性发展的基本战略举措。

21世纪是城市的世纪，是世界城市化高度发展的世纪（陈光庭，1993）。根据预测，到2030年世界城市人口占总人口的比重将超过60%。其中，中国作为最大的发展中国家，城市化潜力巨大，近20年来发展速度也非常迅速。根据国家统计局发布的最新统计数据显示，2012年中国城镇化率达到52.6%，创历史新高。然而在中国快速城市化进程中却面临诸如贫困、农村衰败、贫富差距拉大、城市住房困难、城市外来人口遭受排斥、外来人口基本服务短缺等一系列城市病。本文基于包容性增长的概念，首先阐释了城市化包容性发展的内涵，其次概要式地总结了中国城市化的特点，并就现阶段中国城市化在城乡统筹、城市和农村发展三个层面遇到的挑战进行了剖析，最后根据中国的具体国情，提出了城市化包容性发展的基本战略举措。

世界银行/国务院发展研究中心（2012）研究表明，城市化的推进是今后中国经济增长的一个重要推动力。快速城市化导致人口从农村迁移到城市，产业结构从农业向更高生产率的工业和服务业的转换，这种社会变革继续推动着中国经济的增长。与此同时，城市化的加速也带来了严峻的挑战，许多城市面临发展的阵痛，譬如城市空间无序扩张、就业压力增大、环境容量超载、城市新贫困群体产生等问题，特别是中国许多城市的急速膨胀对城市土地供给产生巨大压力（OECD，2013）。在城市化加速的同时，中国部分农村地区出现了衰退的趋势，基础设施落后、农业生产投资缺乏、农耕地抛荒等农村空心化现象严重，这些都会直接导致中国城乡差距进一步拉大，二元结构更加突出，给城乡统筹发展带来掣肘。因此，如何从经济、社会、政治治理、环境等多个方面，探讨中国城市化的可持续发展路径，系统性研究城乡一体化的发展方向和策略刻不容缓，最近热议的包容性发展的理念为分析中国今后城市化发展道路和模式提供了一个可能的政策分析框架。

一、"包容性发展"的提出

"包容性发展"（inclusive development）的理念肇始于"包容性增长"（inclusive growth）。包容性增长的概念最早是由亚洲开发银行（ADB）于2007

年提出的，有效的包容性增长战略需集中于能创造出生产性就业岗位的高增长，能确保机遇平等的社会包容性及能减少风险，并能给最弱势群体带来缓冲的社会保障网。包容性增长强调经济增长所创造的机会应该在最大程度上惠及所有的人（Ali and Zhuang，2007），所以也被称作"普惠式增长"。"包容性发展"是对"包容性增长"概念的继承与发展。"包容性发展"强调不仅追求增长的规模，而且高度关注增长结构的优化、增长方式的转变及整个社会的转型与重构，它并没有把经济增长作为目标，而是作为手段，注重经济发展对整个社会公平和环境保护的带动作用。有学者认为，包容性增长作为一种发展战略，它是益贫式增长（pro-poor growth）的扩展，这种发展有利于发展中国家的大多数人，且在政治和经济上更具有持续性（Birdsall，2007）。包容性发展是对包容性增长概念的继承与发展（李双荣和郗永勤，2012）。包容性发展不仅追求增长的规模，而且高度关注增长结构的优化、增长方式的转变，以及整个社会的转型与重构，它并没有把经济增长作为目标，而是作为手段，注重经济发展对整个社会公平和环境保护的带动作用。因此，包容性发展是更高一个层次的发展理念，它的核心是发展，这种发展不是排斥性的而是包容性的。近年来，包容性发展已经成为世界银行、亚洲开发银行和联合国等国际组织，以及国内外专家学者的研究热点，欧盟等更是将包容性发展的思想写进了"欧盟2020战略"（高传胜，2012）。在2011年4月15日2010年博鳌亚洲论坛年会上，胡锦涛以"包容性发展：共同议程与全新挑战"为主题发表演讲，提出了包容性发展，并阐述了中国对这一概念的看法及中国在"包容性发展"上的实践。时任国务院副总理曾培炎也提出了包容性发展四个方面的内涵：①所有人机会平等，成果共享；②各个国家和民族利益共赢，共同进步；③各种文明相互激荡，兼容并蓄；④人与自然和谐共处，良性循环（熊欣，2011）。由此，包容性发展已经成为中国社会经济发展的战略框架，即要让全体社会成员都能公平合理地共享发展的权利、机会和成果。与传统发展模式相比，包容性发展更具开放性、普遍性、公平性和可持续性（王雅莉等，2012）。

关于中国城镇化包容性发展问题，近几年才引起学者的关注。何景熙运用包容性发展理念，对城市化的导向进行了分析，并指出在中国城市化推进过程中应当尊重城市化的社会系统内生的运行规律，逐步减少乃至完全消除主导城市化过程的"人治"色彩（何景熙，2011）；张明斗和王雅莉（2012）诠释了新型城市化道路包容性发展的作用机理和包容性内核，从发展主体的全民性、发展内容的全面性、发展过程的公平性及发展成效的共享性四个方面着手，提出了中国新型城市化道路包容性发展的优化路径。虽然这些研究对中国城市化的包容性发展进行了分析研究，但大多偏重于从城市发展的视角切入，而对农村发展和城乡二元结构及其协调发展分析不足。因此，有必要从城乡地域系统的整体视角出发，探讨中国城市化的包容性发展问题。

二、中国城市化发展的主要特点

（一）城市化进程速度快

自改革开放以来，随着城镇发展的相关政策出台，中国城市化开始驶入快车道，并有不断加速的势头。根据官方统计数据，1980 年中国城市化率仅为 19.39%，2003 年中国的城市化率达到 40.53%，而到 2012 年这一比例攀升至 52.6%（图 10-2），发展速度令世界惊讶。城市化率为 20%～40% 这一发展阶段，英国经历了 120 年，中国仅用了 22 年就完成了（陆大道等，2007），中国的这一现象被中国科学院院士陆大道称为"冒进式城镇化"，他认为中国还没有完全摆脱城市化冒进误区（陆大道，2010）。国务院发展研究中心主任李伟（2013）也认为，中国的城市化不是慢了而是快了，面临的主要矛盾不是速度问题而是质量问题。

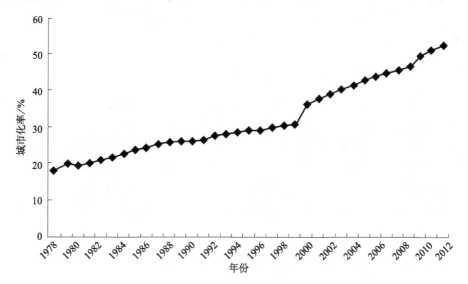

图 10-2　改革开放以来中国城市化率的发展变化示意图

2000 年中国开展了全国第五次人口普查工作，统计口径与之前有所变化，导致城镇化率出现较大波动

资料来源：根据历年《中国统计年鉴》和《国民经济和社会发展统计公报》整理

（二）政府主导型城市化趋势明显

在中国快速城市化进程中，政府的推动作用不可忽视，政府通过出台相关的法律和法规，对城市化进程进行引导和控制。改革开放以后，为了推动乡镇企业的发展，政府允许农民"离土不离乡"，农民可以自带口粮到小城镇落户；后来到 20 世纪 90 年代曾在全国范围内掀起了"撤地设市"和"县改市"的热潮，在一定程度上助推了中国城市化的快速发展；2011 年党的十八大报告中提出，以推进城镇化为重点，促进工业化、信息化、城镇化、农业现代化同步发展，着力解决制约经济持续健康发展的重大结构性问题。

（三）城市化存在虚高病症

在看到中国城市化快速增长的同时，应该认识到数字背后的本质。目前，中国城市化依然表现出虚高现象，城市化质量亟待提升。这其中最典型的案例就是农民工。自改革开放以来，大量农民工开始涌入城市，并且这一数量逐年增多，虽然政府按照流动人口或暂住人口将他们统计为城镇人口，但是这些农民工依然是农业户籍，并没有享受到城镇居民所拥有的医疗、教育和公共服务等待遇。因此，陆大道（2007）认为，从城镇化质量的角度来看，中国目前的城镇化水平含有较大的虚假成分。宁越敏（2012）研究认为，农民工因未获得城市的合法居住权而享受相应的社会福利，每年往返于城乡之间，形成独特的流动人口现象，使中国的人口城市化具有半城市化的特点。

（四）城市化水平的地区差异悬殊

中国各地区的自然条件和社会经济发展水平差距较大，导致城市化发展水平也出现巨大差异。以 2011 年的统计数据为例（图 10-3），上海（88.90%）、北京（86.20%）和天津（70.70%）三个直辖市的城市化率均超过 70%，远远超过其他省、自治区和直辖市。但是，西藏（26.0%）、贵州（34.96%）、云南（36.80%）和甘肃（37.15%）的城市化率尚不足 40%，悬殊的城市化率地区差异给中国区域发展、城乡统筹及城市化的健康可持续发展提出巨大挑战。

三、中国城市化发展面临的挑战

诺贝尔经济学奖获得者约瑟夫·斯蒂格利茨曾指出："美国的高科技发展与中国的城市化将是影响 21 世纪人类社会发展进程的两件大事。中国的城市化将是区域经济增长的火车头，将会产生最重要的经济效益。同时，城市化也将是

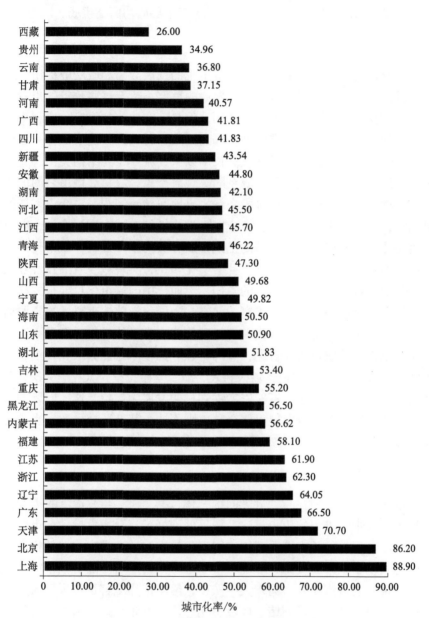

图 10-3　2011 年中国各省（自治区、直辖市）城市化率

资料来源：根据 2011 年各省（自治区、直辖市）统计年鉴和统计公报查询整理

中国在 21 世纪面临的第一大挑战。"对于农村人口众多、资源紧缺、环境脆弱和地区差异悬殊的中国来说，城市化的顺利实施是一项极其艰巨的任务，也是影响和制约中国发展综合实力与软实力的重要因子。从中国城市化进程的实践

看，中国城市化在城乡统筹、城市、农村等三个层面均面临挑战。

（一）城乡统筹层面

城乡统筹发展一直是中国政府非常重视的发展战略。政府曾提出工业反哺农业、城市支持农村、促进城乡统筹发展的重要举措，这些政策的出台和实施对城乡协调发展起到了一定的引导作用。但是，在快速的城市化进程中，制度设计层面的缺陷导致一些地方的城乡隔离问题日益突出，造成工作重心向城市倾斜，部分农村地域出现衰退现象。长期以来，城乡二元结构突出一直是制约中国社会经济发展的关键瓶颈，城乡隔离现象严重，农村和城市之间的人口流动缺乏合理的制度安排。从现阶段来看，土地问题是制约城乡统筹发展的一个关键因素，农民无法通过土地流转或以土地为抵押在城市购买房产，同时城市居民也无法在农村获取一定规模的土地开展相关的生产经营。城市化的初衷是通过劳动力转移、产业结构调整及社会文化转型，实现城乡发展良性互动，打通城市与农村各种要素自由流动的障碍，然而，中国城市化目前很大程度上依旧处于城乡社会经济发展相互隔离的状态。中国科学院地理科学与资源研究所研究员刘彦随认为，本来城镇化和农村现代化应是一体发展，但是许多地方的城市化却是以牺牲农村为代价的，有一些领导的基本思路是"先发展城市，再带动农村"，这导致城进村退，城荣村衰，城乡差距持续拉大（李大庆，2013）。城市化是一个渐进的过程，不能以牺牲农村的发展为代价。这一问题如果处理不当，整个中国社会经济发展可能会欲速则不达，甚至还会导致城乡差距进一步拉大的严重后果。

（二）城市层面

城市化是一个"质"与"量"的统一体，其"质"与"量"的提升，给中国的城市发展带来难得的历史机遇，如果处理好了将会大大推动城市经济社会的快速发展。但是，还应该看到快速城市化给中国城市带来的严峻挑战，特别是城市化加剧了城市在资源、环境和就业等方面的矛盾。随着城市产业的迅速扩张与集聚，大量流动人口涌入大中城市，给城市环境容量带来巨大压力。大中城市的人口膨胀、交通拥堵、环境恶化、住房紧张、就业困难及空间无序扩张等"城市病"愈发严重。然而，城市化水平应该由经济发展水平和就业岗位的增加来决定。超出经济发展与就业增长能力的过快、过高的城市化，被认为是虚假的城市化和贫困的城市化（陆大道，2007）。从城市包容性发展看，城市发展必须以产业经济发展为基础，只有当城市能够为外来务工人员提供足够就业岗位时，农民工才有在城市生存下来的经济根基。众所周知，在城市化进程中，农民工在城市主要从事"脏、累、苦"的工作，他们为城市发展建设"添砖加瓦"，并做出了不可忽视的贡献。但是，农民工很难融入现代都市生活，他们在城市中买不起房子，没有固定的住所，医疗和社会保险没有保障，子女上学难问题异常突出，城市似乎对这些外来建设者持排斥的态度。虽然农民工被作为城镇人口进行了统计，但他们依然是农业户口，享受不到非农业户籍所带来的城市社会福利。著名作家贾平凹曾经采访一位在西安打工的老乡，当问及今后如果他上了年纪会不会继续在城市生活时，这位老乡说，"长安虽好，但不是久留之地"，由此折射出农民工融入城市生活的艰难。

（三）农村层面

首先，农业是国民经济的基础，随着产业结构的不断升级，虽然农业在整个国民经济中的比重持续下降，但农业的基础性地位依然不可动摇。如今在快速城镇化的推动下，许多农民离开农村，部分农村地区出现耕地撂荒，这给中国的粮食安全和农业稳定带来前所未有的挑战。其次，在城乡二元结构体制下，中国长期的"城市偏向"模式，造成了广大农区公共物品供给严重不足，农村空心化加剧发展（丁佳和李宁，2013）。在农民进城后，一些农村地区出现了"空心化"现象，农村住房一户多宅、建新不拆旧的现象比较普遍，而且大量新建房屋吞噬了优质耕地，结果造成了农村土地资源的严重浪费。再次，土地一级市场的政府垄断行为和土地征用价格与实际出让价格的严重背离造成了对社会公平的损害，助长了地方政府大规模征用农村土地的风气（陆大道和姚士谋，2007）。最后，虽然中国目前正在积极推进新农村建设，但是部分地方的新农村建设搞成了政府的"形象工程"，新农村房子建设得非常漂亮，但是配套实施缺乏，新农村产业发展支撑薄弱，经济发展与环境保护协调发展出现问题，给农村发展带来新的挑战。

四、中国城市化包容性发展的战略举措

当前，中国城市化已经走到了发展的关键十字路口，在诸多领域面临严峻挑战，政策制定者必须立足于制度设计，采取包容性发展战略，从经济、社会和环境层面推动未来新型城市化持续健康发展。

（一）统筹城乡发展，缩小城乡差距

城市化是一个庞大的系统工程，它既牵扯到城市发展，也涉及农村建设。

因此，统筹城乡发展要遵循城市化的自身规律，绝不能搞冒进式的发展模式，中国城市化需要走渐进式发展道路，稳妥推进城乡一体化发展，也就是把工业与农业、城市与乡村、城市居民和农民作为一个整体进行统筹谋划，使得城市和农村在政策上平等，产业上互补，待遇上一致，最终实现城市化和农业现代化同步发展。这就要求政策制定者在政策设计上首先保证城市和农村处于平等的地位和待遇，城市化要在推动城市发展的同时，也要促进农村的建设，城市与农村同步发展，最终形成城市带动农村、农村支持城市的良性互动机制，让劳动力、土地、资本等生产要素在城市和农村之间自由流动。四川省成都市统筹城乡发展综合示范区的探索具有一定的代表性，很多经验值得推广和借鉴。此外，日本在历史发展过程中也曾经出现中国今天面临的问题，日本在城市化过程中一度时期出现了"乡村衰败"的趋势，为了统筹城乡发展，日本政府掀起了"一村一品"运动，振兴乡村经济，逐步缩小城乡差距，并取得了预期的效果。总之，统筹城乡就是要促进城乡之间劳动力、土地、资本的互通有无，打破城乡之间限制生产要素流动的制度壁垒，推动城乡经济一体化发展，提高农村现代化水平，提升城市化质量，这些方面是今后中国城乡统筹政策制定和推进城乡空间包容性发展的主要方向。

（二）发展以城市网络为基础的城市群，增强产业对人口的吸纳作用

城市化的一个明显现象就是人口向城镇转移，产业向城镇集聚。根据目前中国的实际发展现状，中国东部沿海地区已经形成了数个具有世界级规模的城市群，吸纳了大量当地和中西部地区的富余劳动力。随着东部地区的产业持续发展与升级，今后吸纳农村剩余劳动力依然有很大的潜力。但是，许多地区大城市的"城市病"日趋严重，给城市发展带来严峻考验。鉴于这种现实，第一，政府必须制定相关政策来积极推动中国城市群的发展，把城市群作为城镇化的主体形态加以推进。因为从规模和集聚经济效应来看，以大城市为中心的城市群不仅在经济上更具有效率，在资源利用上也更为集约。第二，在快速城市化的进程中，中国需要积极推进大城市地区的多中心发展模式，从网络城市的角度，提升东部城市群的质量，大力推进东、中部地区已经形成的大城市及其周边小城市的发展建设，以便吸引更多的外来劳动力。第三，从战略上有重点、有节制地推进中西部地区城市群的发展，提高中国城市化的整体水平，逐步缩小中国的经济发展和城市化水平的区域差距。第四，政府要出台相关政策措施积极扶持中小企业的发展，减轻企业的税费负担，给中小企业以更大的生存空间，激发他们的创新能力，创造更多的就业机会。第五，积极推进廉租房的建设，因为住房问题是困扰农民工及其家属在城市生存的重大问题。政府可以通

过出台灵活多样的政策，帮助进城农民安家落户，减少他们在城市中的徘徊，实现"居者有其屋"的夙愿。

（三）深化土地改革，加快农村建设

土地问题是中国城市化过程中一个始终绕不过的坎。因此，土地制度安排是城市化进程中需要解决的重点问题，它直接影响到城市化发展质量。目前，政策制定者必须深入基层调查研究，摸清中国目前的基层发展现状和动态，根据中国的实际，对现有的农村土地政策进行调整改革，参照城市的做法对农业用地的产权进行深化改革，农村集体土地和城市建设用地同等对待，通过法律手段保护农民的土地所有权和使用权，加快农村土地的合理流转，逐步解除对农村集体土地的限制，允许农民对农用地和宅基地进行更大范围的流转，并以此为担保到城市购置房产，破解土地流转的瓶颈，扫清农民到城市购置房产及城市居民在乡村承包土地的体制性障碍。此外，从国际对比来看，中国农民从农产品中获得的收益非常有限，究其原因有自然条件、生产技术等因素，但与土地密切联系的生产组织形式是一个非常关键的影响因子。在改革开放以后，农村实施联产承包责任制，在当时的历史条件下，极大地解放了生产力，也可以说是一场革命。可是，随着时间的推移，这种散户经营的生产组织方式逐渐暴露出自身的缺陷，由于它达不到现代农业的规模化和集约化要求，农产品在国际市场上失去竞争力。因此，在面对新的形势，需要逐步改变现有的农业生产组织方式，通过土地流转，农村以外的经济组织进入农村土地市场，走规模化和集约化的发展道路，不断提高劳动生产率，这正如2013年"中央一号文件"所提出的"鼓励和支持承包土地向专业大户、家庭农场、农业合作组织流转"。只有土地问题得到解决，农村建设才有产业支撑的条件，农村支持城市发展才有基础。

（四）加快教育、社会医疗保险改革，构建社会安全保障体系

教育、医疗和社保的体制性障碍是制约城市化包容性发展的重要瓶颈，亟待改革和完善。要清醒地认识到，城市经济发展所创造的税费收入中的很大部分是由城市中的农民工所创造的，所以，城市的财税资源不仅仅属于城市户籍居民，而应该造福于所有参与城市建设的人。一方面，要解决好外来务工人员子女入学问题，让农民工子女同等享受城镇的优质教育资源，允许外来移民在居住地参加高考，促使农民工能在城市安心工作。同时也要配置好农村的教育资源，处理好效率与公平的关系，顺应城市化的趋势，避免造成教育资源的浪费。另一方面，改革现有的社会医疗保险制度，构建覆盖全社会的社会医疗保

险网络体系。当前，需要建立全国统一的社会医疗保险账户，打破城乡之间及跨地区之间社保转移壁垒，构建涵盖城乡的社会安全保障体系，让农民工能够看得起病，老者有其养，弱者有其助，彻底解决农民工的后顾之忧，分享城市化带来的利好，促进城市化包容性发展。

　　总之，在当前中国城市化发展的热潮下，需要对城市化进行冷静的思考。毋庸置疑，城市化推动了中国社会经济的发展，但是一定要根据具体的国情，因地制宜地推进，避免搞"一刀切"的僵化模式，更不能不顾实际地采取"冒进式"城市化发展模式。而是需要在充分调查研究的基础上，运用包容性发展的理念，促进劳动力、土地、资本等生产要素在城市和农村之间自由流动，加大对土地制度的改革，培育城市群的发展，采取渐进式的城市化发展模式，让每个农村居民和城市居民能够平等地分享城市化带来的发展机会和利好，尤其要照顾弱势群体，从制度设计上避免城乡差距继续扩大，从而推动中国新型城市化的持续健康发展。

参 考 文 献

波特 M. 1985. 竞争优势. 陈小悦译. 北京：华夏出版社.

波特 M. 2002. 国家竞争优势. 李明轩, 邱如美译. 北京：华夏出版社.

蔡建明, 薛凤旋. 2002. 界定世界城市的形成——以上海为例. 国外城市规划, 5：16-24.

车晓莉. 2008. 大珠三角地区城市群空间结构的演变. 城市规划学刊, 174（2）：49-52.

陈光庭. 1993. 21 世纪中国城市发展的主要趋势. 北京社会科学, （3）：4-11.

陈璐. 2006. 论上海全球城市建设. 长江流域资源与环境, 15（6）：793-796.

陈先枢. 1996. 建设国际性城市——中心城市面临的新战略任务. 城市问题, （1）：21-23.

陈彦光, 王义民, 靳军. 2004. 城市空间网络：标度、对称、复杂与优化——城市体系空间网
　　络分形结构研究的理论总结报告. 信阳师范学院学报（自然科学版）, （3）：311-316.

陈征. 2001. 价值创造与价值分配. 福建论坛, 229：2-5.

褚劲风. 1996. 试论全球城市的基本特征. 人文地理, 11（6）：32-36.

邓永亮. 2010. 人民币升值、汇率波动与房价调控. 经济与管理研究, 6：43-50.

迪肯 P. 2000. 全球性转变——重塑 21 世纪的全球经济地图. 刘卫东等译. 北京：商务印书馆.

丁佳, 李宁. 2013-05-24. 农区城镇化："被"拖后腿的角落. 中国科学报, （4）.

杜德斌. 2001. 跨国公司 R&D 全球化的区位模式研究. 上海：复旦大学出版社：143-164.

杜德斌. 2005. 跨国公司海外 R&D 的投资动机及区位选. 科学学研究, 23（1）：71-75.

樊杰, 王宏远, 陶岸君, 等. 2009. 工业企业区位和城镇体系布局的空间耦合分析. 地理学报,
　　64（2）：131-141.

方创琳, 宋吉涛, 张蔷, 等. 2005. 中国城市群结构体系的组成与空间分异格局. 地理学报,
　　60（5）：827-840.

丰雷, 苗田, 蒋妍. 2011. 中国土地供应管制对住宅价格波动的影响. 经济理论与经济管理,
　　2：33-40.

高传胜. 2012. 论包容性发展的理论内核. 南京大学学报, （1）：32-39.

公云龙, 张绍良, 章兰兰. 2011. 城市地价空间自相关分析——以宿州市为例. 经济地理, 11：
　　1906-1911.

顾朝林. 1990. 中国城镇体系等级规模分布模型及其结构预测. 经济地理, （3）：54-56.

顾朝林 . 2009. 巨型城市区域研究的沿革和新进展 . 城市问题，（8）：2-10.

顾朝林 . 2011. "十二五" 期间需要注重巨型城市群发展问题 . 城市规划，35（1）：16-18.

顾朝林，陈璐 . 2007. 从长三角城市群看上海全球城市建设 . 地域研究与开发，26（1）：1-5.

顾朝林，胡秀红 . 1998. 中国城市体系现状特征 . 经济地理，18（1）：21-26.

顾朝林，庞海峰 . 2008. 基于重力模型的中国城市体系空间联系与层域划分 . 地理研究，
　　27（1）：1-12.

何景熙 . 2011. 包容性发展：中国城市化的导向选择——基于社会系统进化原理的解析 . 社会
　　科学，（11）：64-72.

贺灿飞，肖晓俊 . 2011. 跨国公司功能区位实证研究 . 地理学报，66（12）：1669-1681.

贺灿飞，朱彦刚，朱晟君 . 2010. 产业特性、区域特征与中国制造业省区集聚 . 地理学报，
　　65（10）：1218-1228.

胡序威，周一星，顾朝林 . 2000. 中国沿海城镇密集地区空间集聚与扩散研究 . 北京：科学出
　　版社 .

胡志丁，葛岳静，侯雪，等 . 2012. 经济地理研究的第三种方法：演化经济地理 . 地域研究与
　　开发，31（5）：89-94.

贾根良 . 2004. 演化经济学：经济学革命的策源地 . 太原：山西人民出版社 .

姜海宁 . 2012. 跨国企业作用下的地方企业网络演化研究 . 上海：华东师范大学博士学位论文 .

姜皓瀚 . 2013. 共和国汽车工业 60 年 . 汽车纵横，（4）：133-136.

蒋立红，李庆花 . 2005. 影响房价的区位因素分析 . 城市开发，4：79-81.

敬东 . 2000. 经济长波理论与城市发展和城市开发，现代城市研究（2）：8-13.

李大庆 . 2013-04-01. 城荣村衰——城镇化背后的隐忧 . 科技日报，（1）.

李国平 . 2000. 世界城市格局演化与北京建设世界城市的基本定位 . 城市发展研究，1：12-16.

李海舰，原磊 . 2005. 基于价值链层面的利润转移研究 . 中国工业经济，6：81-89.

李红卫，吴志强 . 2006. Global-Region：全球化背景下的城市区域现象 . 城市研究，30（8）：
　　31-37.

李健 . 2008. 从全球生产网络到大都市区生产空间组织 . 上海：华东师范大学博士学位论文 .

李健 . 2011. 世界城市研究的转型、反思与上海建设世界城市的探讨 . 城市规划学刊，（3）：
　　20-26.

李健，宁越敏 . 2011. 全球生产网络的浮现及其探讨：一个基于全球化的地方发展研究框架 .
　　上海经济研究，（9）：20-27.

李健，宁越敏，汪明峰 . 2008. 计算机产业全球生产网络分析——兼论其在中国大陆的发展 .
　　地理学报，63（4）：437-448.

李双荣，郗永勤 . 2012. 包容性发展的理论构架探究 . 改革与战略，（12）：1-4.

李伟 . 2013-04-11. 城镇化建设重在质量 . 中国经济时报（A01）.

李新忠 . 2009. 跨国公司价值链在中国的空间分布特征，科学技术与工程，9（16）：4583-

4588.

李燕，贺灿飞．2011．新型城市分工下的城市经济联系研究．地理科学，30（8）：986-994.

李志，周生路，张红富，等．2009．基于 GWR 模型的南京市住宅地价影响因素及其边际价格作用研究．中国土地科学，23（10）：20-25.

刘德学．2006．全球生产网络与加工贸易升级．北京：经济科学出版社．

刘宏鲲，周涛．2007．中国城市航空网络的实证研究与分析．物理学报，56（1）：106-112.

刘继生，陈彦光．2000．城市地理分形研究的回顾与前瞻．地理科学，20（2）：15-16.

刘君德，舒庆．1996．中国区域经济的新视角——行政区经济．改革与战略，（5）：1-4.

刘荣增．2002．跨国公司与世界城市等级判定．城市问题，2：5-8.

刘卫东，薛凤旋．1998．论汽车工业空间组织之变化——生产方式转变的影响．地理科学进展，17（2）：1-13.

刘志高，尹贻梅．2005．演化经济地理学评介．经济学动态，（12）：91-94.

刘志高，尹贻梅．2006．演化经济地理学：当代西方经济地理学发展的新方向．国外社会科学，（1）：34-39.

卢峰．2004．产品内分工．经济学（季刊），4（1）：55-82.

陆大道．2007．我国的城镇化进程与空间扩张．城市规划学刊，（4）：47-52.

陆大道．2010．还没摆脱城市化冒进误区．人民论坛，（7）：26.

陆大道，姚士谋．2007．中国城镇化进程的科学思辨．人文地理，（4）：1-5.

陆大道，姚士谋，刘慧，等．2007．2006 中国区域发展报告——城镇化进程及空间扩张．北京：商务印书馆．

吕拉昌．2000．世界城市体系的形成与中国国际城市化．世界地理研究，（1）：57-61.

吕拉昌．2007．全球城市理论与中国的国际城市建设．地理科学，27（4）：449-455.

吕萍，甄辉．2010．基于 GWR 模型的北京市住宅用地价格影响因素及其空间规律研究．经济地理，30（3）：472-478.

马海涛，周春山．2009．西方"地方生产网络"相关研究综述．世界地理研究，（2）：46-55.

马丽，刘卫东，刘毅．2004．经济全球化下地方生产网络模式演变分析——以中国为例．地理研究，（1）：87-96.

马吴斌，褚劲风．2008．汽车工业空间组织的新发展．汽车工业研究，（3）：21-27.

倪央央．2009．跨国汽车公司在华研发机构空间特征研究．上海：华东师范大学硕士学位论文．

宁越敏．1991．新国际劳动分工、世界城市与我国中心城市的发展．城市问题，3：2-7.

宁越敏．1994．世界城市的崛起和上海的发展．城市问题，6：16-21.

宁越敏．1995a．从劳动分工到城市形态——评艾伦·斯科特的区位论（一）．城市问题，（2）：18-21.

宁越敏．1995b．从劳动分工到城市形态——评艾伦·斯科特的区位论（二）．城市问题，（3）：14-16.

宁越敏 . 2012. 中国城市化特点，问题及治理 . 南京社会科学，（10）：19-27.

宁越敏，石崧 . 2011. 从劳动分工到大都市区空间组织 . 北京：科学出版社 .

宁越敏，严重敏 . 1993. 我国中心城市的不平衡发展及空间扩散的研究 . 地理学报，48（3）：97-104.

邱斌，叶龙凤，孙少勤 . 2012. 参与全球生产网络对我国制造业价值链提升影响的实证研究——基于出口复杂度的分析 . 中国工业经济，（1）：57-67.

沈建法 . 2002. 跨境城市区域中的城市管治——以香港为例 . 城市规划，26（9）：45-50.

沈金箴 . 2003. 东京世界城市的形成发展及其对北京的启示 . 经济地理，23（4）：571-576.

沈金箴，周一星 . 2003. 世界城市的涵义及其对中国城市发展的启示 . 城市问题，3：13-16.

施振荣 . 2014. 微笑曲线 . 上海：复旦大学出版社 .

石崧 . 2005. 从劳动空间分工到大都市区空间组织 . 上海：华东师范大学博士学位论文 .

世界银行 / 国务院发展研究中心联合课题组 . 2012. 2030 年的中国：建设现代、和谐、有创造力的社会 . 北京：中国财政经济出版社 .

宋吉涛，方创琳，宋敦江 . 2006. 中国城市群空间结构的稳定性分析 . 地理学报，61（12）：1311-1325.

苏东水 . 2005. 产业经济学 . 北京：高等教育出版社 .

苏方林 . 2007. 省域 R&D 知识溢出的 GWR 实证分析 . 数量经济技术经济研究，2：145-153.

孙文娟 . 2009. 安居客：如何跃身国内第一找房网站 . 连锁特许，9：26-27.

汤正刚 . 1993. 国际性城市的基本特征与形成条件 . 城市问题，6：16-19.

唐扬辉 . 2012. 基于空间分工视角的长三角地区汽车产业研究 . 上海：华东师范大学硕士学位论文 .

唐子来，赵渺希 . 2010. 经济全球化视角下长三角城市体系演化：关联网络与价值区段的分析方法 . 城市规划学刊，186（1）：29-34.

陶纪铭 . 2006. 生产性服务业的功能及其增长 . 上海经济研究，9：55-61.

童昕，王缉慈 . 2003. 全球商品链中的地方产业群——以东莞的"商圈"现象为例 . 地域研究与开发，22（01）：36-49.

汪明峰 . 2004. 浮现中的网络城市的网络：互联网对全球城市体系的影响 . 城市规划，28（8）：26-32.

汪明峰，高丰 . 2007. 网络的空间逻辑：解释信息时代的世界城市体系变动 . 国际城市规划，22（2）：36-41.

汪明峰，宁越敏 . 2006. 城市的网络优势——中国互联网骨干网络结构与节点可达性分析 . 地理研究，25（2）：193-203.

汪明峰，宁越敏 . 2007. 网络的空间逻辑：解释信息时代的世界城市体系变动 . 国际城市研究，22（2）：36-41.

王宝平，徐伟，黄亮 . 2012. 全球价值链：世界城市网络研究的新视角 . 城市问题，（6）：9-16.

王红玲，李稻葵，冯俊新．2006.FDI 与自主研发：基于行业数据的经验研究．经济研究,（2）：44-56.

王缉慈．2010.超越集群——中国产业集群的理论探索．北京：科学出版社．

王军雷，张正智．2009.改革开放 30 年的中国汽车工业．汽车工业研究,（1）：1-8.

王伟．2009.中国三大城市群经济空间宏观形态特征比较．城市规划学刊，179（1）：46-53.

王雅莉，刘洋，齐昕，等．2012.城市包容性发展与我国新型城市化道路．城市,（7）：3-6.

魏后凯．2007.大都市区新型产业分工与冲突管理——基于产业链分工的视角．中国工业经济，227（2）：28-34.

魏巍，刘仲林．2009.跨学科研究的社会网络分析方法．科学学与科学技术管理，30（7）：25-28.

文嫣．2007.技术标准中专利分布影响下的价值链治理模式研究．中国工业经济,（4）：119-127.

文嫣，金雪琴．2008.价值链的衍生与再整合影响因素研究——以国产手机产业价值链为例．中国工业经济,（6）：148-157.

文嫣，曾刚．2004.嵌入全球价值链的地方产业集群发展——地方建筑陶瓷产业集群研究．中国工业经济，195（6）：36-42.

文嫣，曾刚．2005a.从地方到全球：全球价值链框架下集群的升级研究．人文地理，84（4）：21-25.

文嫣，曾刚．2005b.全球价值链治理与地方产业网络升级研究——以上海浦东集成电路产业网络为例．中国工业经济,（7）：20-27.

文嫣，张生丛．2009.价值链各环节市场结构对利润分布的影响——以晶体硅太阳能电池产业价值链为例．中国工业经济,（5）：150-160.

文启湘，胡洪力．2006.制度变迁对中国汽车工业增长贡献的实证分析．经济经纬,（6）：8-11.

吴缚龙．2002.市场经济转型中的中国城市管治．城市规划，26（9）：33-35.

吴铮争，吴殿廷，袁俊，等．2008.中国汽车产业地理集中及其影响因素研究．中国人口·资源与环境，18（1）：116-121.

吴志强．2002.Global Region：An Alternative Strategy for Canton.广州都市区发展国际研讨会论文集．

武前波．2009.企业空间组织和城市与区域空间重塑．上海：华东师范大学博士学位论文．

武前波，宁越敏．2010.中国制造业企业 500 强总部区位特征分析．地理学报，65（2），139-152.

谢守红．2003.经济全球化与世界城市的形成．国外社会科学，3：18-21.

熊欣．2011-04-18.博鳌论坛确立"包容性发展"理论框架．证券日报,（A2）．

熊英，马海燕，刘义胜．2010.全球价值链、租金来源与解释局限——全球价值链理论新近发展的研究综述．管理评论，22（12）：120-125.

徐巨洲．1995.我国国际性城市的发展空间有多大．城市规划,（3）：23-25.

徐巨洲 . 1997. 探索城市发展与经济长波的关系 . 城市规划，（5）：4-9.

徐康宁，陈健 . 2008. 跨国公司价值链的区位选择及其决定因素 . 经济研究，（3）：138-149.

徐涛 . 2003. 引进 FDI 与中国技术进步 . 世界经济，（10）：22-27.

许学强，叶嘉安，张蓉 . 1995. 我国经济的全球化及其对城镇体系的影响 . 地理研究，14（3）：
　　1-13.

薛凤旋，刘卫东 . 1997. 中国汽车工业——改革开放后的重整与国际化 . 地理研究，16（3）：
　　1-11.

雅各布斯 J. 1969. 城市经济 . 项婷婷译 . 北京：中信出版社 .

阎小培 . 1995. 经济全球化与世界城市体系的形成 . 城市，2：20-23.

阎小培，钟韵 . 2005. 区域中心城市生产性服务业的外向功能特征研究——以广州市为例 . 地
　　理科学，25（5）：537-543.

杨开忠，陈良文 . 2008. 中国区域城市体系演化实证研究 . 城市问题，（3）：6-12.

杨永春，冷炳荣，谭一洺，等 . 2011. 世界城市网络研究理论与方法及其对城市体系研究的启
　　示 . 地理研究，30（6）：1009-1020.

姚士谋，李青，武清华 . 2010. 我国城市群总体发展趋势与方向初探 . 地理研究，29（8）：
　　1345-1354.

姚士谋，朱英明，陈振光 . 2001. 中国城市群 . 合肥：中国科学技术大学出版社 .

姚志毅，张亚斌 . 2011. 全球生产网络下对产业结构升级的测度 . 南开经济研究，（6）：55-65.

尹栾玉 . 2010. 中国汽车产业政策的历史变迁及绩效分析 . 学习与探索，（4）：167-168.

于涛方，吴志强 . 2005. 长江三角洲都市连绵区边界界定研究 . 长江流域资源与环境，14（4）：
　　397-403.

于涛方，顾朝林，李志刚 . 2002. 1995 年以来中国城市体系格局与演变——基于航空流视角 .
　　地理研究，27（6）：1407-1418.

虞虎，陆林，朱冬芳 . 2012. 近 10 年中国汽车工业空间分布格局 . 安徽师范大学学报（自然科
　　学版），35（1）：67-72.

曾铮，王鹏 . 2007. 产品内分工理论与价值链理论的渗透与耦合 . 财贸经济，（3）：121-125.

张春来 . 2007. 长三角城市群汽车产品价值链分工研究 . 上海经济研究，（11）：43-52.

张辉 . 2004. 全球价值链理论与我国产业发展研究 . 中国工业经济，（5）：38-46.

张辉 . 2005. 全球价值链下地方产业集群升级研究 . 中国工业经济，（9）：11-18.

张辉 . 2006. 全球价值链动力机制与产业发展策略 . 中国工业经济，（1）：40-48.

张辉 . 2007. 全球价值链下北京产业集群升级研究 . 北京：北京大学出版社 .

张纪 . 2006. 产品内国际分工中的收益分配——基于笔记本电脑商品链的分析 . 中国工业经济，
　　（7）：36-44.

张纪康 . 1999. 跨国公司进入及其市场效应——以中国汽车产业为例 . 中国工业经济，（4）：
　　77-80.

张京祥.2000.城镇群体空间组合.南京：东南大学出版社.

张京祥，吴缚龙，崔功豪.2004.城市发展战略规划：透视激烈竞争环境中的地方政府管治.
　　人文地理，19（3）：1-5.

张明斗，王雅莉.2012.中国新型城市化道路的包容性发展研究.城市发展研究，（10）：6-11.

张庭伟.1999.滨水地区的规划和开发.城市规划，（2）：50-55.

张伟.2011.我国城市化进程中提前转换城市发展模式——浅析现代服务型城市在我国发展的
　　重要性.中国城市经济，（1）：233-234.

张文忠.2001.城市居民住宅区位选择的因子分析.地理科学进展，20（3）：268-275.

张晓明.2006.长江三角洲巨型城市区特征分析.地理学报，61（10）：1025-1036.

张晓明，汪淳.2008.长江三角洲巨型城市区城镇格局分析：高级生产性服务业视角.城市与
　　区域规划研究，1（2）：44-59.

张晓明，张成.2006.长江三角洲巨型城市区初步研究.长江流域资源与环境，（6）：781-786.

张永凯，徐伟.2014.生产网络嵌入与区域产业升级——以长三角汽车生产网络为例.中国城
　　市研究，（6）.

张玉阳.2005.中国汽车工业的产业布局研究.重庆：重庆师范大学硕士学位论文.

张云逸，曾刚.2010.技术权力影响下的产业集群演化研究——以上海汽车产业集群为例.人
　　文地理，（2）：120-124.

赵蓉英，王静.2011.社会网络分析（sna）研究热点与前沿的可视化分析.图书情报知识，（1）：
　　88-94.

赵新正，宁越敏，魏也华.2011.上海外资生产空间演变及影响因素地理学报，66（10）：
　　1390-1402.

周一星，胡智勇.2002.从航空运输看中国城市体系的空间网络结构.地理研究，21（3）：
　　276-286.

周一星，杨齐.1986.我国城镇等级体系变动的回顾及其省区地域类型.地理学报，41（2）：
　　97-111.

周煜.2008.全球价值链下中国汽车企业的组织行为与升级路径研究.武汉：华中科技大学博
　　士学位论文.

周振华.2006.全球城市区域：我国国际大都市的生长空间.开放导报，10（5）：21-26.

周振华.2007.全球城市区域：全球城市发展的地域空间基础.天津社会科学，1：67-71，79.

朱瑞博.2006.模块生产网络价值创新的整合架构研究.中国工业经济，（1）：98-105.

朱彦刚，贺灿飞，刘作丽.2010.跨国公司的功能区位选择与城市功能专业化研究.中国软科
　　学，（11）：98-109.

朱有为，张向阳.2005.价值链模块化、国际分工与制造业升级.国际贸易问题，（9）：98-
　　103.

ADB. 2007. Toward a New Asian Development Bank in a New Asia. Report of the Eminent Persons Group to the President of the Asian Development Bank, Manila.

Aitken B, Harrison A. 1999. Do domestic firms benefit from foreign investment? Evidence from Venezuela. American Economic Review, 89（3）: 605-618.

Alcácer J. 2006. Location choices across the value chain: How activity and capability influence collocation. Management Science, 52（10）, 1457-1471.

Alderson A S, Beckfield J. 2004. Power and position in the world city system. American Journal of Sociology, 109（4）: 811-851.

Alfaro L, Chanda A, Kalemli-Ozcan S, et al. 2004. FDI and economic growth: The role of local financial markets. Journal of International Economics, 64（1）: 89-112.

Ali I, Zhuang J. 2015. Inclusive growth toward a prosperous Asia: Policy implications. ADB.

Antonelli C. 2000. Collective knowledge communication and innovation: The evidence of technological districts. Regional Studies, 34（6）: 535-547.

Arndt S, Kierzkowski H. 2001. Fragmentation: New Production Patterns in the World Economy. Oxford University Press: 1-16.

Arthur W B. 1994. Increasing Returns and Path Dependence in the Economy. Ann Arbor: University of Michigan Press.

Asian Development Bank. 2007. Economics and Research Department. Working Paper No. 97. Manila.

Bailly A S. 1995. Producer services research in Europe. Professional Geography, 29（1）: 21-26.

Bair J, Gereffi G. 2001. Local clusters in global chains: The causes and consequences of export dynamism in torreon's blue jeans industry. World Development, 29（11）, 1885-1903.

Balasubramanyam V N, Salisu M, Dapsoford D. 1996. Foreign direct investment and growth in EP and IS countries. Economic Journal, 106: 92-105.

Barbosa F, Hattingh D, Kloss M. 2010. Applying global trends: A look at China's auto industry. McKinsey Quarterly: 1-7.

Barnes T J. 2001. Retheorizing economic geography: From the quantitative revolution to the "cultural turn". Annals of the Association of American Geographers, （3）: 546-565.

Beaverstock J, Smith R G, Taylor P. 2000. World City network: A new mega geography? Annals of the Association of American Geographers, 90（1）: 123-234.

Berthélemy J C, Démurger S. 2000. Foreign direct investment and economic growth: Theory and application to China. Review of Development Economics, 4（2）: 140-155.

Beyers W B. 1993. Producer services. Progress in Human Geography, 17（2）: 221-231.

Beyers W B, Lindahl D P. 1996. Lone eagle and high fliers in rural producer services. Rural Development Perspectives, 11（3）.

Birdsall N. 2007. Reflectionson the Macro Foundations of the Middle Class in the DevelopingWorld. Working Paper, No. 130, Centre for Global Development, Washington D C.

Birkinshaw J, Hood N, Young S. 2005. Subsidiary entrepreneurship, internal and external competitive forces, and subsidiary performance. International Business Review, 14 (2), 227-248.

Black D, Henderson V. 2003. Urban evolution in the USA. Journal of Economic Geography, 3 (4), 343-372.

Borensztein E, De Gregorio J, Lee J W. 1998. How does foreign investment affect growth? Journal of International Economics, 45 (1): 115-135.

Boschma R A. 2004. Competitiveness of regions from an evolutionary perspective. Regional Studies, 38 (9): 1001-1014.

Boschma R A, Frenken K. 2003. Evolutionary economics and industry location. International Review for Regional Research, (23): 183-200.

Boschma R A, Frenken K. 2006. Applications of evolutionary economic geography, DRUID Working Paper No. 06-26.

Boschma R A, Lambooy J G. 1999. Evolutionary economics and economic geography. Journal of Evolutionary Economics, (9): 411-429.

Boschma R A, Wenting R. 2007. The spatial evolution of the British automobile industry: Does location matter? Industrial and Corporate Change, 16 (2): 213-238.

Boschma R A, Minondo A, Navarro M. 2012. Related variety and regional growth in Spain. Papers in Regional Science, 91 (2): 241-257.

Breschi S, Lissoni F. 2001. Knowledge spillovers and local innovation systems: A critical survey. Industrial and Corporate Change, 10 (4): 975-1005.

Brown E, Derudder B, Parnreiter C, et al. 2010. World city networks and global commodity chains: Towards a world systems integration. Global Networks, 10 (1), 12-34.

Bryson J R, Keeble D, Wood P. 1997. The creation and growth of small business service firms in post-industrial Britain. Small Business Economics, 9: 345-360.

Camagni R, Capello R. 2004. The City Network Paradigm: Theory and Empirical Evidence. Netherlands: Elsevier B V.

Carroll W K. 2007. Global cities in the global corporate network. Environment and Planning A, 39 (10): 2297-2323.

Castells M. 1989. The Informational City: Information Technology, Economic Restructuring and the Urban—Regional Process. Cambridge: Basil Blackwell.

Castells M. 1996. The Rise of Network Society. Oxford: Blackwell.

Chen J, Hao Q J, Mark Stephens. 2010. Assessing housing affordability in post-reform China: A case study of Shanghai. Housing Studies, 25（6）: 877-901.

Chowdhury A, Mavrotas G. 2006. FDI and growth: What causes what? The World Economy, 29（1）: 9-19.

Coase R H. 1937. The Nature of the Firm//Coase R H. The Firm, the Market, and the Law. Chicago: The University of Chicago Press.

Coe N M, Hess M. 2005. The internationalization of retailing: Implications for supply network Restructuring in East Asia and Eastern Europe. Journal of Economic Geography, （5）: 449- 473.

Coe N M, Yeung H W C. 2001. Geographical perspectives on mapping globalization. Journal of Economic Geography, （1）: 367-380.

Coe N M, Dicken P, Hess M, et al. 2010. Making connections: Global production networks and world city networks. Global Networks, 10（1）: 138-149.

Coe N M, Hess M, Yeung H W C, Dicken P, et al. 2004. Globalizing' regional development: A global production networks perspective. Transactions of the Institute of British Geographers, 29: 468-484.

Coffey W J, Mcrae J J. 1990. Service Industries in Regional Development. Montreal: Institute for Research on Public Policy.

Cohen R B. 1981. The New International Division of Labor, Multinational Corporations, and Urban Hierarchy in Urbanization and Urban Planning in Capitalist Society. New York: Methuen. 287-315.

Cooke P. 2002. Knowledge Economies: Clusters, Learning and Cooperative Advantage. London, New York: Routledge.

Defever F. 2006. Functional fragmentation and the location of multinational firms in the enlarged Europe. Regional Science and Urban Economics, 36（5）, 658-677.

Depner H, Bathelt H. 2005. Exporting the German model: The establishment of a new automobile industry cluster in Shanghai. Economic Geography, 81（1）: 53-81.

Derudder B, Taylor P, Ni P F, et al. 2010. Pathways of change: Shifting connectivities in the world city network, 2000-08. Urban Studies, 47（9）: 1861-1877.

Devaal A, Vandenberg M. 1999. Producer seances, economic geography and services tradability. Journal of Regional Science, 39: 539-572.

Devadason E. 2009. Malaysia-China network trade: A note on product upgrading. Journal of Contemporary Asia, 39（1）: 36-49.

Dicken P. 1986. Global Shift: Industrial Change in a Turbulent World. London: Harper and Row.

Dicken P. 1998. Global shift: Transforming the world economy. Economics, 35（4）: 227-241.

Dicken P. 2003. Global Shift: Reshaping the Global Economic Map in the 21st Century（4th Edition）. London: Sage.

Dieter E. 2002. Global production networks and the changing geography innovation systems: Implications for developing countries. Journal of Economics Innovation and New Technologies, 11（6）: 497-523.

Dieter E, Kim L. 2002. Global production networks, knowledge diffusion, and local capability formation. Research Policy, 31（8-9）: 1417-1429.

Dimitriadis N I, Koh S C L. 2005. Information flow and supply chain management in local production networks: The role of people and information systems. Production Planning & Control, 16（6）: 545-554.

Drechsler L. 1990. A note on the concept of services. Review of Income and Wealth, 36（3）: 309-316.

Duranton G, Puga D. 2000. Diversity and specialisation in cities: Why, where and when does it matter? Urban studies, 37（3）, 533-555.

Duranton G, Puga D. 2005. From sector to functional urban specialization. Journal of Urban Economics, 57（2）: 343-370.

Essleztbichler J, Rigby D L. 2005. Competition, variety and the geography of technology evolution. Journal of Economic and Social Geography, 96（1）: 48-62.

Eswaran M, Kotwal A. 2002. The role of service in the process of industrialization. Journal of Development Economics, 68（2002）: 401-420.

Fields G. 2006. Innovation, time and territory: Space and the business organization of Dell Computer. Economic Geography, 82（2）: 119-146.

Francois J F. 1990. Producer services, scale and the division of labor. Oxford Economic Papers, New Series, 42（4）: 715-729.

Friedmann J. 1986. The world city hypothesis. Development and Change, 17: 69-83.

Fuchs V R. 1965. The growth importance of the service industries. The Journal of Business, 38（4）: 344-373.

Fuchs V R. 1980. Economic growth and the rise of service employment. NBER Working Paper, No. 486.

Gereffi G. 1999. A Commodity Chains Framework for Analyzing Global Industries. Unpublished Working Paper for IDS.

Gereffi G. 1999. International trade and industrial upgrading in the apparel commodity chain. Journal of International Economics, 48: 37-70.

Gereffi G. 2005. The new offshoring of jobs and global development: An overview of the contemporary global labor market. Migration Policy Institute.

Gereffi G, Korzeniewicz M. 1994. Commodity chains and global capitalism. Contemporary Sociology, 24（3）. DOI: 10, 2307/2076496.

Gereffi G, Humphrey J, Sturgeon T. 2005. The governance of global value chains. Review of International Political Economy, (2): 78-104.

Gill I, Kharas H. 2007. An East Asian Renaissance: Ideas for Economic Growth. Washington D C: World Bank.

Gillespie A E, Green A E. 1987. The changing geography of producer services employment in Britain. Regional Studies, 21 (5): 397-411.

Ginsburg N. 1991. Extended metropolitan region in Asia: A new spatial paradigm // Ginsburg N, Koppel B, McGee T G. The Extended Metropolis: Settlement Transition in Asia. Honolulu: University of Hawaii: 27-46.

Goodman A C. 1978. Hedonic prices, price indices and housing markets. Jouranl of Urban Economics, 5: 471-484.

Gottmann J. 1957. Megalopolis or the urbanization of the northeastern Seaboard. Economic Geography, 33: 189-220.

Grubel H G, Walker M A. 1989. Service Industry Growth: Causes and Effects. Fraser Institute.

Haddad M, Harrison A. 1993. Are there positive spillovers from direct foreign investment ? Evidence from panel data for Morocco. Journal of Development Economics, 42: 51-74.

Hall P. 1966. The World Cities. London: Heinemann.

Hall P. 1999. Planning for the mega-city: A new eastern Asian urban form//Brotchie J, Newton P, Hall P. East West Perspectives on 21st Century Urban Development: Sustainable Eastern and Western Cities in the New Millennium. Aldershot: Ashgat: 3-36.

Hall P. 2004. World Cities, Mega-Cities and Global Mega-City-Regions, GaWC Annual Lecture, Edited and posted on the web on 7th January .

Hansen P M T. 1994. Food Hydrocolloids in the Dairy Industry. Food Hydrocolloids. Springer US.

Hanssens H, Derudder B, Taylor P J, et al. 2010. The changing geography of globalized service provision, 2000-2008. The Service Industries Journal, 31 (14): 2293-2307.

Haskel J E, Pereira S C, Slaughter M J. 2002. Does inward foreign direct investment boost the productivity of domestic firms ? Working paper No. 8724. NBER, Cambridge, MA, January.

Hassler M. 2009. Variations of value creation: automobile manufacturing in Thailand . Environment and Planning A, 41: 2232-2247.

Hodgson G M. 1998. The approach of institutional economics. Journal of Economic Literature, 36 (1): 166-192.

Hopkins T K, Wallerstein I . 1986. Commodity chains in the world- economy prior to 1800. Review, 10 (1): 157- 170.

Hopkins T K, Wallerstein I. 1977. Patterns of development of the modern world-system, Review, 1 (2): 111-145.

Hoyler M, Kloosterman R C, Sokol M. 2008. Changing value chain of the Swiss knowledge economy: Spatial impact of intra-firm and inter-firm networks within the emerging mega-city region of Northern Switzerland. Regional Studies, 42 (8): 1055-1064.

Humphrey J, Schmitz H. 2000. Governance and Upgrading: Linking Industrial Cluster and Global Value Chain Research . IDS Working Paper, Institute of Development Studies, University of Sussex.

Humphrey J, Schmitz H. 2002a. How does insertion in global value chains affect upgrading in industrial clusters. Regional Studies, 36 (9): 1017-1027.

Humphrey J, Schmitz H. 2002b. Developing country firms in the world economy: Governance and upgrading in global value chains. INEF.

Hutton T A. 2004. Service industries, globalization, and urban restructuring with the Asia-Pacific: New development trajectories and planning responses. Progress in Planning, 61 (2004): 1-74.

Hymer S. 1972. The multinational corporation and the law of uneven development//Bhagwati J. Economics and world order from the 1970s to the 1990s. Collier. MacMillan, 113-140.

Iammarino S. 2005. An evolutionary integrated view of regional systems of innovation: Concepts, measures and historical perspective. European Planning Studies, 13 (4): 495-517.

Illeris S, Sjoholt P. 1995. The Nordic countries: High quality services in a low density environment. Progress in Planning, 43 (3): 205-221.

Jones R, Kierzkowski H. 1990. The role of services in production and international trade: A theoretical framework// The political economy of international trade. Oxford: Blackwell Inc: 31-48.

Joo S H, Kim Y. 2010. Measuring relatedness between technological fields. Scientometrics, 83: 435-454.

Juleff-Tranter L E. 1996. Advanced producer services: Just a service to manufacturing. Service Industries Journal, 16 (3): 389-400.

Kaplinsky R. 2004. Spreading the gains from globalization: What can be learned from value-chain analysis. Problems of Economic Transition, 47 (2): 74-115.

Kaplinsky R, Morris M. 2001. A Handbook for Value Chain Research. Brighton: IDS.

Kaplinsky R, Morris M. 2003. Governance matters in value chains. Developing Alternatives, 9 (1): 11-18.

Katouzian M A. 1970. The development of the service sector: A new approach. Oxford Economic Papers, New Series, 22 (3), 362-382.

Keeble D, Nachum L. 2001. Why do business seervice firms cluster ? Small consultancies, clustering and decentralization in London and Southern England. University of Cambridge Working Paper No. 194.

Keeble D, Lawson C, Moore B, et al. 1999. Collective learning processes, networking and "institutional thickness" in the Cambridge region. Regional Studies, 33（4）: 319-332.

Keller W, Yeaple S R. 2003. Multinational enterprises, international trade and productivity growth: Firm level evidence from the United States. Working paper No. 9504. NBER, Cambridge, MA, February.

Klepper R, Carrington A. 2002. Options for business-to-consumer e-commerce in developing countries: An online store prototype. Managing Information Technology in Small Business Challenges & Solutions.

Klepper S. 2001. The evolution of the U S automobile industry and Detroit as its capital. Paper presented at 9th Congress of the International Schumpeter Society, Gainesville, Florida, March.

Kogut B. 1985. Designing global strategies: Comparative and competitive value-added chains. Sloan Management Review, 26（4）: 15-28.

Kondratieff N D. 1925. The static and the dynamic view of economics. Quarterly Journal of Economics, XXIX: 575-583.

Konings J. 2001. The effects of foreign direct investment on domestic firms. Eonomics of Transition, 9（3）: 619-633.

Koppel B, McGee T G. 1991. The Extended Metropolis: Settlement Transition in Asia. Honolulu: University of Hawaii.

Krugman P. 1991. Increasing returns and economic geography. Journal of Political Economy, 99（3）: 483-499.

Kutscher R E, Mark J A. 1983. The service-producing sector: Some common perceptions reviewed. Monthly Labor Review.

Lai Si Tsui-Auch. 1999. Regional production relationship and developmental impacts: A comparative study of three regional networks. International Journal of Urban and Regional Research, 23（2）: 345-3591.

Li Z G, Wu F L. 2008. Tenure-based residential segregation in post-reform Chinese cities: A case study of Shanghai. Transactions of the Institute of British Geographers, 7: 404-419.

Lin S. 2009. Developing China: Land, politics and social conditions. Routledge Curzon contemporary China series, 40 Routledge.

Lindahl D P, Beyers W B. 1999. The creation competitive advantage by producer services establishments. Economic Geography, 75（1）.

Liu W D, Dicken P. 2006. Transnational corporations and obligated embeddedness: Foreign direct investment in China's automobile Industry. Environment and Planning A, 38（7）: 1229-1247.

LPAC. 1991. London: World city. London Planning Committee, Eastern House, 8-10.

Luan C J, Liu Z Y, Wang X W. 2013. Divergence and convergence: Technology-relatednessevolution in solar energy industry. Scientometrics, 97: 461-475.

Ma H F, Su W. 2010. Approach on mechanism of manufacturing-service-value chain based on game analysis. Information Science and Engineering (ICISE), 2663-2666.

Marr P. 2012. The geography of the British motorcycle industry 1896-2004. The Journal of Transport History, 33 (2): 163-185.

Marshall J N. 1994. Business reorganization and the development of corporate services in metropolitan areas. The Geographical Journal, 160 (1): 41-49.

Martin R. 1999. The new "geography turn" in economics: Some critical reflections. Cambridge Journal of Economics, (1): 65-91.

Massey D. 1984. Spatial Divisions of Labour. London: Macmillan.

Mcgee T G. 1989. Urbanization and urban policies in pacific asia (book review). Annals of Regional Science, 23 (2): 157.

McGee T G. 2008. The emergence of Desa-kota regions in Asia: Expanding a hypothesis// Ginsburg N, koppel B, McGee T G. The Extended Metropolis: Settlement Transition in Asia: Hondulu: University of Hawaii, 3-25.

Metcalfe J S, Foster J, Ramlogan R. 2006. Adaptive economic growth. Cambridge Journal of Economics, 30 (1): 7-32.

Michael B. 1997. Left of Dead: Asian Production Networks and the Revival of U. S. Electronics. In The China Circle: Economics and Electronics in the PRC, Taiwan, and Hong Kong. Washington D C: Brookings Institution Press.

Nash C. 2005. Geographies of relatedness. Transactions of the Institute of British Geographers, 30 (4): 449-462.

Nelson R, Winter S. 1982. An Evolutionary Theory of Economics Change. Cambridge: The Belknap Press of Harvard University Press.

OECD. 2000. The Service Ecomomy, Business and Industry Policy Forum Series. Paris: OECD Publications.

OECD. 2002. Reducing the Risk of Policy Failure: Challenges for Regulatory Compliance.

OECD. 2013. OECD Economic Surveys: China.

O'Connor K, Hutton T A. 1998. Producer services in the Asia Pacific region: An overview of research issue. Asia Pacific Viewpoint, 39 (2): 139-143.

Pain K. 2008. Examining core-periphery relationships in a global city-region: The case of London and South East England. Regional Studies, 42 (8): 1161-1172.

Pain K, Hall P. 2006. South east England: Global constellation//Hall P, Pain K. The Polycentric Metropolis: Learning from Mega-City Regions in Europe London: Earthscan.

Parnreiter C. 2003. Global City Formation in Latin America: Socioeconomic and Spatial Transformations in Mexico City and Santiago de Chile. Paper Presented at the 99th Annual Meeting of the Association of American Geographers, New Orleans, 4-8.

Parnreiter C, Fischer K, Imhof K. 2005. The world's local bank: Financial service provider, global commodity, chains and the World City Network. Miteilungen Der Osterreichischen Geographischen Gesellschaft, 147: 37-66.

Porter M E. 1985. Competitive Advantage: Creating and Sustaining Superior Performance. New York: The Free Press.

Porter M. 1990. The competitive advantage of nations. Harvard Business Review.

Porter M. 2003. The economic performance of regions. Regional Studies, 37 (6-7): 545-546.

Reichhart A, Holweg M. 2008. Co-located supplier clusters: Forms, functions and theoretical perspectives. International Journal of Operations & Production Management, 28 (1): 53-78.

Rossi E C, Beaverstock J V, Taylor P J. 2007. Transaction links through cities: "decision cities" and "service cities" in outsourcing by leading Brazilian firms. Geoforum, 38, 628-642.

Russo B, Tse E, Ke T. 2009. The Path to Globalization of China's Automotive Industry. Research Gate: 1-12.

Samaha S A, Kamakura W A. 2008. Assessing the market value of real estate property with a geographically weighted stochastic frontier model. Real Estate Econmics, 36 (4): 717-751.

Sassen S. 1991. The Global City: New York, London, Tokyo. Princeton: Princeton university press.

Sassen S. 1999. Global Financial Centers . Foreign Affairs, 78 (1), 75-87.

Saxenian A. 1994. Regional Advantage. Cambridge MA: Harvard University Press.

Schmitz H. 2000. Global competition and local cooperation: Success and failure in the Sinos Valley Brazil. World Development, 27 (9): 1627-1650.

Scott A J. 1985. Method for production of synthetic yarn and yarn-like structures. US Patent 4497099.

Scott A J. 1988. Metropolis: From the Division of Labor to Urban Form. Berkeley: University of California Press.

Scott A J. 2001. Global City-Region. Oxford: Oxford University Press.

Scott A J. 2006. The changing global geography of low-technology, labor-intensive industry: Clothing, footwear, and furniture. World Development, 34 (9): 1517-1536.

Sharpe A. 2000. The productivity renaissance in the U S service Sector. International Productivity Monitor, (1): 6-8.

Skocpol T. 1977. Wallerstein's world capitalist system: A theoretical and historical critique. American Journal of Sociology, 82 (5): 1075-1090.

Smith D A , Timberlake M F. 2001. World city networks and Hierarchies, 1977-1997 . The American Behavioral Scientist, 44（10）: 1656-1678.

Smith K B. 2002. Typologies, taxonomies, and the benefits of policy classification . Policy Studies Journal, 30（3）: 379-395.

Stephen M, Gregory H C, Richard K G. 1998. New place-to-place housing price indexes for US metropolitan areas, and their determinants. Real Estate Economics, 26（2）: 235-274.

Sturgeon T. 2001. How did we define the value chains and production networks？ IDS, Bulleton, （3）: 8-18.

Sturgeon T. 2002. Modular production networks: A new Americanmodel of industrial organization. Industrial and Corporate Change, 11（3）: 451-496.

Sturgeon T J. 2007. How globalization drives institutional diversity: The Japanese electronics industry's response to value chain modularity. Journal of East Asian Studies, 7（1）: 1-34.

Sturgeon T, Biesebroeck J, Gereffi G. 2008. Value chains, networks and clusters: Reframing the global automotive industry. Journal of Economic Geography, 8: 297-321.

Taylor P J. 2000. World cities and territorial states under conditions of contemporary globalization. GeoJournal, 19（2）: 5-32.

Taylor P J. 2001. Specification of the world city network. Geographical Analysis, 33（2）, 181-194.

Taylor PJ. 2004. World Cities Network: A Global Urban Analysis. London: Routledge.

Taylor P J, Walker D R F. 2001. World cities: A first multivariate analysis of their service complexes. Urban Studies, 38（1）: 23-47.

Taylor P J, Catalano G, Walker D R F. 2002a. Measurement of the world city network. Urban Studies, 39（13）: 2367-2376.

Taylor P J, Walker D R F, Catalano G, et al. 2002b. Diversity and power in the world city network. Cities, 19（4）: 231-241.

Taylor P J, Evans D M, Pain K. 2008. Application of the interlocking network model to mega-city-regions: Measuring polycentricity within and beyond city-regions. Regional Studies, 42（8）: 1079-1093.

The World Bank and Development Research Center of the State Council, The People's Republic of China . 2012. China 2030—building a modern, harmonious, and creative high-income society, Washington, DC, Conference Edition.

Thompson E C. 2004. Producer services. Kentucky Annual Economic Report.

Townsend A M. 2001. The internet and the rise of the new network cities, 1969-1999. Environment and Planning B: Planning and Design, 28（1）: 39-58.

Tschetter J. 1987. Producer services industries: Why are they growing so rapidly？ Monthly Labor Review, 110（12）: 31-40.

Tu J, Xia Z G. 2008. Examining spatially varying relationships between land use and water quality using geographically weighted regression I: Model design and evaluation. Science of the Total Environment, 407: 358-378.

UN-Habitat. 2013. Time to Rethink Urban. UN-HABITAT 24h Session Governing Council, Nairobi, 15-19.

Vernon H J. 1997. Externalities and industrial development. Journal of Urban Economics, 42 (3): 449-470.

Vernon R. 1966. Comprehensive model-building in the planning process: The case of the less-developed economies. Economic Journal, 76 (301): 57.

Victor F S, Liu W D. 2000. Restructuring and spatial change of China's auto industry under institutional reform and globalization . Annals of the Association of American Geographers, 90 (4): 653-673.

Vind I, Fold N. 2010. City networks and commodity chains: Identifying global flows and local connections in Ho Chi Minh City. Global Networks, 10 (1), 54-74.

Wall R S. 2009. Netscape, Cities and Global Corporate Networks. Rotterdam: The Erasmus Research Institute of Management.

Wall R S. 2009. The relative importance of Randstad cities within comparative worldwide corporate networks. Tijdschrift voor Economische en Sociale Geografie, 100 (2): 250-259.

Wallerstein I. 1974. The Modern World System 1: capitalist agriculture and the origins of the European world economy in the sixteenth century. New York: Academic Press.

Wei Y H D, Li J, Ning Y. 2010. Corporate networks, value chains, and spatial organization: A study of the computer industry in China. Urban Geography, 31 (8): 1118-1140.

Werker C, Athreye S. 2004. Marshall's disciples. Knowledge and innovation driving regional economic development and growth. Journal of Evolutionary Economics, (14): 505-523.

Wezel F C. 2005. Location-dependence and industry evolution: Founding rates in the United Kingdom motorcycle industry, 1895-1993. Organization Studies, 26 (5): 729-754.

Whitley R. 2003. Developing innovative competence: The role of institutional frameworks. Industrial and Corporate Change, 11 (3): 497-528.

Witt U. 1992. Evolution as the theme of a new heterodoxy in economics// Witt U. Explaining Process and Change: Approaches to Evolutionary Economics. University of Michigan Press.

Wu F L. 2001. Housing provision under globalisation: A case study of Shanghai. Environment and Planning A, 33: 1741-1764.

Wu F L. 2002. Sociospatial differentiation in urban China: Evidence from Shanghai's real estate markets. Environment and Planning A, 34: 1591-1615.

Yang C. 2009. Strategic coupling of regional development in global production networks:

Redistribution of Taiwanese Personal Computer investment from the Pearl River Delta to the Yangtze River Delta, China Mainland. Regional Studies, 43（3）: 385-407.

Yang Y R, Hsia C J. 2007. Spatial clustering and organizational dynamics oftransborder production networks: A case study of Taiwanese informationtechnologycompanies in the Greater Suzhou Area, China. Environment and Planning A, 39: 1346-1363.

Yeung H. 2008. Industrial Clusters and production networks in southeast Asia: A global production networks approach. Singapore: Institute of Southeast Asian studies, 83-120.

Zhao S X B, Zhang L. 2007. Foreign direct investment and the formation of global city-regions in China. Regional Studies, 41（7）: 979-994.